JN133807

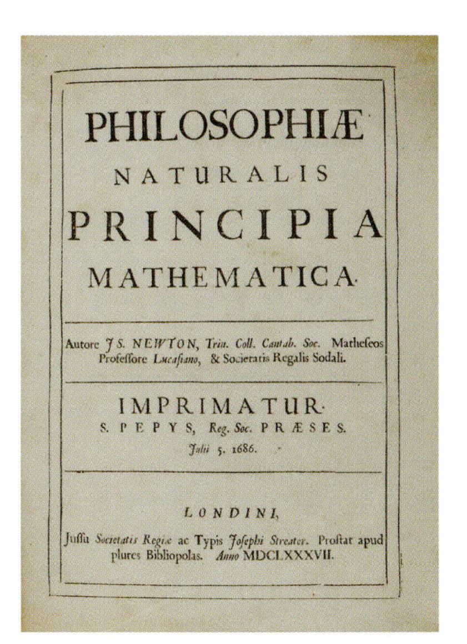

PHILOSOPHIÆ
NATURALIS
PRINCIPIA
MATHEMATICA.

Autore *JS. NEWTON*, *Trin. Coll. Cantab. Soc.* Matheseos Professore *Lucasiano*, & Societatis Regalis Sodali.

IMPRIMATUR.
S. PEPYS, *Reg. Soc.* PRÆSES.
Julii 5. 1686.

LONDINI,
Jussu *Societatis Regiæ* ac Typis *Josephi Streater*. Prostat apud plures Bibliopolas. *Anno* MDCLXXXVII.

写真１　ニュートンのプリンキピア（『自然哲学の数学的原理』）の初版本の表紙［第１章参照］
（放送大学図書館所蔵）

図１　アイザック・ニュートンの肖像（1642-1727）［第１章参照］
（ユニフォトプレス）

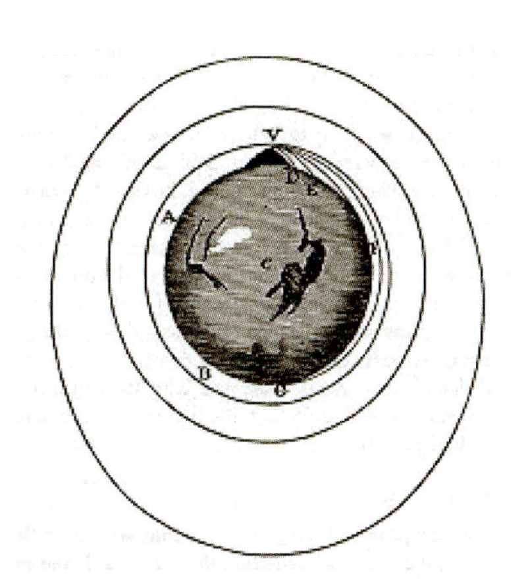

図２　地表付近から投げられた物体の飛跡（ニュートンの The system of the world の挿絵）［第８章参照］
（放送大学図書館所蔵）

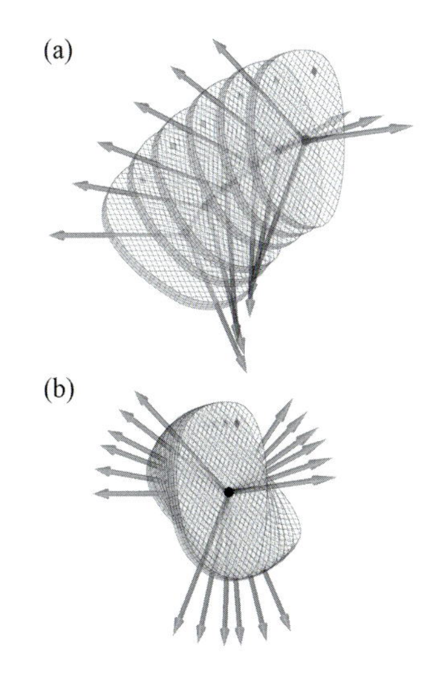

図３　剛体運動の捉え方［第 10 章参照］

写真２　パリのパンテオンにあるフーコーの振り子
［第４章、第 11 章参照］　（ユニフォトプレス）

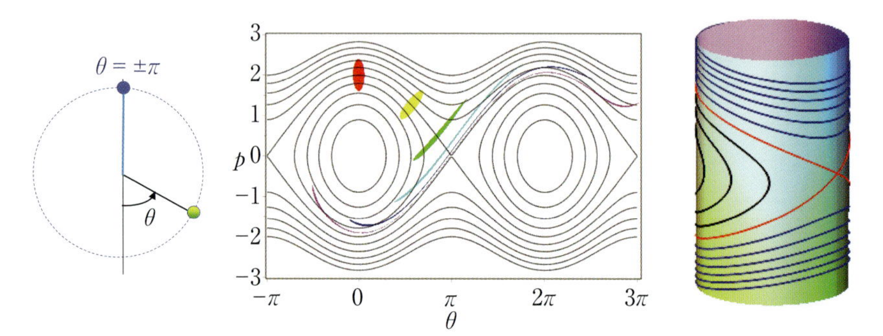

図４　単振り子集団の相空間での運動とリウヴィルの定理［第 14 章参照］
（初期値が赤い領域に一様分布。色の変化が時間の経過と対応）

力と運動の物理

岸根順一郎・松井哲男

（改訂新版）力と運動の物理（'19）

装丁・ブックデザイン：畑中　猛

s-62

まえがき

本書は2019年度開講の放送大学専門科目「力と運動の物理（'19)」のために執筆された印刷教材である。この科目は、これまで開講してきた同名の専門科目の後継科目として企画された。想定読者としては、放送大学導入科目「物理の世界（'17)」をすでに受講した学部学生を想定している。本書前半の一部は、一般の大学教養課程の学生を想定した入門的な内容とした。

「力と運動の物理」は、力学（mechanics）を意味している。古典力学の発端は、ギリシャ・ヘレニズム時代に完成した静力学（statics）にある。それは「重さ」を計測するための実用的な器具の原理を理論化したものである。てこの原理は古くから経験則として知られていたが、それも静力学の中に取り込まれている。物の「重さ」の起源は地上における重力の存在に帰着されるが、力の概念の明確化は17世紀のニュートンによる動力学（dynamics）の定式化を待たなければならなかった。今日の力学の３つの基本法則の定式化は、ニュートンの有名な「自然哲学の数学的原理（プリンキピア)」によっている。そこでは重力が数学的に定式化され、ケプラーによって発見された惑星の運行法則が力学的に解明された。ここから近代力学が始まる。

力学は、数理解析的な精密科学として初めて体系化された学問であり、その後の科学の発展に特別な役割を果たした。特に、天体の運行をニュートンの重力理論によって定量的に記述する試みは解析学の発展を促し、オイラー、ベルヌーイ、ラグランジュ、ハミルトンといった18世紀、19世紀の数学者達がこれを推進した。

本書では、微積分の方法を含む解析学の手法を使って、力学の基礎とその応用を学ぶ。後半では、力学における変分原理の応用や、それを使った解析力学の方法が解説されるが、このような力学の抽象化は、力学を使って、流体力学など一見複雑な系の運動を理解する際に特に役に立つ。しかし、その物理的な原理は、ニュートンが今日の解析学を用いないで定式化したものと、本質的には変わっていない。

本書の構成は以下のとおりである。第 1 章で力学の成立と発展の歴史を簡単にみたあと、全体の詳しい章立てを述べる。初めの 2〜5 章は力学の基本原理をまとめ、その後の第 6〜10 章でそのさまざまな具体的な問題への応用を学ぶ。ここでは力学現象の多様性と、これを記述する論理の普遍性の関係を強調する。第 11〜14 章では、数学的抽象化を進め、場の概念や力学の変分的定式化を扱う。後に量子力学を学ぶ際の準備となる解析力学も含まれる。最後の第 15 章では、力学の原子の世界への応用から始まった統計物理の展開と、そこから明らかになった力学の限界と新しい発展をまとめる。

専門科目「力と運動の物理」の受講者は、本書を放送番組の視聴と合わせて利用していただきたい。本書が物理学の最も基本的な枠組みである力学の理解に役立つことを願っている。

2018 年 10 月

岸根順一郎　松井哲男

目次

1　力と運動の世界

松井哲男

《目標＆ポイント》 この章では、これから学ぶ力と運動の物理学、すなわち力学の世界を概観する。まず最初に力学の歴史を概観し、それがどのように形成され、その後の物理学の考え方・方法の典型となったかをみる。今日、それは古典力学と呼ばれるが、そこで得られて体系化された知見は現代物理学の隅々に継承されており、その習得は物理学を学ぶ出発点となる。
《キーワード》 静力学、動力学、『プリンキピア』、ニュートン重力、ケプラーの法則、古典力学の数理、現代物理学と力学

1.1　古典力学の形成

力学 (Mechanics) は、物理学で最も古く、基礎的な学問体系である。その起源は、ギリシャ・ヘレニズムの古代文明にさかのぼり、紀元前 3 世紀に活躍したシラクサ (シシリー島南部の海岸の町) のアルキメデス (Archimedes, 287? – 212 BC) によるてこの原理や力の釣り合いの原理の体系化が知られている。どちらの場合も、それまでの人類のさまざまな生活体験の中で得られた経験則を理論化したものであったと考えられる。アルキメデスの名は流体静力学における浮力の原理の発見でもよく知られているが、ヘレニズム文明の生んだ傑出した数学者だったアルキメデスは、その幾何学を使って静力学 (statics) の基礎を構築した。

その後、教会文化の影響の下で、古代ギリシャの哲学者アリストテレス (Aristotole, 384 – 322 BC) の教義が無条件に正しいとされ、物理学、あるいは科学全般の健全な発展は長く阻害された。16 世紀になってイタ

リアにガリレオ (Galileo Galilei, 1564 – 1642) があらわれ、理想化された実験によって一見複雑な運動の規則性とその背後にある基本法則を発見するという、近代科学の発展の扉が開かれる。この新しい流れは、オランダのホイヘンス (Christiaan Huygens, 1629 – 1695) に受け継がれ、運動（振動）の記述とその法則化が行われた。ガリレオは望遠鏡を製作して天体観測を行ったこと、ホイヘンスは実用的な振り子時計の製作や光の波動説の創始者としても知られている。これらの運動学の発展を受けて静力学を動力学 (dynamics) に包摂し、今日の力学の体系を作ったのがイギリスのニュートン (Issac Newton, 1642 – 1727) である。

ニュートンは運動の基本法則を3つに分類し、慣性の法則 (第1法則)、力と運動の変化の法則 (第2法則)、作用・反作用の法則 (第3法則) を定式化した。特にその重要な功績は、第2法則によって力と加速度、質量との関係を明確化した点にある。現在、力の単位は、この第2法則によって、時間と長さ、そして質量の単位を使って表される。

(ユニフォトプレス)

図 1-1　アルキメデス
(287-212BC)

(ユニフォトプレス)

図 1-2　ガリレオ
(1564-1642)

1.1.1　天体の運行と重力

ニュートンの偉大な功績は、万有引力の仮説を導入して、ケプラーによって発見された惑星の運行の 3 つの法則を力学の原理から説明することに成功したことである。その有名な著書『プリンキピア』の執筆は、ハレー（ハレー彗星の発見者）がケプラーの法則を説明できるかをニュートンに聞いたことがきっかけとなったといわれている。ニュートンは即座に肯定したといわれるが、ハレーの催促によってこの有名な著作が世にあらわれるのは、ニュートンの実際の発見のしばらく後の 1687 年となる。日本ではこれは江戸時代初期の元禄のころにあたる。

ニュートンの重力は、何もない空間（真空）で隔たれた天体の間に、その距離の逆 2 乗則に従い、それぞれの天体の質量に比例した引力が働くという、一見、神がかり的な遠隔作用論になっているが、それによってケプラー (Johannes Kepler, 1571 – 1630) の法則を力学の原理から正確に記述することができた。これは「ケプラー問題」と呼ばれている。ケプラーの法則それ自体は、ティコ・ブラーエ (Tyco Brahe, 1546 – 1601) とケプラー自身による精密な天体観測のデータによって裏付けられたものであるが、ニュートンは力学の適応限界を、地上の身近な現象から手

（ユニフォトプレス）

図 1-3　ホイヘンス (1629-1695)

PHILOSOPHIÆ
NATURALIS
PRINCIPIA
MATHEMATICA
IMPRIMATUR
LONDINI,

（ユニフォトプレス）

図 1-4　ニュートン (1642-1727) と「プリンキピア」初版本の最初のページ

の届かない天上の現象にまで拡大して、統一的な「力学的自然観」[1] というものを作った。この力学的自然観はアリストテレスの世界観に代わる科学的世界観として、200 年以上の間、物理学を席巻した。

1.2　力学の応用と展開

1.2.1　力学と解析学

ニュートンは傑出した数学者で、力学の第 2 法則の記述のために微分・積分概念を創出したが、その名著『プリンキピア』の中には今日のような微分方程式はあらわれず、彼の力学原理を使った天体現象の説明でも、それまでの幾何学的方法を踏襲している。質点の運動を数式で記述するためには、座標系と質点の位置座標の記述が必要になるが、その方法はガリレイやニュートンと同時代に活躍したフランスの数学者デカルト (Renes Descartes, 1596 – 1650) に始まるといわれる。ニュートン力学を微分方程式を用いて表す今日の方法は、ニュートン以降の発展によるところが大きい。ドイツの数学者ライプニッツ (Gottfried W. Leibniz, 1646 – 1716) は、今日使われる微分や積分の表式法や、運動エネルギーの概念に相当するものを導入しているが、ニュートンはその有用性を認めなかったといわれる。運動エネルギーは衝突の前後のエネルギーの保存の記述では重要な役割を果たす。ニュートン力学の微分方程式を使った定式化やその解法は、数学者のオイラー (Leonhard Euler, 1707 – 1783) 、ラグランジュ (Joseph-Louis Lagrange, 1736 – 1813) 等によって解析学としてさらに発展した。「ケプラー問題」の解析的方法を用いた解法は、オイラーによって行われている。

---

1) “Mechanical view of the nature” の訳。「力学的世界観」、「機械的世界観」とも呼ばれる。

（ユニフォトプレス）

図 1-5　古典力学の数理を発展させた、左からオイラー（1707 - 1783）、ラグランジュ（1736 - 1813）、ハミルトン（1805 - 1865）

1.2.2　剛体の運動、流体力学

質点の力学の剛体の運動への応用は、剛体の回転を記述する 3 つの新しい変数（オイラー角）の導入とその運動方程式の導出によって行うことができる。静力学における秤（はかり）の釣り合いの条件は、角速度の変化と慣性モーメントとトルクの関係として、その動力学的意味が明らかになる。

一方、連続流体への力学の拡張は、流体の運動の自由度を記述する無限個の座標の導入が必要となり、流体場を記述する偏微分方程式を使った記述とその解法が必要となる。連続体の運動は、弦の運動のような簡単な例でも力学の基本法則から導くことができる。その場合は、弦の張力が力の釣り合いの条件を与えるが、静止流体では圧力の釣り合いがそれに変わる。弦の運動の場合も、流体の運動の場合も、弦の歪みによる張力の変化や、流体の局所的な圧縮・希薄による圧力の変化が力学の力の役割を果たし、弦や流体の運動の変化を導く。

流体力学の第 2 法則に対応する流体方程式にもオイラーの名前が付けられているが、実際の流体の記述には、流体の内部自由度の運動の変化に対応した粘性や熱伝導の効果を入れる必要があり、非線形の偏微分方程式を解くのは非常に難しく、現在もその数理的理解は重要な研究課題となっている。

1.2.3 変分原理と対称性

静力学における力の釣り合いの条件を「仮想変位」に対する停留値条件としてみる解釈は 古くから知られている。それを運動方程式の導出に拡張したものが力学の「変分原理」である。自由粒子の運動の導出はフランスのモーペルチューイ (Pierre-Louis M. Maupertuis, 1698 – 1759) によって発見され、彼は「最小作用の原理」と呼んだ。その一般化は、ラグランジュやイギリスのハミルトン (William R. Hamilton, 1805 – 1865) によってなされた。変分原理は散逸を含まない保存系の場合にしか用いることはできないが、その際導入される作用積分の座標変換に対する不変性(対称性)から運動の保存量を見通しよく導くことができる。特に場の理論の保存量を導くのに有用な方法である。

1.2.4 解析力学

ラグランジアンから変分原理を用いて一般化座標に対して時間に関して 2 階微分を含む運動方程式を用いる方法は、ラグランジュ形式の解析力学と呼ばれる。一方、ハミルトンの一般化された運動量の時間に関しての一階の微分を使って運動方程式を記述する方法は、ハミルトン形式の解析力学と呼ばれる。エネルギーを一般化された座標と運動量を使って表したハミルトン関数は、量子力学においても重要な役割を果たす。ラグランジュ形式の解析力学は、経路積分量子化で用いられている。ハミルトン形式の運動方程式を作用関数の微分を用いて書き直した方程式はハミルトン・ヤコビ方程式と呼ばれ、波動光学から幾何光学を導出するのに使うことができるが、この方法はシュレーディンガー方程式の導出に用いられた。

1.3　現代物理学と力学

1.3.1　原子論と力学

力学的自然観は現代の原子論の確立に歴史的な役割を果たした。原子論 (Atomism) は古代ギリシャにその萌芽があるといわれるが、現代の原子論は、気体分子運動論や化学反応論にその描像が具体的に応用され、熱平衡状態を現象論的に扱う熱力学のミクロな基礎付けに使われるとともに、原子衝突の力学(運動学)の統計的扱いと合わせ、マクロな非平衡過程を記述するのに用いられてきた。電磁場の方程式で有名なマックスウェル (James Clerk Maxwell, 1831 – 1879) は、たくさんの粒子からなる系の記述に、最初に統計学の手法を導入し、気体粒子の速度分布が正規分布(マックスウェル分布)となることを示した。流体方程式にあらわれる粘性や熱伝導のような散逸過程を記述する物理量は、統計的な手法を用いた分子論的な運動論によって記述されているが、ボルツマン (Ludwig Boltzmann, 1844 – 1906) がその創始者として特に有名である。熱平衡状態を力学から記述するのにギブス (Josia Wilard Gibbs, 1839 – 1903) は統計力学という壮大な数理的方法を確立したが、その形式は量子論に

(ユニフォトプレス)

図 1-6　物質の原子論的記述の基礎を作った、左からマックスウェル (1831 - 1879)、ボルツマン (1844 - 1906)、ギブス (1839 - 1903)

拡張されることによってさらに威力を発揮する。また、統計平均からのゆらぎを確率運動方程式（stochastic equation of motion）を使って記述するランジュバン方程式による方法もあり、ブラウン運動の記述に使われ、原子論の実験的確立に重要な役割を果たした。

1.3.2　相対論と力学

相対性理論は物理法則が慣性系のとり方に依存しないことを基本原理とするが、ニュートンの運動法則は時間の変換を含まないガリレイ変換に対して不変であることが知られている。一方、マックスウェル方程式によって記述される電磁場の法則では、時間の変換を含むローレンツ変換が慣性系の変換を表し、ニュートンの運動法則はこの変換に対し不変とならない。ローレンツ変換は光速を不変とするような座標変換で、ニュートン力学をこの慣性系の変換に対し不変とするように修正した力学形式は、特殊相対性理論と呼ばれ、光速 c によって特徴付けられる。ニュートンの重力理論と相対論を融合するには、局所加速度系への座標変換の拡張が必要で、それはアインシュタインの一般相対性理論と呼ばれる。一般相対性理論では、歪んだ時空の幾何学を記述する計量テンソルによって重力が記述されている[2)]。

（ユニフォトプレス）

図 1-7　現代物理学の基礎を作った、アインシュタイン（左、1879 - 1955）とボーア（1886 - 1962）

2）米谷民明、岸根順一郎共著『場と時間空間の物理 ― 電気、磁気、重力と相対性理論 ―』（放送大学教育振興会、2014 年）に詳しい。

1.3.3　量子論と力学

19 世紀まで物理学を席けんした古典力学は、20 世紀に入って原子論の確立をもたらし、それに基づいてマクロな物質を記述する統計力学も発展したが、原子レベルの現象の理解でいろいろなほころびがあらわれ、それを克服する努力から量子論があらわれ、やがて量子力学に発展した。量子論は原子のようなミクロなレベルでの物理現象の記述に必要で、作用の次元を持つプランク定数 h によって特徴付けられる。量子力学の基本方程式は、形式的には解析力学のそれと同じであるが、そこにあらわれる座標やそれに共役な運動量が非可換になることが量子化を意味する。このため、座標と運動量は同時測定が不可能で、$\hbar = h/(2\pi)$ の不確定性を持つ。量子状態の記述には、状態関数（波動関数）の情報が必要となる点も、古典力学と異なる。波動関数の時間発展は偏微分方程式によって記述され、その扱いは数理的にさらに難しくなる。量子力学を多粒子系に拡張すると量子力学特有の特徴があらわれるが、それは場の量子論としてさらに発展し、その形式は特殊相対性理論を取り込んで、今日の素粒子の標準理論にも使われている。量子力学の詳細は量子統計と一体化して『量子と統計の物理』で扱われる。

1.4　本書の構成

以下、本書の構成を記す。

第 2 章から第 5 章までは主任講師の一人の松井が担当し、力学の基礎を学ぶ。第 2 章「運動の記述」では、質点の運動を記述するための直交座標（デカルト座標）を導入し、質点の速度や加速度をその時間微分で表す方法を学ぶ、これらの物理量はベクトルを使って表されるが、この講義で使うベクトルの演算についても簡単に復習する。第 3 章「運動の法則」は、力学の 3 つの基本法則、第 1 法則（慣性の法則）、第 2 法則（運動方程式、すなわち力と加速度の関係)、第3法則(作用・反作用の法則)を学ぶ。これらの基本法則から直接導出される物理量として、運動量、力積、仕事を導入する。第4章「力とその起源」では、第2法則にあらわれる力の分類と起源について学ぶ。力の概念は静力学において力の釣り合いを通して導入されたが、重力を天体の間にも働く万有引力として定式化する。保存力とポテンシャルの定義、電荷に働く電気的な力、磁気的な力の特徴をまとめ、最後に力の起源についてまとめる。第5章「運動の保存量」は、運動方程式によって変化しない物理量について学ぶ。特に重要な役割を果たすのはエネルギーで、力が保存力の場合に運動の保存量となる。慣性系では必ず運動量が保存量となる。力が中心力の場合は角運動量が保存量となる。

第6章から第10章は、もう一人の主任講師の岸根が担当し、力学の具体的な応用例を学ぶ。第6章「振動」では、力学の最も典型的な振動の問題を取り扱う。一番簡単な単振動から始めて、摩擦のある場合の減衰振動、外力による強制振動とそれによる共鳴現象を学ぶ。第7章「結合振動子」では、いくつかの振動子が結合した連成振動子の運動を学ぶ。この問題は固体中を伝わる音波の模型となる。基準振動への分解とその固有振動数の値を厳密に解ける1次元的な模型を用いて計算し、外力によって揺らした場合の応答を求める。第8章「ケプラー問題」では、ニュートン重力に基づいて、力学の基本法則からケプラーの惑星の運動法則が導かれることを学ぶ。これはニュートン力学の最も輝かしい成功例であった。重力で束縛された惑星の運動は一般に楕円運動となるが、非束縛運動では双曲線運動となる。その類似解として、クーロン斥力による α 粒子のラザフォード散乱を扱う。これは、原子核の存在を明らかにした歴史的な成功例である。第9章「多粒子系の運動」では、多粒子からなる力学系の運動を学ぶ。この問題はたくさんの星からなる星団の内部運動の記述に必要となる。内部運動に伴う運動量や角運動量の保存則の役割を考える。また、ロケットの原理もここで扱われる。第 10 章「剛体の運動」では、広がりを持つが変形しない剛体の運動の記述を学ぶ。この場合、重心の並進運動の 3 自由度のほかに、3 つの回転の自由度があらわれる。外力の下での剛体の回転運動の方程式を求め、剛体の慣性モーメントやトルクなどの概念とその計算方法を学ぶ。

第 11 章から第 14 章は、客員講師の小玉が担当し、力学を数理的に一般化された形で再定式化し、その便利な応用例を学ぶ。第 11 章「変分原理による記述」では、変分原理を使って力学の基本法則の再定式化を行い、その一般的な応用を考える。特に、一般化された座標系でのオイラー–ラグランジュ（一般化されたニュートンの運動方程式）の導出と、それを使った慣性力の取り扱いは圧巻である。第 12 章「ラグランジュ形式の応用」では、ラグランジュ形式の解析力学を学ぶ。この数理形式は、運動の保存量の導出を、系の持つさまざまな座標変換に対しての対称性から導くのに見通しのよい方法を与える。電子の相対論的な運動や、連成振動もこの形式で取り扱われる。 第 13 章「連続体と波動」では、ラグランジュ形式の力学理論を使って 流体や固体のような連続的な無限自由度を持った系の運動を取り扱う。流体の場の方程式がここであらわれるが、電磁場のマックスウェル方程式はこれをお手本にして考案された。第 14 章「ハミルトン形式」 では、もうひとつの解析力学の定式化とそのいくつかの応用例を学ぶ。この形式は後に量子力学の定式化で使われるので重要である。

最終章である第 15 章は再び松井が担当する。この章は、分子運動論を通じての力学の地平線の広がりと、そこから現れた「力学的自然観」の限界について述べる。この章は、次に学ぶ「場と時間空間の物理」、「量子と統計の物理」への歴史的導入となる。

1.5　本書で用いる単位系

物理量を定量的に扱うには単位系を決める必要がある。この講義ではSI (Standard International) 単位系の一部であるMKS単位系を用いる。基本単位は、長さ、質量、時間で与えられ、それぞれメートル (m)、キログラム (kg)、秒 (s) で測られる。力の単位であるニュートン (N) は力学の運動方程式によってこれらの基本単位で表され、

$$1\mathrm{N} = 1\mathrm{kg} \cdot \mathrm{m} \cdot \mathrm{s}^{-2} \tag{1.1}$$

で関係付けられる。

現在のMKS単位系のもとになった単位系は、フランス革命の際に導入され、最初はパリに置かれたメートル原器とその複製によって標準が決められていた。日本にもその複製が1台置かれていた。その際、長さの単位である1mは赤道から北極までの距離を1万キロメートルとして定義し、時間の単位は、地球の自転の周期を1日として、それを24時間、1時間を60分、1分を60秒と決めていた。また質量は、氷点での水1リットルの重さを1kgとして定義していた。しかし、その後の技術の発展とともに今日では高度な精度で計測が可能となったため、普遍量を用いてより正確に単位を定義する必要性がでてきた。今日では、光速とセシウム原子の2準位間の遷移頻度を使って時間と長さの単位が正確に決められている。前者には特殊相対性理論の光速不変性が、後者には量子力学の規則性が使われている。質量については2018年11月の第26回国際度量衡総会（CGPM）にて、プランク定数を使ったキログラムの定義が採用された。

以下に MKS 単位系で測られたいくつかの物理定数の値を付記する。

$c = 2.99792458$	$\mathrm{m{\cdot}s^{-1}}$	光速 (定義)
$h = 6.62607004 \times 10^{-34}$	$\mathrm{kg{\cdot}m^2{\cdot}s^{-1}}$	プランク定数
$G = 6.67259 \times 10^{-11}$	$\mathrm{N{\cdot}m^2{\cdot}kg^{-2}}$	重力定数
$g = 9.80665$	$\mathrm{m{\cdot}s^{-2}}$	標準重力加速度
$M_\oplus = 5.972 \times 10^{24}$	kg	地球質量
$M_\odot = 1.988 \times 10^{30}$	kg	太陽質量
$R_\oplus = 6.371 \times 10^6$	m	地球半径（赤道面）

参考文献

1)　エルンスト・マッハ著（岩野英明訳）『マッハ力学史（上）、（下）』（ちくま学術文庫、2006 年）

2 運動の記述

松井哲男

《目標＆ポイント》 質点の運動を記述するための座標系を導入する。まず、直交座標（デカルト座標）によって、質点の位置座標を表すベクトルを定義し、その微分によって、速度ベクトル、加速度ベクトルを導入する。これらのベクトルの成分は、直交座標系のとり方の回転変換により、同じように変換される。
《キーワード》 直交座標系（デカルト座標系）、質点の位置座標ベクトル、極座標系、天頂角と方位角、座標変換（平行移動と回転）、速度ベクトル、加速度ベクトル

2.1 質点の座標

2.1.1 直交座標系

大きさを持たず質量だけ持つ理想化された質点の運動を考える。質量の定義は次章で運動法則とともに与えるが、一般にこの質点の運動はわれわれの住む3次元空間[1]中である曲線（軌道）を描く。この質点の軌道を数学的に記述するには、空間に固定された座標系を設定する必要がある。座標系を設定するには、座標の原点を選び、そこから3つの方向にどれだけ位置がずれているかを指定しなければならない。この3つの方向を、それぞれ直交するようにとったものを直交座標系、あるいはそ

1) ここでは任意の三角形の内角の和が π となるユークリッド空間であることを仮定する。電磁気学の場の方程式の対称性から明らかとなった相対性理論では空間と時間は密接に絡んでいてミンコフスキー時空と呼ばれるようになるが、ここではそれは考えない。

れを最初に導入したデカルトの名をとってデカルト座標系と呼ぶ。3 つの直交する方向を、それぞれ x 方向、y 方向、z 方向と呼び、x、y、z の順に、右手の親指、人差し指、中指の自然な方向をとったものは**右手系**と呼ばれる。それぞれの方向の座標を与えるには原点からの距離を決めなければならないが、前章で述べたようにその単位は MKS 単位系ではメートル (m) で表される。

この 3 次元空間内での質点の位置を決めるには、この 3 つの座標 (x, y, z) を指定する必要がある。それをベクトル記号を用いて $\boldsymbol{r}$ と書く。それぞれの座標軸に固定された単位ベクトル（基底ベクトル）$\boldsymbol{e}_x = (1, 0, 0)$、$\boldsymbol{e}_y = (0, 1, 0)$、$\boldsymbol{e}_z = (0, 0, 1)$ を用いると、質点の位置ベクトルは、

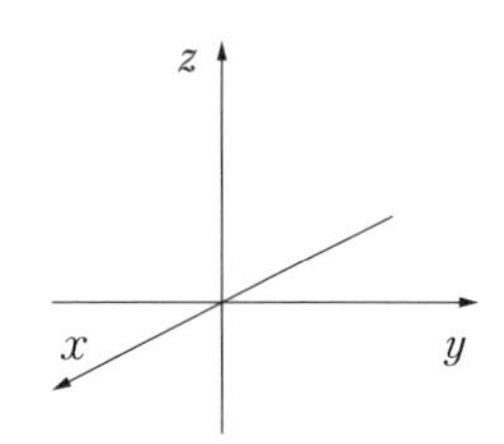

図 2-1　直交座標系（右手系）

$$\boldsymbol{r} = x\boldsymbol{e}_x + y\boldsymbol{e}_y + z\boldsymbol{e}_z \tag{2.1}$$

と書くことができる。

この座標系で質点の位置が時間と共に変化する時、それぞれの座標は時間の関数となる。したがって、質点の運動は $\boldsymbol{r}(t)$ で表される。例えば、直線上を一定の速度 $\boldsymbol{v}$ で運動する質点の軌道は、

$$\boldsymbol{r}(t) = \boldsymbol{r}_0 + \boldsymbol{v}t \tag{2.2}$$

と時間の関数としてのベクトルとして表される。ここで、$\boldsymbol{r}_0$ は時刻 $t = 0$ における質点の位置ベクトルを表す。

また、質点がある平面上で等速回転運動をしている場合、この平面を

xy 平面にとると、

$$\boldsymbol{r}(t) = \cos(\omega t + \delta)\boldsymbol{e}_x + \sin(\omega t + \delta)\boldsymbol{e}_y \tag{2.3}$$

と表すことができる。ここで、ω は回転の速さ、δ は初期位相を表し、時刻 $t = 0$ における質点の位置ベクトルは、$\boldsymbol{r}_0 = \cos\delta\boldsymbol{e}_x + \sin\delta\boldsymbol{e}_y$ となる。

一般に質点の軌道は 3 次元空間（ユークリッド空間）の曲線となるが、それを 2 次元の紙面上で図示することは難しい。質点の 3 次元軌道を 2 次元座標だけで表したもの、例えば (x, y) 座標のみを用いた記述を、(x, y) 面上への 3 次元軌跡の射影と呼ぶ。等速直線運動の (x, y) 平面上への射影は、また直線となる。一般の円運動の任意の 2 次元平面上への射影は、楕円となる。

2.1.2　極座標と円筒座標

質点の運動を記述するのに、非直交座標系を選んだほうが便利な場合がある。例えば、円運動する質点の位置を記述するには、極座標（3 次元の極座標は球座標とも呼ばれる）がよく用いられる。極座標を設定するには、空間の有る 1 点を座標の原点として適当に選び、そこから質点までの距離を r と書く。残りの 2 つの自由度は、天頂角 (polar angle) θ と方位角 (asimuthal angle) φ と呼ばれる角度で、前者は、座標の原点から、あるひとつの方向（天空の場合、北極星の方向に対応）を決め、その方角からの質点の位置の角度のずれを表す。後者は、この北極星と座標の原点を結ぶ直線をとり、それに直交する平面上での質点の位置を適当な方向からの角度としてとる。このように定義された

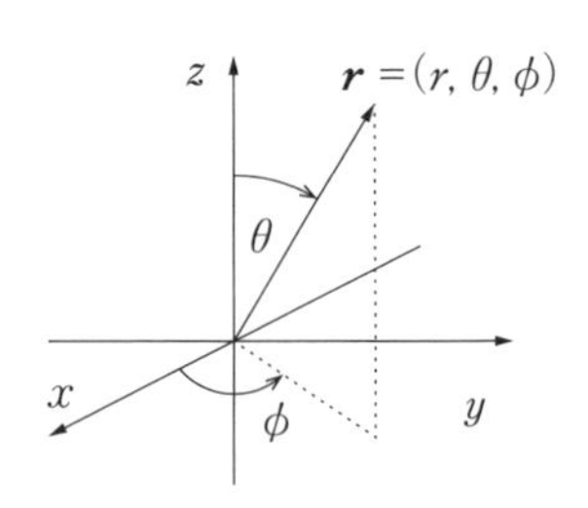

図 2-2　極座標系

天頂角 θ と方位角 ϕ のとりうる値は、それぞれ $0 \leqq \theta \leqq \pi$ と $0 \leqq \phi \leqq 2\pi$ となる。このように定義された極座標は、(r, θ, ϕ) によって表される。

極座標を用いて、直交座標を表示することができる。直交座標の原点 $(0, 0, 0)$ を極座標の原点にとり、その z 軸の正の方向を天頂にとり、x 軸の正の方向から方位角を測ることにすると、

$$(x, y, z) = (r \sin\theta \cos\phi, r \sin\theta \sin\phi, r \cos\theta) \tag{2.4}$$

という関係がある。この位置ベクトルは、

$$\boldsymbol{r} = r\boldsymbol{e}_r \tag{2.5}$$

と書くことができる。ここで、

$$\boldsymbol{e}_r = (\sin\theta \cos\phi, \sin\theta \sin\phi, \cos\theta) \tag{2.6}$$

は、位置ベクトルの方向に向かった単位ベクトルで、質点が運動しているときは、その原点からの距離 r とともに時間に依存して向きの変わる単位ベクトルとなる。

ある平面上で円運動する質点には、2 次元の極座標、あるいは 3 次元の円筒座標を用いると便利である。この平面を直交座標の z 軸に垂直にとり、その上で z 軸の通る点を 2 次元の極座標の原点にとる。その原点からの質点までの距離を ρ とし、この平面上でのある方角からの角度を ϕ ととると、3 次元の円筒座標は、(ρ, ϕ, z) で与えられる。それは、直交座標で表すと、

$$(x, y, z) = (\rho \cos\phi, \rho \sin\phi, z) \tag{2.7}$$

ととることを意味する。ここで、ϕ の基準線を x 軸の正の方向に選んだ。

2.2 ベクトルの演算

ここで、これからよく使うことになるベクトルの演算の定義をまとめておく。2つのベクトル $\boldsymbol{A}$ と $\boldsymbol{B}$ を考える。それぞれは成分を用いて、$\boldsymbol{A} = (A_x, A_y, A_z)$、$\boldsymbol{B} = (B_x, B_y, B_z)$ と書かれる。これを基底ベクトルを用いて書くと、

$$\begin{aligned} \boldsymbol{A} &= A_x\boldsymbol{e}_x + A_y\boldsymbol{e}_y + A_z\boldsymbol{e}_z \\ \boldsymbol{B} &= B_x\boldsymbol{e}_x + B_y\boldsymbol{e}_y + B_z\boldsymbol{e}_z \end{aligned}$$

となる。

2つのベクトルの和（差）は、成分ごとに和（差）をとることで定義される新しいベクトルに変換される。

$$\boldsymbol{A} \pm \boldsymbol{B} = (A_x \pm B_x)\boldsymbol{e}_x + (A_y \pm B_y)\boldsymbol{e}_y + (A_z \pm B_z)\boldsymbol{e}_z \qquad (2.8)$$

この2つのベクトルの積には内積（スカラー積）と外積（ベクトル積）があり、それぞれ次のように定義される。まず内積は、それぞれのベクトルの成分ごとの積の和として、

$$\boldsymbol{A} \cdot \boldsymbol{B} = A_xB_x + A_yB_y + A_zB_z, \qquad (2.9)$$

で定義される。この結果は座標の向きによらない値となり、スカラー積とも呼ばれる。2つのベクトルの内積はそれぞれのベクトルの長さ A、B と、その間の角度 θ を用いて、

$$\boldsymbol{A} \cdot \boldsymbol{B} = AB\cos\theta \qquad (2.10)$$

と表すこともできる。

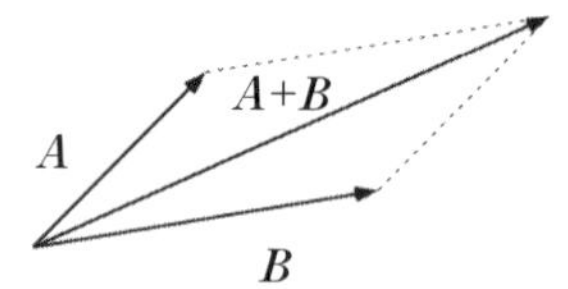

図 2-3　2つのベクトルの和（平行四辺形ルール）

もう 1 つの積、外積は、

$$\boldsymbol{A}\times\boldsymbol{B}=(A_yB_z-A_zB_y)\boldsymbol{e}_x+(A_zB_x-A_xB_z)\boldsymbol{e}_y+(A_xB_y-A_yB_x)\boldsymbol{e}_z \tag{2.11}$$

で定義され、結果はベクトルとなる。新しいベクトルの長さは 2 つのベクトルの角度 θ の正弦関数を使って、

$$|\boldsymbol{A}\times\boldsymbol{B}|=AB\sin\theta \tag{2.12}$$

と書け、2 つのベクトル $\boldsymbol{A}$ と $\boldsymbol{B}$ で囲まれる平行四辺形の面積を表している。その向きはベクトル $\boldsymbol{A}$ の向きからベクトル $\boldsymbol{B}$ の向きに回る右ネジの進行方向とすることになっている。この演算にすぐ慣れるのは難しいかもしれないが、簡単な場合、すなわち $\boldsymbol{A}$ と $\boldsymbol{B}$ が座標軸に固定された基底ベクトルの場合は、次のような簡単な結果が得られる。

$$\boldsymbol{e}_x\times\boldsymbol{e}_y=\boldsymbol{e}_z,\quad \boldsymbol{e}_y\times\boldsymbol{e}_z=\boldsymbol{e}_x,\quad \boldsymbol{e}_z\times\boldsymbol{e}_x=\boldsymbol{e}_y \tag{2.13}$$

また、左辺の 2 つのベクトルの入れ替えに対し、

$$\boldsymbol{e}_y\times\boldsymbol{e}_x=-\boldsymbol{e}_z,\quad \boldsymbol{e}_z\times\boldsymbol{e}_y=-\boldsymbol{e}_x,\quad \boldsymbol{e}_x\times\boldsymbol{e}_z=-\boldsymbol{e}_y, \tag{2.14}$$

と、結果は符号が変わる。すなわち、2 つのベクトルのベクトル積をとると、ベクトルの向きが元の 2 つのベクトルの向きに直交して右ネジの法則で与えられる方向を向いたベクトルになることを意味する。最初のベクトルの順序を入れ替えると、反対向きになるのはそのためである。

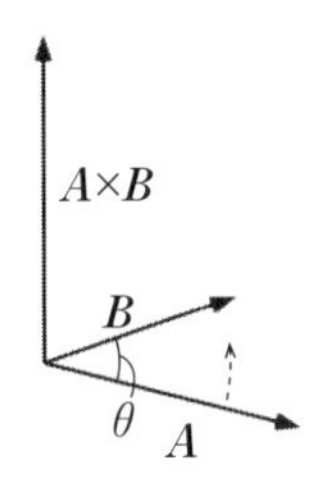

図 2-4　2 つのベクトルの積（右手ルール）

2.3　直交座標の変換：平行移動と回転

座標は質点の位置を記述するために人為的に設定したもので、そのとり方を変えると空間の同じ場所にある質点の位置座標は座標変換とともに変換される。例えば、座標の原点を x 軸の正の方向に a だけ平行移動すると、新しい質点の座標は、

$$(x', y', z') = (x - a, y, z) \tag{2.15}$$

と変換される。一般に、平行移動をベクトル $\boldsymbol{a}$ で表すと、新しい質点の座標は、

$$\boldsymbol{r}' = \boldsymbol{r} - \boldsymbol{a} \tag{2.16}$$

で表される。

新しい座標軸を例えば z 軸のまわりにその正の方向に対して右ネジの進む方角に角度 ϕ だけ回転すると、質点の新しい座標は、

$$\boldsymbol{r}' = (x', y', z') = (x\cos\phi - y\sin\phi, x\sin\phi + y\cos\phi, z) \tag{2.17}$$

と変換される。この変換は、3 行 3 列の行列、

$$\mathcal{R} = \begin{pmatrix} \cos\varphi & \sin\varphi & 0 \\ -\sin\varphi & \cos\varphi & 0 \\ 0 & 0 & 1 \end{pmatrix} \tag{2.18}$$

$\mathcal{R}$ を用いて、

$$\boldsymbol{r}' = \boldsymbol{r}\,\mathcal{R} \tag{2.19}$$

と表される。一般的には、回転軸の方向を決めるのに 2 つの角度（天頂角 θ と方位角 ϕ）を決め、そのまわりの回転の角度 φ の自由度があるため、回転行列は 3 つの角度 (θ, ϕ, φ) の関数として $\mathcal{R}(\theta, \phi, \varphi)$ と表される。

この回転の自由度は、重心のまわりの剛体の回転運動を記述する自由度となる。

どの場合も空間の質点の位置は変化しておらず、ただ座標のとり方を変えたために その位置座標の表示が変わったのである。一般に、座標変換とともに同じように変化する量は、空間上のベクトルと呼ばれる。

2.4　質点の速度と加速度

運動学では、質点の位置の時間変化を取り扱うが、その際、速度と加速度が重要な役割を果たす。ここで微分演算を用いて、それらの数学的な定義を行う。どちらもその定義から位置ベクトルと同様にベクトルとなる。それぞれの次元は長さ (L) を時間 (T)、あるいはその 2 乗 (T^2) で割ったもので、MKS 単位系では、速度の単位は m/s、加速度の単位は $\mathrm{m/s^2}$ となる。

2.4.1　速度の定義

まず、質点の速度 $\boldsymbol{v}$ は質点の位置の時間変化率を表すベクトルで、微分の極限操作を用いて形式的に

$$\boldsymbol{v}(t) = \lim_{\Delta t \to 0+} \frac{\boldsymbol{r}(t+\Delta t) - \boldsymbol{r}(t)}{\Delta t} \tag{2.20}$$

で定義される。これは簡単に質点の座標の時間微分として、

$$\boldsymbol{v}(t) = \frac{d\boldsymbol{r}}{dt} = \dot{\boldsymbol{r}} \tag{2.21}$$

と表すことができる。これを位置ベクトルの座標成分を用いた表示を用いて書き直すと、

$$\boldsymbol{v}(t) = \dot{x}\boldsymbol{e}_x + \dot{y}\boldsymbol{e}_y + \dot{z}\boldsymbol{e}_z = v_x\boldsymbol{e}_x + v_y\boldsymbol{e}_y + v_z\boldsymbol{e}_z \tag{2.22}$$

となる。すなわち、直交座標で x 方向の質点の速さは $v_x = \dot{x}$ で、y 方向、z 方向の速さも同様にそれぞれの座標成分の時間微分で与えられる。逆に、速度ベクトルの時間変化が与えられた場合、その位置座標はそれぞれの成分の積分によって与えられ、

$$\boldsymbol{r}(t) = \int_{t_0}^{t} dt' \boldsymbol{v}(t') + \boldsymbol{r}_0 \tag{2.23}$$

と書くことができる。このベクトル表記で、積分はベクトル $\boldsymbol{v}(t)$ の積分として行われ、t_0 は基準点をとる時刻を表し、その位置での座標ベクトルは積分の定数（3 成分ベクトル）となる。これは成分ごとに積分することを意味する。それぞれの成分ごとにみると、位置ベクトルのそれぞれの方向成分は、その方向の速度成分を時間の関数として 2 次元的な曲線に描いた場合、その曲線と時間軸、時刻 t_0 と t に対応する直線で挟まれる領域の面積に相当する。

具体的な 2 つの例をあげる。まず一番簡単な等速直線運動 (2.2) では、速度の定義 (2.21) から、

$$\boldsymbol{v} = \frac{d}{dt}(\boldsymbol{r}_0 + \boldsymbol{v}t) \tag{2.24}$$

が得られる。(2.2) は、これを (2.23) によって積分したもので、時刻 t_0 での位置ベクトル $\boldsymbol{r}_0$ はその積分定数ベクトルとなっている。

もうひとつの簡単な例として 2 次元平面上の半径 r_0 の等速円運動を考える。この平面を xy 平面にとれば、位置ベクトルは、

$$\boldsymbol{r}(t) = r_0 \cos(\omega t + \delta)\boldsymbol{e}_x + r_0 \sin(\omega t + \delta)\boldsymbol{e}_y = r_0 \boldsymbol{e}_r(t) \tag{2.25}$$

と表される。ここで、$\boldsymbol{r}$ 方向の反時計回りに速さ ω、初期位相 δ で回転する単位ベクトルを、

$$\boldsymbol{e}_r(t) = \cos(\omega t + \delta)\boldsymbol{e}_x + \sin(\omega t + \delta)\boldsymbol{e}_y \tag{2.26}$$

と定義した。このとき、速度ベクトルは、

$$\boldsymbol{v}(t) = -r_0\omega\sin(\omega t+\delta)\boldsymbol{e}_x + r_0\omega\cos(\omega t+\delta)\boldsymbol{e}_y = v_0\boldsymbol{e}_v(t) \tag{2.27}$$

となる。ここで、速さ $v_0 = r_0\omega$ は常に一定で、速度の向きを表す単位ベクトル、

$$\boldsymbol{e}_v(t) = -\sin(\omega t+\delta)\boldsymbol{e}_x + \cos(\omega t+\delta)\boldsymbol{e}_y \tag{2.28}$$

がその時間変化を与える。このとき、

$$\boldsymbol{e}_r(t)\cdot\boldsymbol{e}_v(t) = 0 \tag{2.29}$$

となり、円運動では速度ベクトルと位置ベクトルはいつも直交する。

2.4.2　加速度の定義

質点の加速度 $\boldsymbol{a}$ は質点の速度の時間変化を表すベクトルで、速度の微分極限操作によって

$$\boldsymbol{a}(t) = \lim_{\Delta t\to 0+}\frac{\boldsymbol{v}(t+\Delta t)-\boldsymbol{v}(t)}{\Delta t} \tag{2.30}$$

で定義される。これは、簡単に質点の速度ベクトルの時間微分として、

$$\boldsymbol{a}(t) = \frac{d\boldsymbol{v}}{dt} = \dot{\boldsymbol{v}} \tag{2.31}$$

となる。これは位置ベクトルの 2 階の微分を意味する。その成分を用いた表示は

$$\boldsymbol{a}(t) = \dot{v}_x\boldsymbol{e}_x + \dot{v}_y\boldsymbol{e}_y + \dot{v}_z\boldsymbol{e}_z = a_x\boldsymbol{e}_x + a_y\boldsymbol{e}_y + a_z\boldsymbol{e}_z \tag{2.32}$$

となり、直交座標で x 方向の質点の加速度は $a_x = \dot{v}_x$ で、y 方向、z 方向の加速度も同様にそれぞれの速度成分の時間微分で与えられる。逆に、

加速度ベクトルの時間変化が与えられた場合、その速度はそれぞれの成分の積分によって与えられ、

$$\boldsymbol{v}(t) = \int_{t_0}^{t} dt' \boldsymbol{a}(t') + \boldsymbol{v}_0 \tag{2.33}$$

さらにそれをもう1回積分すると位置座標は

$$\boldsymbol{r}(t) = \int_{t_0}^{t} dt' \int_{t_0}^{t'} dt'' \boldsymbol{a}(t'') + \boldsymbol{v}_0(t - t_0) + \boldsymbol{r}_0 \tag{2.34}$$

となる。ここで、時刻 t_0 における位置ベクトル $\boldsymbol{r}_0$ と速度ベクトル $\boldsymbol{v}_0$ が2つの積分定数ベクトルとしてあらわれる。それぞれの成分ごとにみると、速度ベクトル(位置ベクトル)のそれぞれの方向成分は、その方向の加速度成分(速度成分)を時間の関数として2次元的な曲線に描いた場合、その曲線と座標軸、時刻 t_0 と t に対応する直線ではさまれる領域の面積に相当する。

再び、先にあげた2つの例を使って具体的に計算してみると、等速直線運動 (2.2) では、速度一定であるから、

$$\boldsymbol{a} = \frac{d}{dt}\boldsymbol{v} = 0 \tag{2.35}$$

となる。xy 平面上の半径 r_0 の等速円運動の場合は、

$$\boldsymbol{a}(t) = -r_0\,\omega^2 \cos(\omega t + \delta)\boldsymbol{e}_x - r_0\,\omega^2 \sin(\omega t + \delta)\boldsymbol{e}_y = -r_0\,\omega^2 \boldsymbol{e}_r(t) \tag{2.36}$$

となり、加速度ベクトルは質点から円運動の中心に向かう $r_0\,\omega^2$ の大きさを持つベクトルとなる。これから、速度ベクトル $\boldsymbol{v}(t)$ と加速度ベクトル $\boldsymbol{a}(t)$ は必ず直交することがわかる。

3 運動の法則

松井哲男

《目標＆ポイント》 最初に質点の運動を記述する力学の基本法則を述べる。ニュートンはその著書「プリンキピア」で物質の運動の基本法則を初めて定式化したが、そこには数式は使われず、文章と幾何学的なイメージのみを用いて説明されている。ここでは、今日広く使われている微分演算を用いた定式化を行う。その際、物質の大きさをいったん忘れて、大きさを持たない質点の運動法則として、その運動は３つの座標によって記述されるものとする。大きさを持った実際の物質の運動法則については、最後に簡単に触れる。
《キーワード》 慣性の法則、運動方程式、作用反作用の法則、質量、運動量、力積、仕事、多粒子系

3.1 力学の３つの基本法則

ニュートン力学の３つの基本法則を、大きさを持たない抽象化された質点の運動法則として記述する。大きさを考えないのは、運動の自由度を３つの空間座標によって記述するための理想化である。

3.1.1 力学の第１法則：慣性の法則

この法則は力が働かない質点の運動は等速直線運動になることを意味する。これは、すでにガリレオの実験によって発見されていた法則であり、ガリレオの慣性の法則ともいう。質点が等速直線運動するような系は慣性系と呼ばれ、これが慣性系の定義を与える。慣性系はただひとつに決まるわけではなく、それに対し任意の一定速度で平行移動する系も

慣性系となる。第2法則からわかるように、この第1法則は、慣性系では質点の運動量が時間変化しない保存量となることを意味している。次に述べる第2法則と第3法則は、慣性系を使って定義されるので、この第1法則が前提条件となる。

実際には、地球上では重力があるため慣性系をとることは難しく、通常は重力に垂直な面での並進運動だけを考え、空気抵抗や摩擦の影響は無視する。例えば、一定の速度で進行する列車の中にいる人には列車が運動しているという効果はみえず、列車の床を転がる玉は、列車に対し列車が動いていない場合と全く同じ等速運動を行う。これが慣性の法則である。

地球は太陽のまわりを公転し、自転もしているため、局所的な平面を考えても厳密には慣性系とはならない。太陽のまわりの回転運動はその遠心力が重力の効果と地球の重心で打ち消し合っているが、地表では一般にこれらの効果の和は打ち消し合わないで残るためである。宇宙空間に出ても重力の影響を完全に取り除くのは難しい。

3.1.2 力学の第2法則：運動方程式

この法則がニュートン力学の核心部分である。それは、質点に外力が働くと、その向きと大きさに比例した加速度が生じることを意味する。比例定数は質点の質量と呼ばれ、質量の大きなものに同じ加速度をもたらすためには、それに比例した大きな力を加える必要がある。これを式で書くと、

$$m\boldsymbol{a} = \boldsymbol{F} \tag{3.1}$$

ここで、m は質点の質量、$\boldsymbol{a}$ は質点の加速度ベクトル、$\boldsymbol{F}$ は質点に働く力のベクトルを表す。加速度ベクトルは質点の速度ベクトル $\boldsymbol{v}$、位置ベ

クトル $\boldsymbol{r}$ の微分によって、

$$\boldsymbol{a} = \frac{d\boldsymbol{v}}{dt} = \frac{d^2\boldsymbol{r}}{dt^2} \tag{3.2}$$

と表されるから、質点の運動方程式は、速度ベクトルの微分を使って、

$$m\frac{d\boldsymbol{v}}{dt} = \boldsymbol{F} \tag{3.3}$$

あるいは、位置ベクトルの 2 階微分を使って、

$$m\frac{d^2\boldsymbol{r}}{dt^2} = \boldsymbol{F} \tag{3.4}$$

と表される。質点の質量と、それに働く力のベクトルの時間変化がわかっているとき、その力の作用による質点の運動の軌跡は、この運動方程式を初期条件のもとで積分することによって原理的に決まることになる。

外力がない場合、すなわちいつも $\boldsymbol{F} = \boldsymbol{0}$ となる場合は、この運動方程式の左辺も常に 0 となる。これは速度ベクトルの時間微分が常にゼロベクトルとなることを意味し、質点の運動は等速直線運動となる。これは、第 1 法則で述べられたことを意味する。このことから、力学の第 2 法則は、第 1 法則を含むとみなすことができるように思われるかもしれないが、これはむしろ第 1 法則の成り立つ慣性系で第 2 法則が成り立つと考えるべきである。すなわち、第 1 法則が保証する慣性系において、第 2 法則が成り立つのである。

運動方程式 (3.1) で導入された質量と力の概念のそれぞれについては、後で詳細に述べる。ここでは、質量は質点の運動に伴う属性を記述するパラメータだと述べるにとどめ、力のベクトルの分類とその起源については章を改めて述べる。

3.1.3　力学の第 3 法則：作用・反作用の法則

いま、ある慣性系で 2 つの質点 1 と質点 2 がお互いに力を及ぼし合っているとする。このとき、第 3 法則は、質点 1 が質点 2 に及ぼす力 $\boldsymbol{F}_{1\to2}$ と、質点 2 が質点 1 に及ぼす力 $\boldsymbol{F}_{2\to1}$ は力のベクトルの向きが反対で、その大きさは常に等しい。すなわち、

$$\boldsymbol{F}_{1\to2} = -\boldsymbol{F}_{2\to1} \tag{3.5}$$

あるいは、右辺を左辺に移行して、

$$\boldsymbol{F}_{1\to2} + \boldsymbol{F}_{2\to1} = 0 \tag{3.6}$$

であることを意味する。これは、作用・反作用の法則と呼ばれる。

3.2　基本的な物理量とその定義

運動の基本法則からすぐに出てくる、力学の重要な基礎概念をいくつか説明する。

3.2.1　質量 (mass)

ニュートンの第 2 法則では慣性系において質点の運動を変化させようとすると、その質量に比例した力が必要になる。したがって、この質量を**慣性質量** (inertial mass) と呼ぶ。一方、重力は質量に比例して働くことが知られている。地表で下向きに働く重力は、すべての質点に共通した重力加速度 $g = 9.8\mathrm{m/s^2}$ にこの質量をかけたもので表される。この重力に比例する質量は慣性質量と区別して**重力質量** (gravitational mass) と呼ばれる。慣性質量と重力質量が同じ値であることは高い精度で実験的にも検証されている。この 2 つの質量が一致することは**等価原理** (The equivalence principle) と呼ばれ、アインシュタインの重力理論（一般相

対性理論）(general relativity) の基本原理となっている。以下では単に質量という場合は厳密には慣性質量のことをさすが、重力質量と同じであるとみてもよい。

質量と力とは第 2 法則によって相互に規定され、片方の次元が決まれば、もうひとつの次元が決まる。通常は質量を基本次元の 1 つにとり、その単位を決めてそれによって力の単位を決める習わしとなっている。MKS 単位系、あるいはそれを拡張した SI 単位系では、力の単位はニュートンと呼ばれ、

$$1\mathrm{N} = 1\mathrm{kg} \cdot \mathrm{m/s}^2 \tag{3.7}$$

で、質量と加速度の単位を用いて表される。ここで質量の単位 (kg) は、現在はキログラム原器によってその基準値が設定されている。今はこれを定義として差し支えないが、近年いろいろな物理量の測定精度が高くなったことから、もう少し普遍的に測ることのできる物理量によって定義し直すことが考えられている。

質量の基準値が確定したとき、その基準値から測った質点の質量の値の計測は、作用・反作用の原理を用いて行うことができる。すなわち、質点 1 と質点 2 の質量の比は、作用・反作用の法則が成り立つ慣性系では、同じ大きさの力によって加速される加速度の大きさの比によって

$$\frac{m_1}{m_2} = \frac{a_2}{a_1} \tag{3.8}$$

と決まるため、加速度を正確に計測することによって原理的に決めることができる [1)]。

1）この質量の比の定義はマッハによる。第 1 章の参考文献 1) を参照。

3.2.2 運動量 (momentum)

運動量 $\boldsymbol{p}$ は質量 m に速度 $\boldsymbol{v}$ をかけたものとして定義されるベクトル量であり、

$$\boldsymbol{p} = m\boldsymbol{v} \tag{3.9}$$

と書く。

この運動量を用いると、力学の 3 つの基本法則は

- 慣性系では、力が働かないとき、質点の運動量は一定で保存される。
- 慣性系では、質点の運動量ベクトルの大きさとその向きの変化は、質点に加えられた力の大きさとその向きによって決まる。
- 慣性系で 2 つの質点が力を及ぼし合っているとき、その運動量の総和は変化しない。

といいなおすことができる。

特に、第 2 法則にあらわれる運動方程式は、運動量の時間微分を使って、

$$\frac{d\boldsymbol{p}}{dt} = \boldsymbol{F} \tag{3.10}$$

と簡単に書くことができる。すなわち、質点に働く力はその運動量の変化率に等しい。

質点 1 と質点 2 の運動量をそれぞれ $\boldsymbol{p}_1$ と $\boldsymbol{p}_2$ とすると、慣性系においては外力は働いていないので、それぞれの質点の運動方程式は、

$$\frac{d\boldsymbol{p}_1}{dt} = \boldsymbol{F}_{2\to1} \tag{3.11}$$

$$\frac{d\boldsymbol{p}_2}{dt} = \boldsymbol{F}_{1\to2} \tag{3.12}$$

この両辺の和をとると、

$$\frac{d\boldsymbol{p}_1}{dt} + \frac{d\boldsymbol{p}_2}{dt} = \boldsymbol{F}_{2\to1} + \boldsymbol{F}_{1\to2} = 0 \tag{3.13}$$

したがって、運動の第 3 法則は 2 つの運動量の和 $\boldsymbol{P} = \boldsymbol{p}_i + \boldsymbol{p}_j$ が時間変化しない不変量であることを意味する。

3.2.3　力積 (impulse)

質点への力の作用はその運動量の変化をもたらすが、力がある時刻 t_1 から時刻 t_2 まで質点に作用したときの質点の運動量の変化の値は、力のベクトル $\boldsymbol{F}$ の時間積分を t_1 から t_2 まで行うことによって得られる。これを力積 (impulse) と呼び $\boldsymbol{I}(t_1, t_2)$ と書く。すなわち、

$$\boldsymbol{I}(t_1, t_2) = \int_{t_1}^{t_2} dt \boldsymbol{F}(t) = \boldsymbol{p}(t_2) - \boldsymbol{p}(t_1) \tag{3.14}$$

で定義される力積はベクトル量である。

力の時間変化の詳細がわかっていないときでも、その力の作用によって生じた運動量の変化がわかっている場合は、力積、すなわち力のベクトルの時間積分の値は、力が作用した前後の運動量の差として決まることを意味している。

3.2.4　仕事 (work)

質点に働く力を運動の経路に沿ってある場所から別の場所まで積分したものは**仕事** (work) と呼ばれ W と表す。すなわち、

$$W = \int_{\text{path}} d\boldsymbol{r} \cdot \boldsymbol{F} \tag{3.15}$$

直線運動の場合、これは力をその直線に沿って座標で積分したものになっている。この積分は一般に積分の経路 (path) に依存する。

第 2 法則からこの積分は速度ベクトルを使って、時間積分として表すこともできる。

$$W = \int_{\boldsymbol{r}_1}^{\boldsymbol{r}_2} d\boldsymbol{r} \cdot m \frac{d\boldsymbol{v}}{dt} \tag{3.16}$$

ここで、$d\boldsymbol{r} = dt d\boldsymbol{r}/dt = dt\boldsymbol{v}$ によって積分変数を位置座標から時間に変換すると、

$$W = \int_{t_1}^{t_2} dt\boldsymbol{v} \cdot m\frac{d\boldsymbol{v}}{dt} = \int_{t_1}^{t_2} dt\frac{d}{dt}\left(\frac{1}{2}m\boldsymbol{v}^2\right) \tag{3.17}$$

と書き直せる。この時間変数に対する積分は運動の経路によらないので、最初の時刻と最後の時刻における、

$$K = \frac{1}{2}m\boldsymbol{v}^2 \tag{3.18}$$

の値の差となる。この K のことを**運動エネルギー**と呼ぶ。第 2 法則は、質点の運動エネルギーの時刻 1 と時刻 2 の差が、その間に力によって質点に加えられた仕事に等しいことを意味する。

3.3 多粒子系（物質）への拡張

ニュートンの力学法則は、もともと大きさを持った物質の運動法則として定式化されたが、今、物質がたくさんの質点の集まりだとして、ここで定式化した大きさを持たない質点の運動法則からどのように引き出せるか考えてみる。

3.3.1 物質の 3 つの運動法則

一般に、N 個の質点 m_i（$i = 1, \cdots, N$）が互いに力を及ぼし合っているとき、i 番目の質点にほかの質点が及ぼす力 $\boldsymbol{F}_i$ は、そのほかのおのおのの質点がこの質点に及ぼす力の総和となり、

$$\boldsymbol{F}_i = \sum_{j \neq i} \boldsymbol{F}_{j \to i} \tag{3.19}$$

と書くことができる。これは重ね合わせの原理と呼ばれる。ここからは、重ね合わせの原理を仮定し、実際の大きさを持った物質を、それを構成

する質点が相互に働く力で釣り合った集まりとみなして考察する。

質点の力学の第 3 法則はそれぞれの 2 つの質点のペアに対し成り立つので、この力の総和はゼロとなる。すなわち、

$$\sum_{i=1,N} \boldsymbol{F}_i = \sum_{i=1,N} \sum_{j \neq i} \boldsymbol{F}_{j \to i} = 0 \tag{3.20}$$

したがって、この系の質点の運動量の和 $\boldsymbol{P} = \sum_{i=1,N} \boldsymbol{p}_i$（全運動量）は不変量となる。すなわち、

$$\frac{d\boldsymbol{P}}{dt} = 0 \tag{3.21}$$

これは慣性系における全運動量の保存を意味しており、この物質に対する第 1 法則に対応する。

いま、i 番目の粒子に外から力 $\boldsymbol{F}_i^{\text{ex.}}$ が働いた場合を考える。例えば、重力のようなものを考えるとこれに相当する。このとき、系全体に働く力は

$$\boldsymbol{F} = \sum_{i=1,N} \boldsymbol{F}_i = \sum_{i=1,N} \left(\sum_{j \neq i} \boldsymbol{F}_{j \to i} + \boldsymbol{F}_i^{\text{ex.}}\right) = \sum_{i=1,N} \boldsymbol{F}_i^{\text{ex.}} \tag{3.22}$$

となる。このとき、それぞれの質点の運動方程式の和をとると、全運動量の時間変化が個々の粒子に働く外力の総和によって決まるという式、

$$\frac{d\boldsymbol{P}}{dt} = \sum_{i=1,N} \frac{d\boldsymbol{p}_i}{dt} = \boldsymbol{F} \tag{3.23}$$

が得られる。これが物質に対するニュートンの第 2 法則である。

ここで、全運動量を全質量 $M = \sum_{i=1,N} m_i$ と

$$\boldsymbol{R} = \frac{1}{M} \sum_{i=1,N} m_i \boldsymbol{r}_i \tag{3.24}$$

で定義された重心座標 $\boldsymbol{R}$ を用いて、

$$\boldsymbol{P} = \sum_{i=1,N} m_i \frac{d\boldsymbol{r}_i}{dt} = M\frac{d\boldsymbol{R}}{dt} \tag{3.25}$$

と表すと、もともとの時間に関する2階の微分方程式としての運動方程式

$$M\frac{d^2\boldsymbol{R}}{dt^2} = \boldsymbol{F} \tag{3.26}$$

が得られる。

このことから、物質の質量というのは、個々の質点の質量の和であり、物質の位置座標というのはその重心座標と考えればよいことがわかる。

不思議なことに、ニュートンは『プリンキピア』の冒頭部分で、質量を、密度に体積をかけたものとして定義している。もちろん、この質量の定義は、密度が一様な物質であることを仮定しており、そもそも堂々巡りの定義で、マッハをはじめ、後に多くの人から批判の対象となった。おそらく、ニュートンの頭の中には大きさを持った物質の質量をどのように見るかということに苦慮した結果の説明であったのではないかと思われる。ニュートンが『プリンキピア』を執筆したもともとの動機は、天体の運行を力学の基本法則と万有引力の法則を用いて説明することであった。したがって、地球やほかの惑星のような大きな天体も、抽象化された質点としてその運動を記述したのである。それは、物質が原子の集まりであるという今日的な理解がまだ成熟していない時点では、苦肉の記述であったのかもしれない。

最後に2つの物質の間の第3法則、すなわち2つの物質間の作用・反作用の法則を導出するには、N 体系を2つのグループ、物質Aと物質Bに分離し、その2つの物質の間に働く力に作用・反作用の法則が成り立っていることを示せばよい。

例えば、物質 B が物質 A に及ぼす力 $\boldsymbol{F}_{\mathrm{B}\to\mathrm{A}}$ は、ここの質点の 2 体力により、

$$\boldsymbol{F}_{\mathrm{B}\to\mathrm{A}} = \sum_{j\in\mathrm{B},i\in\mathrm{A}} \boldsymbol{F}_{j\to i} \tag{3.27}$$

と表される。ここで、質点の間の 2 体力が作用・反作用の法則を満たすことから $\boldsymbol{F}_{j\to i} = -\boldsymbol{F}_{i\to j}$、右辺は

$$-\sum_{j\in\mathrm{B},i\in\mathrm{A}} \boldsymbol{F}_{i\to j} = -\boldsymbol{F}_{\mathrm{A}\to\mathrm{B}} \tag{3.28}$$

となり、これは物質 A と物質 B の間に働く力が作用・反作用の法則

$$\boldsymbol{F}_{\mathrm{B}\to\mathrm{A}} = -\boldsymbol{F}_{\mathrm{A}\to\mathrm{B}} \tag{3.29}$$

を満たすことを意味する。これはまた、全運動量が物質 A の運動量 $\boldsymbol{P}_{\mathrm{A}}$ と物質 B の運動量 $\boldsymbol{P}_{\mathrm{B}}$ の和となり、

$$\boldsymbol{P} = \sum_{i=1,N} \boldsymbol{p}_i = \boldsymbol{P}_{\mathrm{A}} + \boldsymbol{P}_{\mathrm{B}} \tag{3.30}$$

それが運動の保存量となることからも明らかである。

3.3.2　剛体近似と流体近似

空間的に広がった物質の運動を考える際、質点にはない運動の自由度があらわれる。これは基本的に多体系の運動の自由度が個々の質点の運動の自由度の分、すなわち $3N$ だけあることによっている。

マクロな物質は、一般に固相・液相・気相の 3 つの相がある。固相にある物質は密度が一定で形状の変化のない固体と見なすことができる。これは剛体近似と呼ばれ、その重心座標とともに、剛体の回転の自由度もその運動の記述に必要となる。

液相と気相にある物質では、形状は自由に変化できる。液相にある物質は密度一定の非圧縮性流体として近似される。物質が気相にある場合は、その密度の変化も考慮する必要がある。どちらの場合も、空間の各点に運動の自由度「場」(例えば、密度の場は $\rho(t, \boldsymbol{r})$ と書かれる) を導入し、「場」に対する偏微分方程式と、保存量に対する連続の方程式が基本的な運動方程式となる。

4　力とその起源

松井哲男

《目標＆ポイント》 運動方程式の中にあらわれる「力」の概念は、もともと人類の日常経験の中で生まれ、静力学では、運動とは直接関係のない、力の釣り合いの条件に使われた。この章では、静力学にあらわれる「経験的な力」の概念から出発して、さまざまな力の種類と起源を考える。特に力学の発展の中で重要な役割を果たしたニュートン重力の重要な特徴である、「保存力」、「中心力」の概念を学ぶ。また、重力に似た性質を持った力として電磁気力があり、その場の近接作用論による見方を学ぶ。それに比べて、日常生活でなじみの深い摩擦力、張力や抗力は物質の内部構造に起因しており、そのミクロな説明は難しい。

《キーワード》 静力学における力の釣り合い、経験的な力、重力、垂直抗力、摩擦力、保存力、中心力、電磁気力、遠隔作用論と近接作用論、慣性力

4.1　運動と力

力学においては常に力が運動を規定している。その第 2 法則 (運動法則) によれば力の作用が物質の運動の変化をもたらし、第 3 法則 (作用・反作用の法則) はその力のあらわれ方に慣性系では対称性があることを示している。第 1 法則 (慣性の法則) は力が働かない慣性系においては運動が変化しないことを意味するが、その場合も非慣性系で同じ事象をみれば運動が変化しているようにみえる。これは見かけの力が働いて運動が変化しているとみることができる。回転している系においてあらわれる遠心力がその例である。このように、動力学においては常に力が運動

に深く関わっていることを示している。

4.2 静力学における力：経験的な力

力の概念は、もともと運動がない場合、すなわち静止状態における力の釣り合い、すなわち静力学で導入された。運動の力学法則では、これは運動方程式の右辺がゼロとなる特別な場合に対応しており、運動に変化が起きず、ある慣性系で物質が静止した状態は、それが継続することを意味している。まず具体的な例を使って、このときにあらわれる力とはどのようなものか考えてみよう。

4.2.1 ひもで吊り下げられた静止物体に働く重力と張力の釣り合い

これは最も簡単な2つの力の釣り合いである。静止物体に働く重力は物質の重さと呼ばれ、物質の量 (質量) に比例することは経験的に昔から知られていた。物質を静止した状態に保つためには、重力に抗してひもに重力の向きと反対方向、すなわち鉛直上方向に同じ大きさの張力を与える必要がある。日常経験より、ひもを手で持ったとき、物質の量が大きくなるとより大きな力が必要となることも自明である。この場合、重力は物質の質量のみによって決まるが、ひもの張力はその重力が増大すればひもの質量にかかわらず増大し、滑車を使ってひもに働く力の向きを変えることができる。もちろんその場合は、滑車を支える力が必要となり、それも含めた力の釣り合いを考える必要があるが、重要なことは、張力の大きさを決めるのは力の釣り合いだという事実である。張力はひもが伸びるのに抗することから生じると考えることができる

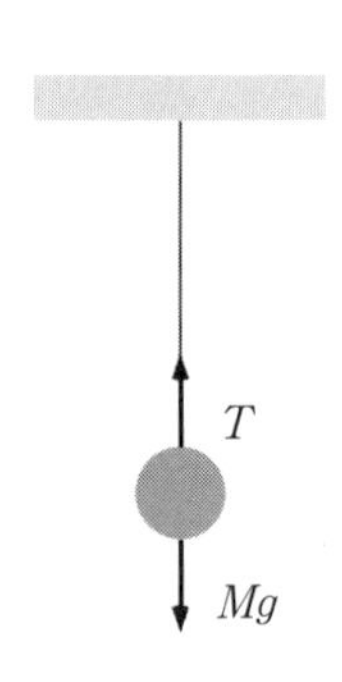

図 4-1　おもりにかかる重力とひもの張力の釣り合い

が、その説明にはひものミクロな構造の理解が必要となる。

4.2.2　斜面上の静止物体に働く垂直抗力と静止摩擦力

次に、斜面に置かれた物体が静止状態にある場合を考える。このとき、この物体には3つの力が働いている。まず、鉛直方向下向きに物質の質量 M に比例した重力、

$$\boldsymbol{F}_g = -Mg\boldsymbol{e}_z \tag{4.1}$$

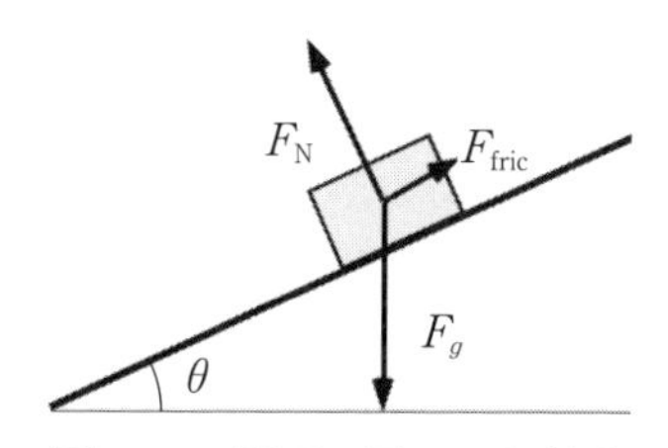

図 4-2　斜面に置かれた静止した物体に働く 3 つの力（重力、垂直抗力、静止摩擦力）の釣り合い

が働いている。ここで、鉛直方向上向きを z 軸の正の方向に選んだ。$\boldsymbol{e}_z$ はその方向の単位ベクトルを表す。$g = 9.8\mathrm{m/s^2}$ は地表での重力加速度の大きさを表す。もし、斜面とその上に置かれた物質の間に摩擦が働かなければこの物体は斜面に沿って滑り出す。それが起きないためには、斜面に沿って重力の、その方向成分を打ち消す静止摩擦力 (friction force) があると考えなければならない。しかし、この摩擦力 $\boldsymbol{F}_\mathrm{fric}$ は斜面に沿った向きに働くので、重力とこの摩擦力だけで力の釣り合いは起こらない。もう一つの力は、垂直抗力 (normal force) と呼ばれ斜面に垂直な方向に物体を支える力 $\boldsymbol{F}_\mathrm{N}$ として働く。この 3 つの力がバランスしているのである。すなわち 3 つの力のベクトルの和が 0 となっている。

$$\boldsymbol{F}_g + \boldsymbol{F}_\mathrm{fric} + \boldsymbol{F}_\mathrm{N} = 0 \tag{4.2}$$

斜面の水平面に対する傾斜角を θ とすると、このベクトルの釣り合いの式は、鉛直方向の成分の釣り合いの式、

$$Mg - F_\mathrm{fric}\sin\theta - F_\mathrm{N}\cos\theta = 0 \tag{4.3}$$

と水平方向の成分の釣り合いの式、

$$-F_{\rm fric}\cos\theta + F_{\rm N}\sin\theta = 0 \tag{4.4}$$

に分解する。この2つの式を連立させて解けば、摩擦力の大きさと、垂直抗力の大きさが、

$$\begin{aligned} F_{\rm fric} &= Mg\sin\theta \\ F_{\rm N} &= Mg\cos\theta \end{aligned}$$

となることがわかる。ここで、重力の大きさは物体の質量と重力加速度によって決まり、摩擦力も垂直抗力もその大きさは斜面の傾きに依存して決まることが特徴的である。これは物体が静止状態にあるということと、作用・反作用の法則によって説明ができる。実際に、摩擦力や垂直抗力がどのように生まれるかは、物質と斜面の間の接触状態に起因しており、その起源の理解には物質のミクロな構造の知見が必要となる。垂直抗力は斜面を構成する物質を圧縮するときにこれに抗する力として生じるが、これは前例にある張力と同じ起源と考えることができる。

斜面の傾斜を徐々に大きくすると、物質に働く静止摩擦力は徐々に大きくなるが、あるところで静止状態を保てなくなり、物質は斜面を滑り落ちる。このときの摩擦力を最大静止摩擦力と呼ぶ、それがどのような値となるかは、もちろん物質と斜面の接触面の性質によって決まっているが、それを物質と斜面のミクロな性質から説明するのは意外に難しい。最大摩擦力を小さくして滑りやすくするには接触面に潤滑油やワックスを塗ればよい。人間が地上を歩行したり、走ったりする際には、地面と靴裏との摩擦力が必要であることは、 地表が氷結していたときに滑って転びやすいことからもわかる。このとき、氷の表面が圧力で溶け、摩擦力が効かなくなっているのである。しかし、つるつるした境界面を接触

させたとき摩擦力が返って大きくなることもある。

重力を含め静力学であらわれる力を**経験的な力**と呼ぶことにしよう。物質の重さははかりを使って決められるが、これは重力を使ってあらかじめ与えられた基準となるおもりとの静力学的バランスによって決めている。重力は人類によって最初に利用された経験的な力である。「力持ち」という表現があるが、人間の力は重力に抗して物を持ち上げる力を使ってその大きさを決めてやることができる。それがいったん決まると、今度は格闘技などによって人の力の相対的な大きさが試されるが、力の向きをどう変えて力のバランスを崩すかが、格闘技に勝つ秘訣となる。このことは太古から経験的に知られていた。人間は日常的な経験を通して少なくとも経験的な力の基本原理を習得していたことになる。

4.2.3　力のモーメントとてこの原理

てこは昔から知られた器具で、直接人力では動かすことのできないような重いものを動かすのに使われる。てこの回転軸のまわりの静止平衡を考えよう。このとき、

$$\boldsymbol{N} = \boldsymbol{r} \times \boldsymbol{F} \tag{4.5}$$

は**力のモーメント** (moment of force) または**トルク** (torque) と呼ばれる。静力学ではこれは力のモーメントの釣り合いの最も基本的な例となっている。 重さを測るてんびんも、基本的にこの原理を用いている。

回転軸のまわりに回転できるようにした棒の一端に質量 M の重い物体が載っており回転軸までの距離を l_1 とする。この物体が棒におよぼす回転軸のまわりの力のモーメントは、

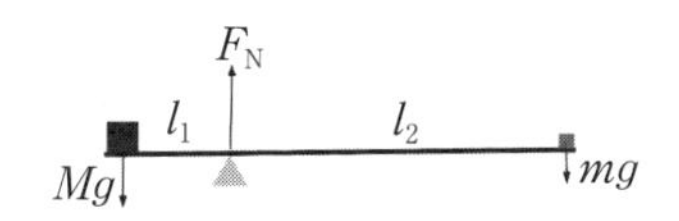

図 4-3　おもりにかかる重力とひもの張力の釣り合い

$$\boldsymbol{N}_M = \boldsymbol{l}_1 \times \boldsymbol{F}_g = Mgl_1\boldsymbol{e}_l \times \boldsymbol{e}_z \tag{4.6}$$

で与えられる。ここで、$\boldsymbol{l}_1 = l_1\boldsymbol{e}_l$ は回転軸からおもりのある棒の端までの長さと向きを持ったベクトルである。一方、このてこの反対の端におもり m の重力によって力 F を加えたとき、それが回転軸のまわりにおよぼす力のモーメントは

$$\boldsymbol{N}_m = \boldsymbol{l}_2 \times \boldsymbol{F} = -mgl_2\boldsymbol{e}_l \times \boldsymbol{e}_z \tag{4.7}$$

となる。棒を回転させる力のモーメントはこの2つのモーメントの和であるから、

$$\boldsymbol{N} = \boldsymbol{N}_M + \boldsymbol{N}_m = (Ml_1 - ml_2)g\,\boldsymbol{e}_l \times \boldsymbol{e}_z = 0 \tag{4.8}$$

すなわち、

$$l_1M = l_2m \tag{4.9}$$

のとき2つのおもりの回転に対するモーメントは釣り合う。これは一見不思議に思われるが、回転軸には2つのおもり (と棒) からくる下向きの重力がかかっており、これは地面から受ける垂直抗力と釣り合っている。

4.3 保存力としての重力

重力が摩擦力と本質的に違うのは、それが保存力となっている点である。すなわち、重力のする仕事は積分の経路によらず、積分の始点と終点だけによって決まる。地上では重力は絶えず下向きに働いており、常に質点の質量 (不変量) に比例するため、重力の作用によってする仕事は質点の位置の高低差の変化によってのみ決まる。一方、摩擦力は質点がどのように移動しても常にその運動の向きの反対方向に働き、質点が移

動する際に摩擦力がする仕事は経路の長さに比例して大きくなる。このため、摩擦力の仕事は経路の端の点だけでは決まらない。

4.3.1　一様重力のポテンシャル

一般に保存力には座標のスカラー関数である $\phi(\boldsymbol{r})$ が存在し、保存力はその微分によって表すことができる。式 (4.1) で表される重力の場合、

$$\phi(\boldsymbol{r}) = Mgz \tag{4.10}$$

ととれば、

$$\boldsymbol{F}_g(\boldsymbol{r}) = -\nabla\phi(\boldsymbol{r}) = -Mg\,\boldsymbol{e}_z \tag{4.11}$$

となる。ここで、∇ は直交座標を用いて、

$$\nabla = \left(\frac{\partial}{\partial x}, \frac{\partial}{\partial y}, \frac{\partial}{\partial z}\right) \tag{4.12}$$

で定義されるベクトル型の微分演算である。スカラー量であるポテンシャルに ∇ を作用させるとベクトル量が得られるが、その向きはポテンシャルの値が小さくなる方向になる。この場合、重力はポテンシャルの値が小さくなる方向、すなわち鉛直で下向きに働く。

このようなポテンシャルが存在することは、保存力の線積分がその経路によらないことによって保障されているが、これは一般的にエネルギーの保存則として理解することができる。それは次節で述べる。

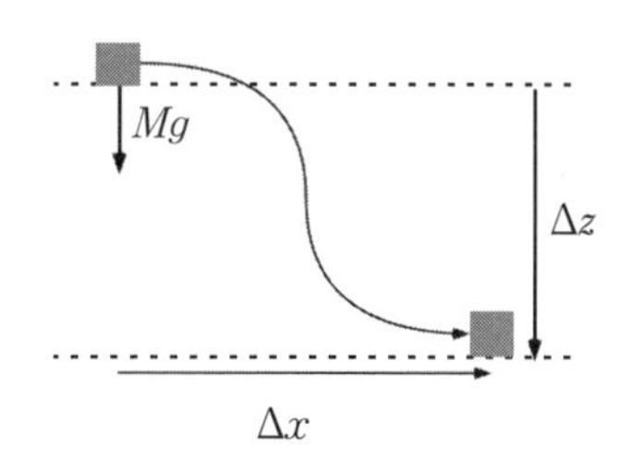

図 4-4　重力のした仕事は上下方向に移動した距離 ($\boldsymbol{\Delta}z$) のみで決まる

4.3.2 そのほかの保存力

重力以外にも保存力の例はいくつかあげられる。例えば、一様な電場中の電荷に働く力がそうである。静電気力の存在は、2つの物質をこすりつけることによってあらわれることが古代から知られていた。摩擦によって帯電した物質の間には常に引力が働くが、これは摩擦によって正電荷と負電荷が2つの物質に分離し、それが引き合うことによる。重力と違って、電荷は正負の2種類があり、反対の電荷は引き合うが、同符号の電荷は反発する。電気的な力は重力と共通点がたくさんあるが、それは後で詳細に説明する。電気的な力に付随して磁気的な力も存在する。これは羅針盤 (コンパス) に働く力として古くから知られており、コンパスの N 極は常に北の方角を、反対に S 極は南の方角を指す。これは航海などに利用されてきた。磁気力は長い間、電荷に働く電気的な力と同じように「磁荷」に働く力として理解されてきたが、磁荷は単独では存在せず、必ず2つの反対の磁荷 (N 極と S 極) が対としてあらわれる点が異なる。実は、磁気力は電気力と同じ起源を持ち、磁荷は電荷の流れによって生じる。電荷に働く磁力は、その向きが電荷の運動の向きと垂直になり、仕事はしない。

4.4 中心力としての重力

ニュートンは万有引力の仮説によって、天体の運行のケプラーの法則を力学の法則を使って説明した。このとき使われた重力の基本的性質は、それが中心力になっていることである。中心力というのは、ある座標系でみたとき、ある場所で働く力の向きは、その座標系の原点に向かう (引力の場合) か、それから遠ざかる方向 (斥力の場合) かのどちらかとなる。重力の場合、常に引力となるので原点に向かう方向に働く。地上で下向きに働く重力は、地球が球状であることを考慮すると、常にその中心に向かう引力となっている。地球が近似的に球体であることは古代ギリシャでも知られていたが、アリストテレスの教義では重力の起源は物質が地球の中心に向かう性質があるからだとだけ説明があり、それ以上の考察はなかった。ニュートンは、遠く離れた物質の間に働く力が常に引力（万有引力）で、その強さは 2 つの物体の距離の 2 乗に逆比例するという重力理論によって、ケプラーの惑星運動の 3 つの法則が力学の法則から演えきできることを示した。この問題は「ケプラー問題」と呼ばれ、後の章で詳述される。

4.4.1　2 つの質点に働く重力とそのポテンシャル

ある力 $\boldsymbol{F}$ が中心力であるとき、その定義から、ある座標系で、

$$\boldsymbol{F}(r) = f(r)\frac{\boldsymbol{r}}{r} = f(r)\hat{\boldsymbol{r}} \tag{4.13}$$

と書くことができる。ここで、$\hat{\boldsymbol{r}} = \boldsymbol{r}/r$ は動径方向の単位ベクトルを表す。

$$\nabla r = \frac{\boldsymbol{r}}{r} = \hat{\boldsymbol{r}} \tag{4.14}$$

であることを使うと、これは

$$\boldsymbol{F}(\boldsymbol{r}) = -\nabla\phi(r) \tag{4.15}$$

となる r だけの関数となるポテンシャルが存在することを意味する。重力の場合は、座標軸の原点に置かれた質量 m_1 の質点が、場所 $\boldsymbol{r}$ に置かれた質量 m_2 の質点に作るポテンシャルは、

$$\phi_g(r) = -G\frac{m_1 m_2}{r} \tag{4.16}$$

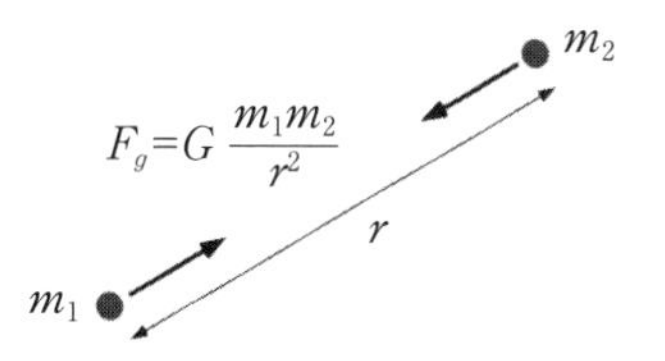

図 4-5　2 つの質点に働く重力

となり、それを (4.15) に代入すると、2 つの質量 m_1、m_2 の質点に働くニュートンの万有引力の表式、

$$\boldsymbol{F}_g(\boldsymbol{r}) = -G\frac{m_1 m_2}{r^2}\hat{\boldsymbol{r}} \tag{4.17}$$

が得られる。ここで $G = 6.67408(31) \times 10^{-11}\mathrm{m}^3\cdot\mathrm{kg}^{-1}\cdot\mathrm{s}^2$ はニュートンの重力定数と呼ばれる。

4.4.2 一様密度の球の作る重力

ある一様の質量密度 ρ を持った半径 R の球体が、その中心から距離 $r(> R)$ 離れたところにある質点に及ぼす重力は、この球体の全質量が球体の中心 (重心) の一点にある場合の重力に等しい。その数学的な証明はガウスの定理によるが、重力のような逆二乗則に従う中心力の場合、一般的に成り立つことが知られている。

例えば地表では、質量 m の物質に働く重力の大きさは、地球の全質量 $M_\oplus = 5.97 \times 10^{24}$ kg がその中心にあったときに地表 ($r = R_\oplus = 6.378 \times 10^6$m) に作る重力の大きさに等しく、これは

$$F_g = G\frac{M_\oplus m}{R_\oplus^2} \tag{4.18}$$

すなわち、地表での重力加速度が

$$g = \frac{GM_\oplus}{R_\oplus^2} \tag{4.19}$$

であることを意味する。その数値を計算すると、

$$g = \frac{6.67 \times 10^{-11} \times 5.97 \times 10^{24}}{6.38^2 \times 10^{12}} = 9.78\mathrm{m/s}^2 \tag{4.20}$$

となり、われわれの知る重力加速度の実測値とほぼ一致する。 実際には地球は完全球体でなく、その自転のため赤道付近がわずかに膨らんだ楕

円球となっている。また内部密度も一定ではなく、地表の場所で重力加速度はわずかであるがゆらいでいる。

4.4.3　そのほかの中心力

一端が固定された一定の長さのひもにおもりがつながれて等速円運動するとき、ひもには固定端の方向に張力が働いている。この場合、張力は中心力と考えることができる。実際には回転速度の増加に伴うひもの伸びは小さく、ポテンシャルが使われることはない。

4.5　電磁気的な力

一様電場中の電荷に働く力は保存力であるが、2 つの点電荷の間に働く力、すなわちクーロン力は、重力と同じように、逆二乗則に従う中心力となる。この場合、点電荷が放射状に電場を作り、その電場と電荷の相互作用としてクー ロン力は理解されている。ニュートン重力は真空中を力が瞬間的に伝わるとした遠隔作用論であったが、電気的な力は場を通して力が伝わるとする近接作用論に立っている。この考え方はファラデーやマックスウェルによって 19 世紀に提案され、ヘルツの実験によって実証された。電磁場の運動を記述する方程式はマックスウェル方程式と呼ばれ、光や電磁波を時間的・空間的に変動する電磁場の波として統一的に記述されるが、時間変動のない静電場の場合は、実質的に遠隔作用論と区別がつかない。

4.5.1　クーロン力

位置 $\boldsymbol{r}_1$ に置かれた点電荷 q_1 が $\boldsymbol{r}_2$ に置かれたもうひとつの点電荷 q_2 におよぼすクーロン力 $\boldsymbol{F}_{12}^C$ は、質点間に働く重力と同じように、中心力で逆二乗則に従い、作用反作用によって点電荷 q_2 が点電荷 q_1 に及ぼす

力 $\boldsymbol{F}^C_{21}$ と向きが反対で大きさは等しい。

$$\boldsymbol{F}^C_{12} = k\frac{q_1 q_2}{r^2}\hat{\boldsymbol{r}} = -\boldsymbol{F}^C_{21} \tag{4.21}$$

ここで、$\boldsymbol{r} = \boldsymbol{r}_2 - \boldsymbol{r}_1$ は、電荷 q_1 の位置を原点にとったときの電荷 q_2 の位置座標ベクトルを与え、クーロン定数は $k = 8.9876 \times 10^9\,\mathrm{N \cdot m^2 \cdot A^{-2} \cdot s^{-2}}$ で与えられるが、その値は SI 単位系では光速 c と $k = 10^{-7}c^2$ で関係している。この単位系では、電荷の単位であるクーロン (C) は電流の単位であるアンペア (A) で計られる (1 C = 1 A·s)。万有引力である重力と違うのは、電荷には正負の 2 種類があり、同じ符号の電荷の間には斥力が働き、反対符号の電荷の間には引力が働くという点である。

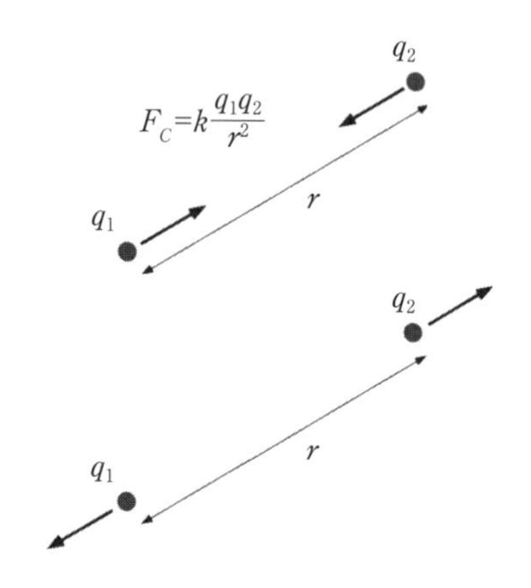

図 4-6　2 つの電荷に働くクーロン力
異符号電荷 ($q_1 q_2 < 0$) の場合 (上) は引力。同符号電荷 ($q_1 q_2 > 0$) の場合 (下) は斥力。

電荷 q がそのまわりに作る静電ポテンシャルは、

$$\phi(r) = k\frac{q}{r} \tag{4.22}$$

で与えられ、この電荷が $\boldsymbol{r}$ の場所に作る電場

$$\boldsymbol{E}(\boldsymbol{r}) = -\nabla\phi = k\frac{q}{r^2}\hat{\boldsymbol{r}} \tag{4.23}$$

によって、この場所に置かれたもうひとつの電荷 q' に及ぼすクーロン力は、

$$\boldsymbol{F}_C(\boldsymbol{r}) = q'\boldsymbol{E}(\boldsymbol{r}) \tag{4.24}$$

で与えられる。

4.5.2 ローレンツ力

電場とともに磁場があるとその中を速度 $\boldsymbol{v}$ で運動する電荷 q を持った荷電粒子に働く力は、

$$\boldsymbol{F} = q(\boldsymbol{E} + \boldsymbol{v} \times \boldsymbol{B}) \tag{4.25}$$

となる。これはローレンツ力と呼ばれている。この式からもわかるように、荷電粒子が磁場 $\boldsymbol{B}$ から受ける力はその運動の方向 ($\boldsymbol{v}$ の方向) に垂直で、磁場は荷電粒子に仕事をしないので粒子は加速されない。その運動の方向だけが変化する。一様な磁場中を磁場の方向に垂直な平面上を運動する荷電粒子はサイクロトロン運動と呼ばれる円運動を行う。この原理は加速器で荷電粒子を円運動させて繰り返し加速するときの基本原理となっている。

4.6 力の起源

重力や電磁気力のように、空間的にある距離を隔てたところに働く力を遠隔作用と呼ぶ。どちらの場合も力は逆 2 乗則に従って遠隔では弱くなるが、力は真空中を瞬間的に伝わると考えられていた。これを遠隔作用論と呼ぶ。現在では真空中に力を伝える「場」を導入し、その歪みが真空中を伝わって力を及ぼすと考えられている。これは近接作用論と呼ばれる。この考え方は電磁気学でファラデーによって導入され、電磁場の従う方程式をマックスウェルが導出した。重力の場合は、時空の幾何学を表す計量テンソルが物質によって歪み、それが真空中を伝わってほかの質量を持った物質に重力を及ぼすと考えられている。重力場の方程式はアインシュタインによって導出された。どちらの場合も、「場」の歪みは真空中を光速で伝わり、前者の場合は電磁波として、後者の場合は重力波として検出されている。これらの場の法則の詳細は「場と時間空間の物理」で学ぶ。

このような基本相互作用に対し、弦の張力や、流体の圧力、固体の抗力はそれぞれの物質の性質に由来し、物質を構成する粒子の平衡位置からのずれに対して復元力として働く、副次的な力と考えられている。この場合、まず物質の安定性の説明が必要となり、力の起源の理解はより難しくなる。摩擦力の場合は、2つの物質の接触面が絡むため、その理解はさらに難しくなる。どちらの場合も原子・分子レベルではたくさんの電子の量子力学的運動法則が絡み、重力や電磁気力の単純な重ね合わせによっては説明できない。

4.7 慣性力

ここで考えた力は慣性系において働く力を想定しているが、非慣性系においては、見かけの力があらわれる。例えば、電車や車が動き出すとき、それに乗っているものには進行方向と逆向きに力が働くように感じられる。あるいは急停車すると、進行方向に押し出される。これらは乗り物の静止系であらわれる慣性力の例である。もちろん、乗っている人の立場からは、乗り物が動き始めたり、急に止まったりすることに原因があるので、本当に力が働くわけではなく、これは見かけの力である。もうひとつのよく知られた例は、回転系であらわれる遠心力がそれである。慣性系では力が働かなければ等速直線運動をするが、その運動を回転系（非慣性系）でみると、回転中心から外向きの中心力が作用しているようにみえるのである。回転系では運動している物体にはその速度ベクトルの垂直方向にも力があらわれる[1)]。これはコリオリ力と呼ばれ、それに

1） 磁場中を運動する電荷にはその速度に垂直にローレンツ力が働くが、これは電荷が静止した慣性系に移ってみたとき電場から電荷に働く力を表しており、慣性力ではない。

よってフーコーの振り子の振動面が回転する。これは地球が自転していることの証拠と考えられる。アインシュタインの重力理論（一般相対性理論）は、慣性質量と重力質量の等価性を原理として作られているが、そこでは重力も慣性力の一種と考えられている。

5 運動の保存量

松井哲男

《目標＆ポイント》 力の作用によって質点の位置座標や速度ベクトルは時間とともに刻一刻と変化する。しかし、時間が経っても変化しない不変量も存在する。そのような不変量は運動方程式と力の性質によって決まり、一見複雑な力学的運動の背後にある規則性として、運動の理解に重要である。この章では、その中でも最も重要な役割を果たす、運動量、エネルギー、角運動量の3つの保存則について学ぶ。
《キーワード》 運動量の保存則、エネルギーの保存則、角運動量とその保存則

5.1 運動の積分

力学の運動方程式は質点の座標の時間についての2階の微分方程式となっており、力の時間変化がわかっているとき、時間について2回積分することによって質点の位置座標を時間の関数として求めることができる。しかし、力は一般に質点の位置 $\boldsymbol{r}$ と速度 $\boldsymbol{v}$ によって変わる関数となっており、その時間積分を実際に実行するのは難しい。変数を適当に選びなおすことによって積分は実行可能となるが、その場合、どのような変数を選ぶのが適当かという問題が残る。

一般に、運動方程式から、運動する質点の位置座標 $\boldsymbol{r}$ と速度ベクトル $\boldsymbol{v}$ の関数 $I(\boldsymbol{r}, \boldsymbol{v})$ が求まり、それが時間とともに変化しない場合、$I(\boldsymbol{r}, \boldsymbol{v})$ は運動の積分と呼ばれる。運動の積分は力の特徴を反映した運動の保存量となる。ここでは具体的な例を通して、重要な保存則とその導出を考察する。

5.2　運動量の保存則

質点に作用する外部からの力がないとき、第 1 法則 (慣性の法則) によって質点の運動量 $\boldsymbol{p} = m\boldsymbol{v}$ は保存される。これは第 2 法則によって、外力がないとき、質点の運動方程式が、

$$\frac{d\boldsymbol{p}}{dt} = 0 \tag{5.1}$$

と書き直せることより自明である。外力 $\boldsymbol{F}$ が存在する場合でも、それが常にある方向を向いている場合、その垂直方向の運動は変化しないので、垂直面での運動量は保存量となる。

例えば、地球表面では重力が外力として存在し、自由な質点は下方向に加速されその運動の運動量成分は変化するが、それに垂直な方向の運動はこの運動の保存量となる。すなわち、重力の作用する上下方向を z 軸にとると、運動量の x、y 方向成分は保存量となる。なめらかな水平面上に拘束された物体の運動は、上下方向には重力と抗力が釣り合って静止した状態となり、摩擦が無視できるとすると、水平運動には力が働かずその運動量は保存量となる。 この例は、水平方向 (x, y) の座標系の原点のとり方に任意性があることを意味している。この任意性は水平方向の系の対称性のあらわれであり、2 つの運動量が保存量となることは、この対称性に由来している。

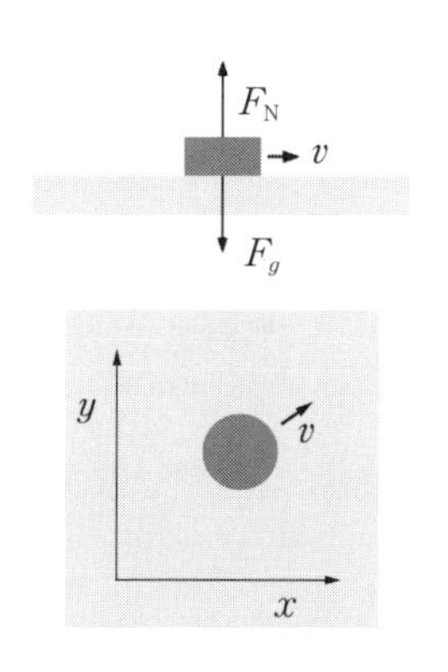

図 5-1　なめらかな水平面上に拘束された運動では平面に沿った向きの運動量は保存される。

2 つの質点が互いに力を及ぼし合っている系では、第 3 法則 (作用・反作用の法則)

は、2つの質点のそれぞれの運動量の和、すなわち重心運動の運動量 (全運動量) が保存量となることを示している。この保存則は、重心運動の座標軸の原点のとり方の任意性という対称性に根ざしており、相対運動に対してはそのような対称性や運動量の保存則は一般に存在しない。

5.3 エネルギーの保存則

運動量の保存則は力学法則から直接導かれる重要な保存則であるが、もう一つの重要な保存則である**エネルギー** (energy) の保存則の力学的な導出には力が保存力であるという条件が必要となる。

運動方程式の両辺に速度ベクトル $\boldsymbol{v}$ をかけて内積をとると、左辺は、

$$\boldsymbol{v} \cdot m\frac{d\boldsymbol{v}}{dt} = \frac{d}{dt}\left(\frac{1}{2}m\boldsymbol{v}^2\right) = \frac{dK}{dt} \tag{5.2}$$

と、時間に関する1階微分の形に変形できる。ここで、スカラー量、

$$K = \frac{1}{2}m\boldsymbol{v}^2 \tag{5.3}$$

は運動エネルギーと呼ばれる量で [1)]、運動量が不変量であるときは自動的に不変量となる。一方、右辺は $\boldsymbol{F}$ が保存量の場合、

$$\boldsymbol{v} \cdot \boldsymbol{F} = -\boldsymbol{v} \cdot \nabla\phi(\boldsymbol{r}) \tag{5.4}$$

となるが、ここでポテンシャル ϕ が質点の位置座標 $\boldsymbol{r}$ だけに依存すると

1) ニュートンと微積分の考案の先取権を争ったので有名なドイツのライプニッツ（G. W. Leibnitz, 1846 - 1716）はこの量の2倍の $m\boldsymbol{v}^2$ をラテン語で “vis viva”（活力）と呼んだが、ニュートンはその有用性を特に認めなかったといわれている。衝突の前後では運動エネルギーは保存され、運動量の保存則とは独立の条件を与える。

仮定すると、さらに、

$$-\boldsymbol{v}\cdot\nabla\phi(\boldsymbol{r}) = -\frac{d}{dt}\phi(\boldsymbol{r}) \tag{5.5}$$

となる。ここで、ポテンシャル $\phi(\boldsymbol{r})$ の時間微分が、

$$\frac{d}{dt}\phi(\boldsymbol{r}) = \nabla\phi(\boldsymbol{r})\cdot\frac{d\boldsymbol{r}}{dt} = \nabla\phi(\boldsymbol{r})\cdot\boldsymbol{v} \tag{5.6}$$

となることを用いた。この場合、右辺を左辺に移行して 1 つにまとめることができ、

$$\frac{d}{dt}(K+\phi(\boldsymbol{r})) = 0 \tag{5.7}$$

となる。これは

$$E = \frac{1}{2}m\boldsymbol{v}^2 + \phi(\boldsymbol{r}) + E_0 \tag{5.8}$$

が不変量となることを表している。E はこの質点のエネルギー (energy) と呼ばれ、運動エネルギー K と位置 $\boldsymbol{r}$ でのポテンシャル・エネルギーの値 $\phi(\boldsymbol{r})$ の和として定義される不変量である。積分定数 E_0 はエネルギーの基準点をどこに選ぶかによって決まる任意量である。もともと保存力 (conservative force) という表現はこのエネルギー保存則を保証する力ということを意味している。

さらに摩擦のような非保存力がある場合、この保存則は一見成り立っていないように見える。実際、速度 $\boldsymbol{v}$ で運動する物体には、$\boldsymbol{v}$ に比例する動摩擦力が運動の向きと反対向きに

$$\boldsymbol{F}_{\mathrm{fric}} = -\eta\boldsymbol{v} \tag{5.9}$$

で生じる。ここで η は動摩擦係数と呼ばれ、接触する物質の表面の状態に依存する。この場合、

$$\boldsymbol{v}\cdot\boldsymbol{F}_{\mathrm{fric}} = -\eta\boldsymbol{v}^2 \tag{5.10}$$

となり、この値は必ず負となる。すなわち、

$$\frac{dE}{dt} = -\eta \boldsymbol{v}^2 < 0 \tag{5.11}$$

となり、摩擦はエネルギー E の減少を必ずもたらす。これは、摩擦によってエネルギーの散逸が起こり、それが物質の内部エネルギーに変換されることを意味している。

熱平衡状態の変換則を扱う熱力学では熱を物質の内部エネルギーの変換の一形態と見なし、エネルギーの保存則は熱力学の第１法則として知られている。物質の内部運動の自由度を含めれば、エネルギー保存則は、全運動量の保存則と同様、孤立系では厳密に成り立っているのである [2)]。

エネルギーの保存則は、系の運動が時間の起点 t_0 をどう選ぶかによらないという運動の対称性を反映しているが、エネルギーの散逸を現象論的に扱うと、エントロピーの増大則のように、時間の矢の向きの対称性はなくなり、力学的エネルギーは保存量ではなくなる [3)]。

一見複雑な運動であっても、保存力のみが働く運動の場合には必ずエネルギー保存則が成り立ち、それによって運動の量の変化やその規則性を理解することができる。簡単な具体例でその威力をみてみよう。

5.3.1　なめらかな坂道を滑り落ちる物体の運動

ジェットコースターのように、物体がなめらかな坂道を滑り落ちることを考えてみよう [4)]。このとき、この物体に働く力は物体の質量に比例

2）岸根順一郎、松井哲男共著『物理の世界』（放送大学教育振興会、2017 年）第５章。

3）同上第６章。

4）実際のジェットコースターの場合、摩擦によるエネルギーの散逸をなくすために小さい車輪が使われている。客車の運動の速さの増加とともに車輪の回転のエネルギーも増大するため、それも考察に入れる必要がある。

した下向きの重力と坂道に運動が拘束された物体が坂道から受ける垂直抗力のみとなる。このうち、抗力は物体の運動の方向に垂直に働くので仕事はしない。したがって、質量 M の物体の運動のエネルギーは、その運動エネルギーと重力のポテンシャルエネルギー(位置エネルギー) の和で与えられ、

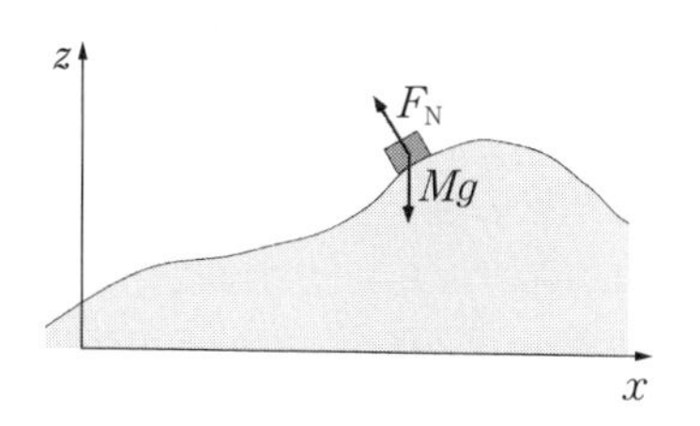

図 5-2　なめらかな坂を滑り落ちる物体

$$E = \frac{1}{2}M\boldsymbol{v}^2 + Mgz \tag{5.12}$$

となる。ここで、エネルギーの基準点での値を 0 にとった。いま、高さ z_0 の位置に物体を置き、放置すると、物体は坂を滑り落ち加速される。物体の位置や運動量の変化は、坂道の形状によって決まり一般に複雑な運動をするが、そのときエネルギーは保存されるから、最初の高さ z_0 からの高低差 $\Delta z = z_0 - z$ がわかれば位置エネルギーの変化が求まり、それによって運動エネルギーがわかり、さらにこの物体の速さがわかる。すなわち、

$$v = \sqrt{2g(z_0 - z)} \tag{5.13}$$

で物体の上下方向の位置 z がわかれば、そのときの物体の速さ v が決まる。速度の向きはこの時刻での斜面の下向きの傾きに等しい。

5.3.2　バネにつるされたおもりの上下運動

おもりに働く力は重力とバネの復元力となる。おもりに働く重力は常に一定値 Mg であるから、それとバネの伸び Δz に対応する上向きの復元力 $F = k\Delta z$ が釣り合うところで、平衡状態でのバネの伸びが $\Delta z = Mg/k$ と決まる。バネのバネ定数を k とした。この平衡の位置からおもりを下

に引っ張って、その伸びが $z=-z_0$ のところで手を放すと、おもりは上下運動をする。おもりの上下運動の位置と速度をそれぞれ z と v とすると、エネルギーは、

$$E=\frac{1}{2}Mv^2+\frac{1}{2}kz^2+Mgz=\frac{1}{2}Mv^2+\frac{1}{2}k(z+z_0)^2-\frac{1}{2}kz_0^2 \quad (5.14)$$

で与えられる。

摩擦がないときに振動する、おもりの1次元の運動方程式、

$$M\frac{d^2x}{dt^2}=-kx \quad (5.15)$$

は簡単に解くことができ、その一般解は

$$x(t)=A\cos(\omega t+\delta) \quad (5.16)$$

となる。ここで、A は振幅、$\omega=\sqrt{k/M}$ は振動数、δ は初期位相と呼ばれる。摩擦（空気抵抗）があると、摩擦力の項があらわれ、運動方程式は、

$$M\frac{d^2x}{dt^2}=-kx-\eta\frac{dx}{dt} \quad (5.17)$$

摩擦が小さいときは振幅が減衰し、その一般解は

$$x(t)=Ae^{-\gamma t/2}\cos(\omega' t+\delta) \quad (5.18)$$

となる。ここで、

$$\gamma=\frac{\eta}{M}$$

は摩擦（空気抵抗）による減衰の強さを表すパラメータである。また、振動数も

$$\omega'=\sqrt{\frac{k}{M}-\frac{\eta^2}{4M^2}}$$

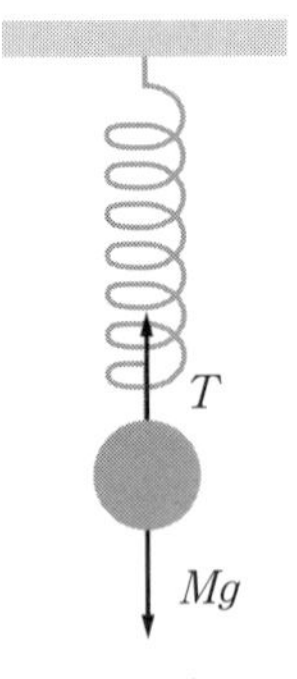

図 5-3　バネでつるされたおもり

と小さくなり、摩擦が大きくなって $\gamma/2 > \omega$、すなわち $\eta > 2\sqrt{kM}$ となると、振動しない過減衰運動に変わる。

この系（おもり＋バネ）の全エネルギーは、おもりの運動エネルギーとバネのポテンシャルエネルギーの和で与えられ、

$$E = \frac{1}{2}Mv^2 + \frac{1}{2}kx^2 + E_0 \tag{5.19}$$

摩擦があると時間が経つにつれて単調に減衰する。

$$E(t) = E_0\ e^{-\gamma t} \tag{5.20}$$

バネの運動は後の章で詳しく扱われるが、摩擦がない場合は、運動方程式を解かなくても、おもりの上下方向の位置 z と速さ v の関係はエネルギー保存則だけで求まる。すなわち、最初の(静止した)おもりの持つエネルギーを E_0 とすると、

$$E_0 = \frac{1}{2}k(z_0^2 + \Delta z^2) \tag{5.21}$$

であるから、

$$\frac{1}{2}Mv^2 + \frac{1}{2}(z^2 + \Delta z^2) = E_0 \tag{5.22}$$

あるいは、簡単に、

$$\frac{1}{2}Mv^2 + \frac{1}{2}z^2 = \frac{1}{2}z_0^2 \tag{5.23}$$

で決まる関係を持ち、2次元平面 (z, v) 上で楕円軌道を描く[5)]。

5.4 角運動量の保存則

保存力がさらに中心力である場合、すなわち系がある点を中心に任意の回転対称性を持つとき、角運動量という保存量があらわれる。

---

5) 摩擦があると、このエネルギーは次第に減衰し、楕円軌道はこの座標の原点に落ち込む軌道に置き換わる。

5.4.1 角運動量

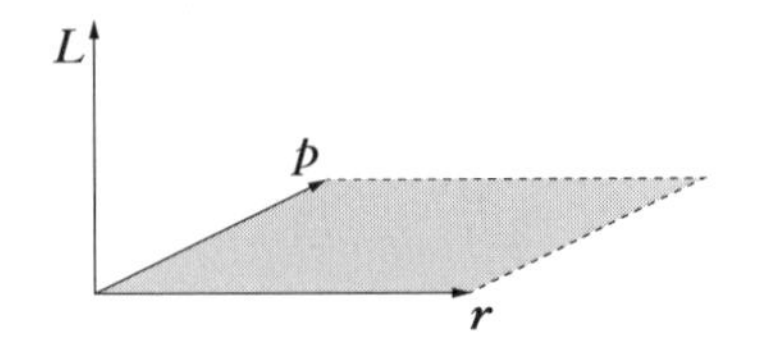

図 5-4 角運動量の定義

ある中心力の場 $F(r)$ の下での質点の運動を考える。この中心力は質点に外力として働き、座標軸の原点はこの中心力が向かう点とする。直交座標系の座標軸の向きのとり方にはまだ回転に対する任意性 (対称性) が残されているが、いま、それは適当に選んだとする。質点が位置座標 $\boldsymbol{r}$ において運動量 $\boldsymbol{p}$ でこの中心力の力を受けて運動しているとき、質点の運動は 2 つのベクトル $\boldsymbol{r}$ と $\boldsymbol{v}$ で張られた平面上に拘束される。これは、中心力の向きが、その定義から、この平面上のベクトル $\boldsymbol{r}$ と一致することからわかる。2 つのベクトル $\boldsymbol{r}$ と $\boldsymbol{p}$ の外積で定義された、この面に垂直なベクトル

$$\boldsymbol{L} = \boldsymbol{r} \times \boldsymbol{p} \tag{5.24}$$

をこの質点の運動の**角運動量** (angular momentum) と呼ぶ。角運動量ベクトル $\boldsymbol{L}$ の大きさはベクトル $\boldsymbol{r}$ と $\boldsymbol{p}$ で張られる平行四辺形の面積となり、その向きはこの面に垂直でベクトル $\boldsymbol{r}$ をベクトル $\boldsymbol{p}$ の向きに回転させたとき右ネジの進む方向となる。

質点の運動が円運動のとき、中心力はその運動の向きに絶えず垂直方向に向くことから、質点は運動方向に加速されないので等速円運動となる。もちろん、この運動は中心力が引力の場合のみ可能である。このとき、角運動量 $\boldsymbol{L}$ の大きさは

$$|\boldsymbol{L}| = rp \tag{5.25}$$

で与えられ、その方向は回転面に垂直となる。

さて、角運動量の時間微分を計算すると、

$$\frac{d\boldsymbol{L}}{dt} = \dot{\boldsymbol{r}} \times \boldsymbol{p} + \boldsymbol{r} \times \dot{\boldsymbol{p}} = \boldsymbol{v} \times \boldsymbol{p} + \boldsymbol{r} \times \boldsymbol{F} = \boldsymbol{r} \times \boldsymbol{F} = \boldsymbol{N} \tag{5.26}$$

ここで、$\boldsymbol{p} = m\boldsymbol{v}$ より $\boldsymbol{v} \times \boldsymbol{p} = 0$ 、第 2 法則から $\dot{\boldsymbol{p}} = \boldsymbol{F}$ となることを用いた。右端にあらわれる量は力のモーメントで、それが角運動量の時間変化を与えることがわかる。中心力では力の向きは $\boldsymbol{r}$ の向きになるため、この値は 0 となる。したがって、中心力では、

$$\frac{d\boldsymbol{L}}{dt} = 0 \tag{5.27}$$

となり、角運動量は保存量となる。

5.4.2　ひもにつながれたおもりの滑らかな水平面上の回転運動

ひもにつながれた質量 M のおもりが摩擦なしで水平面上を回転運動しているとき、おもりにはひもの張られた方向にひもの張力 T が働いている。これも中心力である。ひもの長さを l とし、おもりの回転運動の速さを v とすると、ひもの張力は、

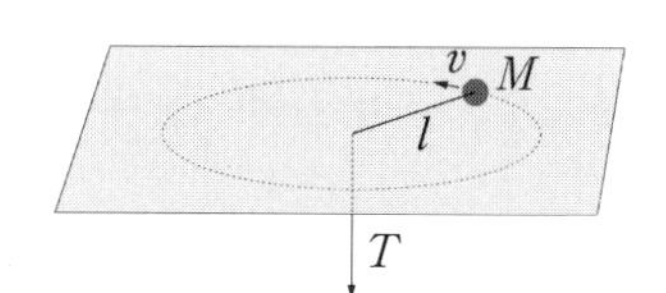

図 5-5　水平面上の回転運動

$$T = \frac{Mv^2}{l} \tag{5.28}$$

で与えられる。このときの、おもりの持つ角運動量の大きさは

$$L = Mlv \tag{5.29}$$

であるから、おもりの持つ回転運動のエネルギーは

$$E = \frac{1}{2}Mv^2 = \frac{L^2}{2Ml^2} \tag{5.30}$$

となる。

ひもを真ん中から引っ張ってその長さを $l'(< l)$ にすると、角運動量 $\boldsymbol{L}$ は保存されるため、おもりの速さは

$$v' = \frac{L}{Ml'} = v\frac{l}{l'} \tag{5.31}$$

と大きくなり、回転運動のエネルギーも

$$E' = \frac{1}{2}Mv'^2 = E\left(\frac{l}{l'}\right)^2 \tag{5.32}$$

と増加する。この余分なエネルギーは、増加するひもの張力に抗してひもを引っ張ったときにした仕事によって供給されたと考えられる。実際、ひもの長さが x のときのひもの張力

$$T(x) = \frac{Mv^2}{x} = \frac{L^2}{Mx^3} \tag{5.33}$$

を使って、その仕事 W を計算すると

$$W = -\int_l^{l'} dxT(x) = -\frac{L^2}{M}\int_l^{l'} dx\frac{1}{x^3} = \frac{L^2}{2M}\left(\frac{1}{l'^2} - \frac{1}{l^2}\right) \tag{5.34}$$

となり、確かにおもりの回転運動のエネルギーの増加 $(E' - E)$ に一致する。

フィギュア・スケーターがスピンしているとき、体をすぼめるとスピンの回転速度が増すが、そのとき回転運動のエネルギーは増加している。その増加したエネルギーは体をすぼめるときにスケーターがする仕事によって供給されているのである。

6　振動

岸根順一郎

《目標＆ポイント》 自然界に遍在する振動現象の基礎となる単振動について学ぶ。特に、固有振動数を持つ系に対する入力（外力）と応答の観点から振動現象を理解する視点を整理する。
《キーワード》 単振動、調和近似、減衰振動、強制振動、共鳴、釣り合いの安定性

6.1　単振動

入力と応答

バネにつながったおもりの単振動を眺めていても何も面白くない。しかし、この単純なシステムに対して何らかの働きかけをすると「自然との対話」が始まる。例えばバネの上端を手でゆする。すると手でゆするという「入力」がシステムに注入され、その結果システムが「応答」する。これを「出力」といってもよい。この「入力 → システム → 応答」というプロセスの全貌を記述することは物理学の中心課題である。

では、システムはどんな個性、つまり固有の物理的性質を持つのか。これが振動・波動論の本質的テーマであるといえる。有限のシステムをゆすれば内部には変位や振動が生じる。このことを物理では、「システムを励起する」という。そこで、自然界に存在する実にさまざまなシステム内部の、そしてシステムに固有の変位や振動のあり方を探ることが必要になる。

本章では、安定状態のまわりでの微小振動が単振動として記述できる

ことから始め、システムのダイナミクスに対する抵抗（摩擦）の効果、さらには入力と応答の関係を学ぶ。

振り子

例として、長さ l の軽い棒の先に質量 m のおもりを付けた振り子を考える。これは、安定な釣り合い（おもりが最下点にある状態）のまわりの自由振動の例である。おもりの軌跡に沿って最下点から測った変位を x とする。振り子の振れ角を θ とすれば、$x = l\theta$ である。このとき、おもりの位置エネルギーは

$$V(x) = mgl\left\{1 - \cos\left(\frac{x}{l}\right)\right\} \tag{6.1}$$

となる（おもりの最下点を位置エネルギーの基準とした）。おもりに働く力は、円弧状の x 軸に沿って $F(x) = -dV(x)/dx$ となる。

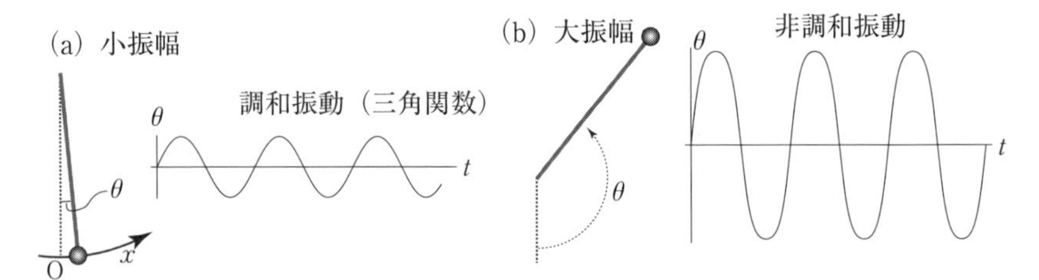

図 6-1　振り子の運動　(a) 振幅が小さければ単振動と見なせる。(b) 振幅が大きいと非線形振動が起きる。非線形振動の変位は三角関数とは異なる周期関数となる。

単振動（線形振動 おもりの振れ角が小さい ($|\theta| = |x|/l \ll 1$) として、(6.1) を x/l について展開すると

$$V(x) = mgl\left\{\frac{1}{2!}\left(\frac{x}{l}\right)^2 - \frac{1}{4!}\left(\frac{x}{l}\right)^4 + \cdots\right\} \tag{6.2}$$

となる。この展開を 2 次で打ち切ったもの、つまり

$$V_{\text{調和}}(x) = \frac{1}{2}kx^2 \tag{6.3}$$

($k \equiv mg/l$ と置いた) を調和ポテンシャルと呼ぶ。この場合、$F(x) = -kx$ というフックの力が得られる。振幅があまり大きくない場合のバネの復元力もフックの力とみなせる。フックの力のもとでの運動が単振動（線形振動、調和振動ともいう）であり、振れ角 $\theta = x/l$ の時間変化は 1 つの三角関数で書ける。単振動は「振動周期が振幅によらない」という顕著な性質（等時性）を持つ。

安定点のまわりの振動は、変位が小さければ調和近似で扱え、単振動になる。単振動は「最も基本的な運動」として極めて重要な意味を持つ。これは、「あらゆる振動がいろいろな単振動の重ね合わせとして理解できる」からである。さらに、単振動における等時性は、量子力学において重要な役割を果たすことになる。

非線形振動

おもりがほとんど真上に来るようにして手を放す場合を考えよう。$|x|/l$ が小さいとする近似は明らかに破綻するので、近似なしの (6.1) をそのまま使って運動を解析しなくてはならない。一般に、式 (6.2) で 3 次以上の項を「非線形項（非調和項）」と呼ぶ。この場合、振れ角 $\theta = x/l$ の時間変化は三角関数が変形したような周期関数（例として楕円関数）となる。このような振動は「非線形（非調和）振動」と呼ばれる。非線形振動では、一般に振幅が増加すると周期が長くなり等時性が破れる。

相平面

$V_{\text{調和}}(x)$ のもとで運動する質点 (質量 m) の運動方程式は $m\ddot{x} = -kx$ である。ここで、時間微分についてのニュートン記法 $\dot{x} = dx/dt$、$\ddot{x} = d^2x/dt^2$

を使った。$\omega^2 \equiv k/m$ とおけば

$$\ddot{x} = -\omega^2 x \tag{6.4}$$

となる。(6.4) は 2 階の微分方程式であるが、これを

$$\dot{x} = v, \quad \dot{v} = -\omega^2 x \tag{6.5}$$

という「1 階の連立微分方程式」とみることもできる。「微分の階数を下げた代償として連立方程式を扱う」ということであるが、これは単なる書き換えではなく、力学的状態についての重要な事実を物語っている。つまり、任意の時刻（例えば $t = 0$）での値 $x(0)$、$v(0)$（初期条件）が決まれば、$x(t)$ と $v(t)$ の組が時間の関数として決定できることを意味している。(x, v) の組を「力学的状態」、x と v を座標軸とする平面を相平面（一般には相空間）と呼ぶ。古典力学とは、相空間で点 (x, v) が描く軌跡（トラジェクトリ）に沿って運動を追跡する体系であるといえる。トラジェクトリは x と v の関数関係で決まる。1 次元運動でこの関係を決めるのは力学的エネルギー保存則である。

単振動の場合の力学的エネルギー保存則は

$$\frac{1}{2}mv^2 + \frac{1}{2}kx^2 = E \quad \text{（一定）} \tag{6.6}$$

である。これより、相平面上のトラジェクトリは、力学的エネルギー E によって決まる楕円群となることがわかる。

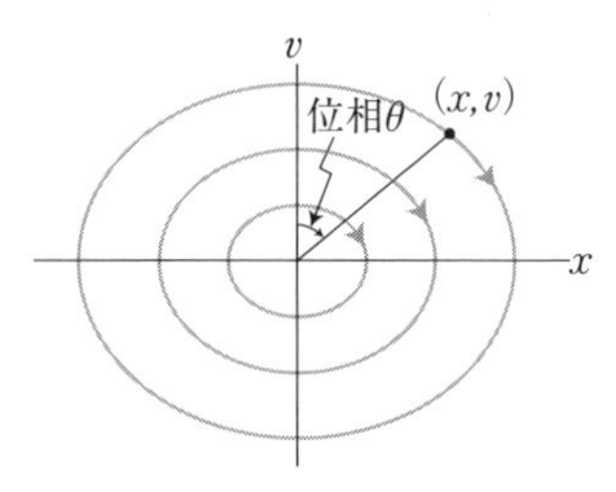

図 6-2　相平面とトラジェクトリ

単振動の解

時間に依存するパラメータ $\theta(t)$ を使うと、楕円トラジェクトリ上の点は

$$x(t) = \sqrt{2E/k}\sin\theta(t) \ , \ v(t) = \sqrt{2E/m}\cos\theta(t) \tag{6.7}$$

と表せる。$\theta(t)$ は位相と呼ばれる。ここで、$A \equiv \sqrt{2E/k}$ とおけば、x の範囲が $-A \leqq x \leqq A$ であり、A が振幅としての意味を持つことがわかる。式 (6.7) に対して $v = dx/dt$ の関係を使えば、$d\theta(t)/dt = \omega$ という関係式が得られ、位相の時間変化が $\theta(t) = \omega t + \theta_0$ と決まる（θ_0 は初期位相)。これより、相平面上の点 (x, v) はトラジェクトリに沿って時計回りに進むことがわかる。

以上より、単振動の一般解として

$$x(t) = A\sin(\omega t + \theta_0) = a\sin(\omega t) + b\cos(\omega t) \tag{6.8}$$

が得られる。右辺第 2 式を加法定理で展開したのが第 3 式であり、$a = A\cos\theta_0$、$b = A\sin\theta_0$ である。初期条件より

$$x_0 = x(0) = b, \quad v_0 = \dot{x}(0) = a\omega \tag{6.9}$$

であるから、$\theta_0 = \tan^{-1}(b/a) = \tan^{-1}(\omega x_0/v_0)$ であり、(6.8) は初期条件を用いて

$$x(t) = x_0\cos(\omega t) + \frac{v_0}{\omega}\sin(\omega t) \tag{6.10}$$

と書き切ることができる。

位相が 2π 変化するのに要する時間が振動周期 T である。つまり $\omega T = 2\pi$ であり、$T = 2\pi/\omega = 2\pi\sqrt{m/k}$ となる。前節で考えた振り子の例では $k \equiv mg/l$ なので、$T = 2\pi\sqrt{l/g}$ となる。こうして、単振動の周期が振幅によらないことが確認できる。これが「等時性」である。

運動方程式の積分

ここで、「運動方程式がなぜ解けたのか」という基本的な問いに戻ろう。本質的なことは、「エネルギー保存則によって相平面のトラジェクトリが定まった」ということである。トラジェクトリとは、v を x の関数

として図示した曲線である。一方、速度の定義によって $v = dx/dt$ であるから、

$$\frac{dx}{dt} = v(x) \tag{6.11}$$

である [$v(t)$ でなく $v(x)$ と書いてあることに注意しよう]。変数分離すれば $dt = dx/v(x)$ であり、これを積分することで

$$t = \int_{x_0}^{x} \frac{dx'}{v(x')} \tag{6.12}$$

が得られる。この式はトラジェクトリが与えられた場合に x と t の関係を与える重要な式であり、一般に「運動方程式の積分」と呼ばれる。単振動の場合、式 (6.6) より $v(x) = \pm\omega\sqrt{A^2 - x^2}$ である (+ は右向き、− は左向きの運動に対応)。よって式 (6.12) は

$$\omega t = \int_{x_0}^{x} \frac{dx'}{\sqrt{A^2 - x'^2}} = \sin^{-1}(x/A) - \sin^{-1}(x_0/A) \tag{6.13}$$

と計算できる[1)]。この式は、$\theta_0 = \sin^{-1}(x_0/A)$ とおけば $x = A\sin(\omega t + \theta_0)$ となり、再び (6.8) が得られる。

このように、力学的エネルギーという保存量が存在するおかげでトラジェクトリが決定し、これによって運動方程式が積分できるという仕組みになっている。このように、何らかの保存則が存在することで力学的状態を完全に決定できるような系を一般に「可積分系」と呼ぶ。

複素数の利用：特性方程式の方法

単振動の解を導く方法はたくさんあるが、複素数を活用する方法は極めて有用であり一般性がある。ここではそのような解き方を 2 つ紹介する。

---

1) 不定積分の公式 $\int \frac{dx}{\sqrt{A^2 - x^2}} = \sin^{-1}(x/A) + C$ を使う。

微分方程式 (6.4) の解き方として、

$$x = e^{\lambda t} \tag{6.14}$$

の形を仮定して未定の定数 λ を探す方法がある。(6.14) を (6.4) に代入すれば、方程式 $\lambda^2 = -\omega^2$ が得られる。これを「特性方程式」と呼ぶ。これより $\lambda = \pm i\omega$ となり、$e^{i\omega t}$ と $e^{-i\omega t}$ が (6.4) の解であることがわかる。これらの「重ね合わせ」として一般解

$$x = c_1 e^{i\omega t} + c_2 e^{-i\omega t} \tag{6.15}$$

が得られる（ c_1、c_2 は任意の複素定数）。オイラーの関係式 $e^{\pm i\omega t} = \cos(\omega t) \pm i \sin(\omega t)$ を使い、改めて定数 $d_1 = c_1 + c_2$、$d_2 = i(c_1 - c_2)$ を使うと、$x = d_1 \cos(\omega t) + d_2 \sin(\omega t)$ となり、(6.8) と同じ形が得られる。

複素数の利用：複素平面上のトラジェクトリ

さらに次のような解き方もある。相平面を複素平面と見なし、トラジェクトリを複素平面上の点

$$w = v + i\omega x \tag{6.16}$$

の軌跡と見なすのである。v と ωx はともに速度の次元を持つので、w は速度の次元を持つ複素数である。この w を使うと、連立微分方程式 (6.5) はひとまとめにして

$$\dot{w} = i\omega w \tag{6.17}$$

と書ける。x と v をそれぞれ実部、虚部とする複素数を扱うことによって運動方程式が 2 階から 1 階に下がったわけである。この事情は、(6.5) が 1 階になったからくりと同じである。(6.17) は 1 階の微分方程式なので容易に解くことができ、$w(t) = w_0 e^{i\omega t}$ が得られる。ここで、$w_0 = v_0 + i\omega x_0$

であること、およびオイラーの関係式 $e^{i\omega t} = \cos(\omega t) + i\sin(\omega t)$ を使うと、

$$w(t) = \{v_0\cos(\omega t) - \omega x_0\sin(\omega t)\} + i\omega\left\{x_0\cos(\omega t) + \frac{v_0}{\omega}\sin(\omega t)\right\} \tag{6.18}$$

となる。これと (6.16) の実部、虚部を見比べれば再び解 (6.10) が得られる。

エネルギー

運動エネルギーと位置エネルギーは、時間の関数として

$$K = \frac{1}{2}mv^2 = \frac{1}{2}kA^2\cos^2(\omega t + \theta_0) \tag{6.19}$$

$$V = \frac{1}{2}kx^2 = \frac{1}{2}kA^2\sin^2(\omega t + \theta_0) \tag{6.20}$$

と書ける。ここで $k = m\omega^2$ であることを用いた。いま、時間変化する量 $F(t)$ の 1 周期にわたる平均を

$$\langle F(t)\rangle \equiv \frac{1}{T}\int_t^{t+T} F(t')dt' \tag{6.21}$$

で定義しよう。すると、

$$\left\langle\cos^2(\omega t + \theta_0)\right\rangle = \left\langle\sin^2(\omega t + \theta_0)\right\rangle = \frac{1}{2} \tag{6.22}$$

より [2)]

$$\langle K\rangle = \langle V\rangle = \frac{1}{4}kA^2 \tag{6.23}$$

が得られる。このように、運動エネルギーと位置エネルギーの時間平均は等しくなる。もちろん、これらの和は $\langle K\rangle + \langle V\rangle = \frac{1}{2}kA^2 = E$ となってエネルギー保存則を与える。

---

2) $\cos^2(\omega t + \theta_0) = [1+\cos(2(\omega t+\theta_0))]/2, \sin^2(\omega t + \theta_0) = [1-\cos(2(\omega t+\theta_0))]/2$ を使う。

6.2　抵抗とエネルギー散逸

次に、単振動に対する抵抗（摩擦）の効果を考えよう。釣り合いの位置を原点にとり、そこからの変位を x とする。抵抗としては速度に比例する抵抗 $-2m\gamma v$（粘性抵抗）を考える。ここで、γ は正の定数であり、因子 2 は便宜上付けたものである。運動方程式は

$$\ddot{x} = -\omega^2 x - 2\gamma\dot{x} \tag{6.24}$$

となる。$x = e^{\lambda t}$ とおけば、特性方程式として λ の 2 次方程式 $\lambda^2 + 2\gamma\lambda + \omega^2 = 0$ が得られるが、判別式 $D/4 = \gamma^2 - \omega^2$ の正負によって解の様相が変わる。

減衰振動

$D < 0$ つまり $\gamma < \omega$ である場合を考える。これは、「バネの力に対して抵抗力が弱い」場合である。このとき、$\Omega \equiv \sqrt{\omega^2 - \gamma^2}$ とおけば $\lambda = -\gamma \pm i\Omega$ となる。これより (6.24) の一般解は $x = e^{-\gamma t}\left(c_1 e^{i\Omega t} + c_2 e^{-i\Omega t}\right)$ と書くことができる。「指数関数の肩に虚数単位 i があらわれた」ということは、「振動が起きる」ことを意味する。三角関数の形に書き直せば、

$$x = Ae^{-\gamma t}\sin(\Omega t + \theta_0) \tag{6.25}$$

が得られる。因子 $e^{-\gamma t}$ は時間とともに減衰する因子（減衰因子）である。この因子のため、単振動の振幅が時間とともに減衰していく運動が起きる。これが「減衰振動」である。初期条件として時刻 $t = 0$ での位置 x_0 と速度 v_0 を与えると、(6.25) は具体的に

$$x = e^{-\gamma t}\left\{x_0 \cos(\Omega t) + \left(\frac{\gamma x_0 + v_0}{\Omega}\right)\sin(\Omega t)\right\} \tag{6.26}$$

となる。

過減衰

逆に $D > 0$ つまり $\gamma > \omega$ である場合を考える。これは、「バネの力に対して抵抗力が強い」場合である。このとき、$\bar{\Omega} \equiv \sqrt{\gamma^2 - \omega^2}$ とおけば $\lambda = -\gamma \pm \bar{\Omega}$ となる。これより (6.24) の一般解は

$$x = c_1 e^{-(\gamma - \bar{\Omega})t} + c_2 e^{-(\gamma + \bar{\Omega})t} \tag{6.27}$$

と書くことができる。$\gamma > \bar{\Omega}$ であることに注意すると、これら 2 つの項はいずれも振動せず単調に減衰することがわかる。抵抗が強すぎて 1 周期も振動する間もなく釣り合いの位置に落ち着いてしまうのである。これが「過減衰」である。過減衰は、振動を防止したい場合に活用される。ドアが急に閉まるのを防ぐためのダンパーは、過減衰の応用例である。初期条件として時刻 $t = 0$ での位置 x_0 と速度 v_0 を与えると、(6.27) は具体的に

$$x = e^{-\gamma t}\left\{x_0 \cosh\left(\bar{\Omega}t\right) + \left(\frac{\gamma x_0 + v_0}{\bar{\Omega}}\right)\sinh\left(\bar{\Omega}t\right)\right\} \tag{6.28}$$

となる [3]。

臨界減衰

減衰振動と過減衰の境界として $\gamma = \omega$ となる場合が考えられる。この場合を「臨界減衰」と呼ぶ。(6.26) において $\Omega \to 0$ の極限をとり、

---

3) $\cosh x = (e^x + e^{-x})/2$, $\sinh x = (e^x - e^{-x})/2$ は双曲線関数である。$x = iu$ と置き換え (虚数変換)、オイラーの関係式を使うと $\cosh x = \cos u$, $\sinh x = i \sin u$ となる。このように双曲線関数と三角関数は虚数変換で結びつく。この結果を用いると、$\Omega \to i\bar{\Omega}$ と置き換えることで (6.26) から直ちに (6.28) を書き下せる。

$\lim_{\Omega\to 0}\frac{\sin(\Omega t)}{\Omega}=t$ を用いると、解として

$$x = e^{-\gamma t}\left\{x_0 + (\gamma x_0 + v_0)\, t\right\} \tag{6.29}$$

が得られる。

エネルギーの散逸

(6.24) の両辺に mv をかけて変形すると

$$\dot{E} = -2m\gamma v^2 \leqq 0 \tag{6.30}$$

が得られる。ここで、$E=\frac{1}{2}mv^2+\frac{1}{2}kx^2$ は力学的エネルギーである。この式は、「抵抗によって系の力学的エネルギーが単位時間当たり $2m\gamma v^2$ の割合で減り続ける」ことを意味している。このように、抵抗は力学的エネルギーの散逸を引き起こす。

6.3　外力による振動：入力と応答

一般的な外力

時間変化する外力（入力）$f(t)$ を加えて応答として単振動を引き起こす問題を考えよう。この場合の運動方程式は

$$\ddot{x}(t) = -\omega^2 x(t) + f(t) \tag{6.31}$$

という形をとる。$f(t)$ は時間変化する単位質量当たりの外力である。例えば、下端におもりを付けたバネの上端を手で支え、その手を上下にゆらす場合を考えよう。鉛直下方に座標軸をとり、上端とおもりの位置座標をそれぞれ $X(t)$、$\xi(t)$ とすれば、おもりの運動方程式は

$$m\ddot{\xi}(t) = -k\left[\xi(t) - X(t) - l_0\right] + mg \tag{6.32}$$

となる。ここで l_0 はバネの自然の長さ、g は重力加速度である。ここで改めて $x(t) = \xi(t) - l_0 - mg/k$ とおき、$\omega^2 = k/m$ を使えば $\ddot{x}(t) = -\omega^2 x(t) + \omega^2 X(t)$ となって (6.31) の形にまとまる。

微分方程式 (6.31) を解くには、(6.5) のようにこれを連立微分方程式

$$\dot{v} = -\omega^2 x + f(t), \quad \dot{x} = v \tag{6.33}$$

とみるとよい。(6.16) と同じく $w = v + i\omega x$ を導入すると、(6.33) は

$$\dot{w} = i\omega w + f(t) \tag{6.34}$$

という 1 階の微分方程式になる。この解を探すため、

$$w(t) = a(t)e^{i\omega t} \tag{6.35}$$

とおいてみる。$a(t)$ は時間に依存する未定の複素係数である。このような解の探し方を「未定係数法」と呼ぶ。これを (6.34) に代入すると、$\dot{a}(t) = f(t)e^{-i\omega t}$ となる。この単純な微分方程式は直ちに解けて、

$$a(t) = a(0) + \int_0^t f(t')e^{-i\omega t'}dt' \tag{6.36}$$

となる。これを (6.35) に代入すると

$$w(t) = a(0)e^{i\omega t} + \int_0^t f(t')\exp\left[i\omega(t-t')\right]dt' \tag{6.37}$$

となる。第 1 項は自由単振動の解にほかならない。さらに、$\exp\left[i\omega(t-t')\right] = \cos\left[\omega(t-t')\right] + i\sin\left[\omega(t-t')\right]$ であることを使って $w(t)$ の実部と虚部を取り出して $w = v + i\omega x$ と比べることにより、一般解が

$$x(t) = A\sin(\omega t + \theta_0) + \frac{1}{\omega}\int_0^t f(t')\sin\left[\omega(t-t')\right]dt' \tag{6.38}$$

の形に得られる。いまの場合、時刻 $t=0$ に外力 $f(t)$ が作用し始めたとしている。すると、第1項 $x_{\text{自由}}(t)=A\sin(\omega t+\theta_0)$ は外力の影響を受ける前 $(t<0)$ の自由振動を表している。第2項が外力に対する「応答」を表しているのであるが、現在の時刻 t での運動に「過去」の時刻 $0\leqq t'\leqq t$ での外力 $f(t')$ の影響が積算されて効いていることに注意しよう。これは、外力の「履歴」が現在の運動に影響していることを意味する。そして、積分の中にあらわれる関数

$$G(t-t')\equiv\frac{1}{\omega}\sin[\omega(t-t')] \tag{6.39}$$

が過去と現在の因果関係を

$$x(t)=x_{\text{自由}}(t)+\int_0^t G(t-t')f(t')dt' \tag{6.40}$$

の形で結びつける役割を果たしている。関数 $G(t)$ は、物理学のあらゆる分野で活躍する「グリーン関数」の一種である。

振動する外力（強制振動）

角振動数 $\omega_{\text{外}}$ で単振動する外力（入力）

$$f(t)=\begin{cases} 0 & (t<0) \\ f_0\sin(\omega_{\text{外}}t) & (t\geqq 0) \end{cases} \tag{6.41}$$

を考えよう。式 (6.38) を計算するにあたって、$\omega_{\text{外}}\neq\omega$ の場合（非共鳴）と $\omega_{\text{外}}=\omega$（共鳴）の場合に分ける必要がある。

非共鳴（$\omega_{\text{外}}\neq\omega$）の場合

三角関数の積を和に直す公式を使って

$$\begin{aligned} &\sin(\omega_{\text{外}}t')\sin[\omega(t-t')] \\ &=\frac{1}{2}\Big[\cos\big\{(\omega_{\text{外}}+\omega)t'-\omega t\big\}-\cos\big\{(\omega_{\text{外}}-\omega)t'+\omega t\big\}\Big] \end{aligned} \tag{6.42}$$

と変形してから積分すると

$$\int_0^t G(t-t')f(t')dt' = \frac{f_0}{2\omega}\left\{-\frac{2\omega\sin\left(\omega_{外}t\right)}{\omega_{外}^2-\omega^2}+\frac{2\omega_{外}\sin\left(\omega t\right)}{\omega_{外}^2-\omega^2}\right\} \tag{6.43}$$

が得られるから

$$x(t) = \left(A+\frac{f_0\omega_{外}/\omega}{\omega_{外}^2-\omega^2}\right)\sin\left(\omega t\right)-\frac{f_0}{\omega_{外}^2-\omega^2}\sin\left(\omega_{外}t\right) \tag{6.44}$$

となる。ここで、θ_0 の値は本質的でないので $\theta_0=0$ とした。

共鳴（$\omega_{外}=\omega$）の場合

(6.44) で $\omega_{外}=\omega$ としてしまうと分数部分が発散してしまう。積分 $\int_0^t G(t-t')f(t')dt'$ の計算を仕切り直す必要がある。(6.42) に戻って積分を計算しなおすと

$$\frac{f_0}{\omega}\int_0^t \sin(\omega t')\sin\left[\omega(t-t')\right]dt' = \frac{f_0}{2\omega^2}\sin\left(\omega t\right)-\frac{f_0}{2\omega}t\cos\left(\omega t\right) \tag{6.45}$$

より、

$$x(t) = \left(A+\frac{f_0}{2\omega^2}\right)\sin\left(\omega t\right)-\frac{f_0}{2\omega}t\cos\left(\omega t\right) \tag{6.46}$$

が得られる。右辺第 2 項では、振幅が時間に比例して増大する。これが「共鳴」に対応する。また、外力の位相に比べて応答の位相が $\pi/2$ 遅れる $[-\cos(\omega t)=\sin(\omega t-\pi/2)]$ であることがわかる。

応答 $x(t)$ の時間変化を図 6-3 に示す。共鳴からわずかにずれた入力振動数の場合、「うなり」が起きることも見て取れるだろう。このふるまいが、2 個以上の質点からなる結合振動子系の場合にどうなるか、この問題は 7.2 節で扱う。

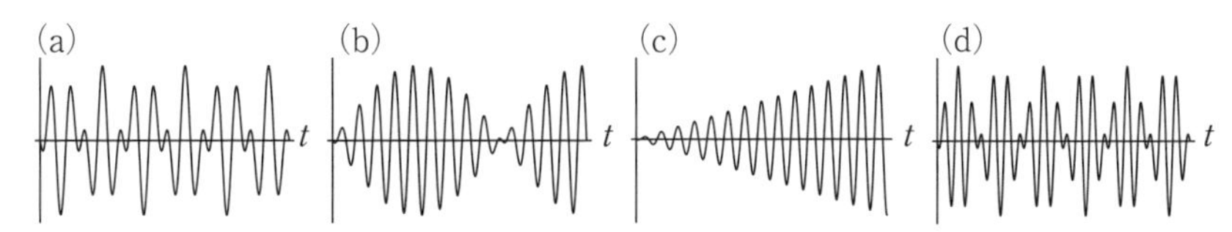

図 6-3　強制振動による出力の時間変化　縦軸は $x(t)$。　(a) $\omega_{外}/\omega = 0.6$、(b) $\omega_{外}/\omega = 0.9$、(c) $\omega_{外}/\omega = 1.0$、(d) $\omega_{外}/\omega = 1.4$ の場合。

6.4　散逸と入出力の収支

過渡状態と定常状態

強制振動に対する抵抗の効果を考えよう。外力として、再び $f(t) = f_0 \sin(\omega_{外} t)$ をとり、抵抗としては粘性抵抗 $-2\gamma\dot{x}$ を考慮する。運動方程式は

$$\ddot{x}(t) = -\omega^2 x(t) - 2\gamma\dot{x}(t) + f_0 \sin(\omega_{外} t) \tag{6.47}$$

となる。さらに、$f_0 \sin(\omega_{外} t) \to f_0 e^{i\omega_{外} t}$ と置き換える。

$f_0 e^{i\omega_{外} t} = f_0 \cos(\omega_{外} t) + i f_0 \sin(\omega_{外} t)$ なので、虚部だけを取り出すものと決めておけばよい。ここで、「線形非斉次方程式の一般解は、線形斉次方程式の一般解と非斉次方程式を満たす 1 つの特解の和で書ける」という数学的な定理を使おう。いまの場合、方程式を非斉次にしているのは $f(t)$ である。これを除いた斉次方程式の一般解 (6.25) はすでに得られている。後は (6.47) の解を 1 つでも見つけてくればよい。1 つの特解を探すために

$$x(t) = B e^{i\omega_{外} t} \tag{6.48}$$

とおくと [4)]

$$B = f_0 \frac{\omega^2 - \omega_{外}^2 - 2i\gamma\omega_{外}}{\left(\omega^2 - \omega_{外}^2\right)^2 + \left(2\gamma\omega_{外}\right)^2} \tag{6.49}$$

---

4)　$B\left(-\omega_{外}^2 + \omega^2 + 2i\gamma\omega_{外}\right) = f_0$ より

となる。$x(t) = Be^{i\omega_{外}t}$ の虚部を取り出すと特解

$$x_{定常}(t) = f_0 \frac{\left(\omega^2 - \omega_{外}^2\right)\sin\left(\omega_{外}t\right) - 2\gamma\omega_{外}\cos\left(\omega_{外}t\right)}{\left(\omega^2 - \omega_{外}^2\right)^2 + \left(2\gamma\omega_{外}\right)^2} \tag{6.50}$$

が得られる（これを定常と名付ける理由は後述）。かくして、(6.47) の一般解

$$x(t) = Ae^{-\gamma t}\sin\left(\Omega t + \theta_0\right) + x_{定常}(t)$$

が得られた。(6.50) を合成し、無次元のパラメータ $F = \omega_{外}/\omega$、$\Gamma = \gamma/\omega$ を導入すると

$$x_{定常}(t) = A\sin\left(\omega_{外}t + \varphi\right) \tag{6.51}$$

となる。振幅

$$A(F) = \frac{f_0/\omega^2}{\sqrt{\left(1 - F^2\right)^2 + 4\Gamma^2 F^2}} \tag{6.52}$$

位相差

$$\varphi = \tan^{-1}\left(\frac{-2F\Gamma}{1 - F^2}\right) \tag{6.53}$$

があらわれる。この位相差は負なので、強制振動（入力）に対して応答が遅れることになる。

以上の結果をまとめると次のようになる。(6.47) の解は強制力の影響を受けない減衰振動項と、強制力による $x_{定常}(t)$ からなる。

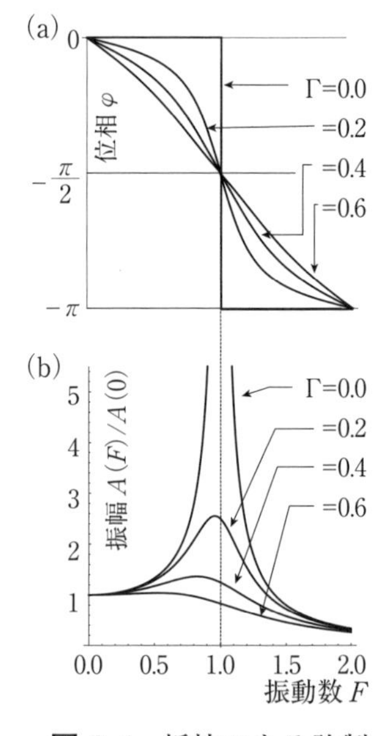

図 6-4 抵抗のある強制振動における (a) 入力と応答の位相差と (b) 定常振動の振幅。それぞれが入力振動数の変化に応じてどう変化するかを示したもの。

減衰振動項は時間とともに減衰してやがて消えていく。つまり過渡的な振動（過渡状態）を表している。それに対して $x_{定常}(t)$ は外力で駆動され、減衰振動が消えた定常状態でも生き残る。この意味で「定常」と名付けたのである。

入力と応答の間には位相差 φ が生じる [図 6-4(a)]。$\omega \gg \omega_{外}$ つまり外力の振動数 (入力振動数と呼ぶ) が十分低い場合、位相差はゼロである。$\omega_{外}$ が高くなるとともに位相差がついてくる。つまり応答に遅延が生じる。共鳴が起きる $\omega = \omega_{外}$ で $\varphi = -\pi/2$、さらに $\omega \ll \omega_{外}$ つまり高振動数極限では入力と応答が逆位相になる。このことは身近な現象を通して確認できる。定常解の振幅 (6.52) は、入力振動数 $\omega_{外}$ が系の固有振動数 ω に一致する (共鳴状態) で最大になり、そこから離れると減少する [図 6-4(b)]。

共鳴状態でのエネルギー収支

定常状態でのエネルギー収支についてみておこう。減衰振動の場合のエネルギー散逸の式 (6.30) を思い出しておこう。運動方程式の両辺に v をかけて整理すると $\dot{E} = P_{\mathrm{out}} + P_{\mathrm{in}}$ が得られる。ここで、$P_{\mathrm{out}} \equiv -2m\gamma v^2$ は「抵抗力による単位時間当たりのエネルギー散逸」、$P_{\mathrm{in}} \equiv mf(t)v$ は「外力による仕事率」を表している。それぞれを、支出と収入と呼ぶとわかりやすい。

定常状態に達した後の、1 周期 $T = 2\pi/\omega_{外}$ 当たりの平均エネルギー収支を考えよう。$v = \omega_{外} A \cos\left(\omega_{外} t + \varphi\right)$ なので、単純な積分計算で

$$\langle P_{\mathrm{out}} \rangle = \frac{1}{T}\int_0^T P_{\mathrm{out}} dt = -m\gamma\omega_{外}^2 A^2 \tag{6.54}$$

$$\langle P_{\mathrm{in}} \rangle = \frac{1}{T}\int_0^T P_{\mathrm{in}} dt = -\frac{mf_0\omega_{外} A}{2}\sin\varphi > 0 \tag{6.55}$$

が得られる。これより $\left\langle \dot{E} \right\rangle = \langle P_{\mathrm{out}} \rangle + \langle P_{\mathrm{in}} \rangle$ は

$$\left\langle \dot{E} \right\rangle = -m\gamma\omega_{外}^2 A^2 - \frac{mf_0\omega_{外}A}{2}\sin\varphi \tag{6.56}$$

ところが (6.50) の分子第 2 項目を参照すると

$$\sin\varphi = -\frac{2\gamma\omega_{外}}{f_0}A \tag{6.57}$$

なので

$$\langle P_{\mathrm{out}} \rangle + \langle P_{\mathrm{in}} \rangle = 0 \tag{6.58}$$

となる。定常状態では外力によるエネルギー入力が抵抗によるエネルギー散逸と釣り合ってエネルギー収支が成り立っていることがわかる。

共鳴と Q 値

図 6-4(b) をみると、$F = 0$（つまり外力の振動数がゼロ）の場合の振幅 $A(0)$ と、共鳴状態 $F = 1$ での振幅 $A(1)$ の比の大小が共鳴の「鋭さ」に対応していることが読みとれる。この比の値

$$Q = \frac{A(1)}{A(0)} = \frac{1}{2\Gamma} = \frac{\omega}{2\gamma} \tag{6.59}$$

を Q 値（quality factor）と呼ぶ。Q 値が大きいほど共鳴（共振）が鋭くなり、抵抗がゼロだと Q 値は無限大になる。

Q 値をエネルギーの観点で理解することもできる。定常状態で系にストックされる力学的エネルギーは

$$E = \frac{1}{2}mv^2 + \frac{1}{2}m\omega^2 x^2 = \frac{1}{2}mA^2\omega^2 \tag{6.60}$$

である。一方、1 周期の間に抵抗によって散逸するエネルギーは

$$|\langle P_{\mathrm{out}} \rangle| T = 2\pi m\gamma\omega_{外}A^2 \tag{6.61}$$

である。共鳴状態で、これらの比は

$$\frac{E}{|\langle P_{\mathrm{out}}\rangle|T} = \frac{\frac{1}{2}mA^2\omega^2}{2\pi m\gamma\omega_{外}A^2} \underset{\omega_{外}=\omega}{=} \frac{\omega}{4\pi\gamma} = \frac{Q}{2\pi} \tag{6.62}$$

となって Q 値と同じ情報を与えることがわかる。

Q 値の概念は、振動する外力を受けたシステム一般に当てはまる。例えばラジオのダイヤルを回してチューニングする際、狭い周波数幅にマッチしたときだけ放送が聞こえる。これは Q 値が大きな例である。逆に、手にバッグを持って歩くと歩調によってバッグが大きくゆれる現象は Q 値が小さな共鳴の例である。

6.5　釣り合いの安定性

以上では、単振動に対する散逸や外力の効果を考えてきた。最後に、もう少し大局的な視点で振動現象を捉えなおしておこう。そもそも、単振動とは「安定な」釣り合いのまわりの微小振動である。ここでは、この「釣り合いの安定性」について理解するための例を調べよう。

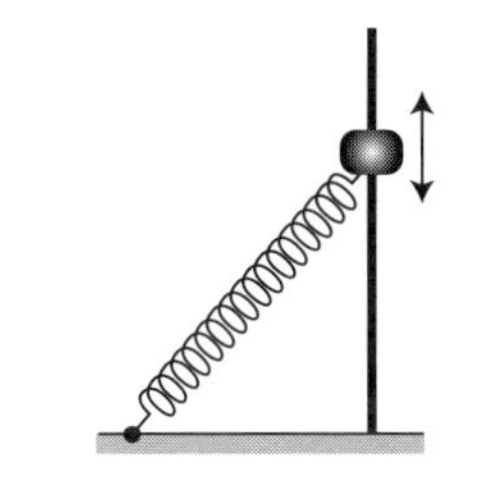

図 6-5　おもりの質量によって挙動が劇的に異なる系

図 6-5 のように鉛直な棒に沿って滑らかに運動できる質量 m の物体を考えよう。自然長 l、バネ定数 k の軽いバネの一端を小物体に取り付け、他端を水平面上の固定ピンにつなぐ。バネと小物体は常に鉛直面内にある。棒の下端と固定ピンとの距離は a $(a < l)$ である。

さて, 小物体の質量をいろいろ変えてまず釣り合いの位置を探し、次にその位置からわずかにずらして放すという実験を繰り返そう。その結果、質量がある臨界値 m_c より小さい場合は釣り合いの位置のまわりで微小振動を行うことが可能であるが、m_c より大きい場合は振動しないでドスンと落下する。この臨界値を議論しよう。

物体の水平面からの高さを z とすると（水平面を基準とする）位置エネルギーは

$$U(z) = mgz + \frac{1}{2}k\left(l - \sqrt{a^2 + z^2}\right)^2$$
$$= kl^2\left\{\mu\zeta + \frac{1}{2}\left(1 - \sqrt{p^2 + \zeta^2}\right)^2\right\} \tag{6.63}$$

である。ここで、$p = a/l$、$\zeta = z/l$、$\mu = mg/kl$ とおいた。この後は、関数

$$f(\zeta) = \mu\zeta + \frac{1}{2}\left(1 - \sqrt{p^2 + \zeta^2}\right)^2 \tag{6.64}$$

の大局的な挙動（ランドスケープ）を議論すればよい。例えば $p = 1/5$ として、μ の値をいろいろ変えた場合の $f(\zeta)$ の様子を図 6-6 に示す。

このように、μ がコントロールパラメータ（制御変数）となってポテンシャルのランドスケープが劇的に変化する。劇的に、というのは、μ を徐々に大きくしていく場合 $\mu = \mu_c$ で最小値が有限値からゼロにジャンプすることを意味している。この種の挙動は「極限点不安定性」と呼ばれる。

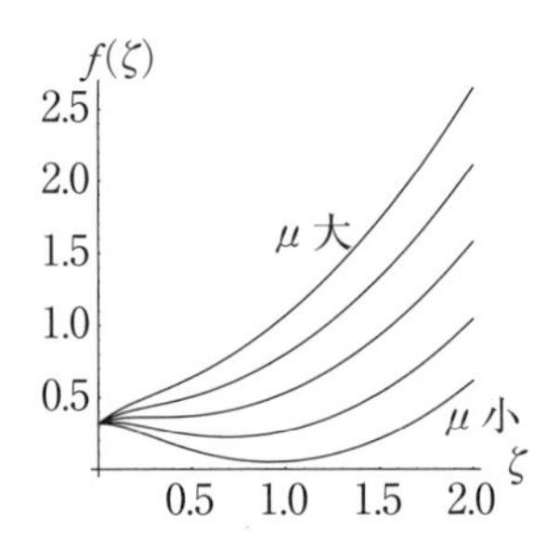

図 6-6　$p = 1/5$ として、μ の値をいろいろ変えた場合の $f(\zeta)$ の様子

実は $\mu_c = (1 - p^{2/3})^{3/2} \fallingdotseq 0.533$ が臨界値で、ここでは下から順に $\mu/\mu_c = 0.1, 0.5, 1, 1.5, 2$ の場合を描いてある。

もう少し立ち入ろう。釣り合いの位置 $\zeta = \zeta_0$ は

$$f'(\zeta_0) = \mu - \frac{\zeta_0}{\sqrt{p^2 + \zeta_0^2}} + \zeta_0 = 0 \tag{6.65}$$

つまり

$$\mu = \frac{\zeta_0}{\sqrt{p^2 + \zeta_0^2}} - \zeta_0 \tag{6.66}$$

で決まる。さらに釣り合いの安定性は

$$f''(\zeta_0) = 1 - \frac{p^2}{\left(p^2 + \zeta_0^2\right)^{3/2}} \tag{6.67}$$

の符号で決まり、

$$f''(\zeta_0) > 0 \text{ なら安定}$$

$$f''(\zeta_0) = 0 \text{ なら臨界}$$

$$f''(\zeta_0) < 0 \text{ なら不安定}$$

となる。

(6.66) は ζ_0 を μ の関数として与える式になっている。これを (6.67) に代入して

$$f''(\zeta_0) = 1 - \frac{p^2}{\left(p^2 + \zeta_0^2\right)^{3/2}} = 0 \tag{6.68}$$

となる μ が臨界値 μ_{c} に対応する。この条件式を変形すると

$$p^4 = \left(p^2 + \zeta_0^2\right)^3 \Rightarrow \zeta_0^2 = p^{4/3} - p^2 = p^{4/3}\left(1 - p^{2/3}\right) \tag{6.69}$$

これを (6.66) に代入して、臨界質量 μ_{c} が

$$\begin{aligned}\mu_{\mathrm{c}} &= \zeta_0 \left\{ \frac{1}{\left(p^2 + \zeta_0^2\right)^{1/2}} - 1 \right\} \\ &= p^{2/3}\left(1 - p^{2/3}\right)^{1/2} \left\{ \frac{1}{\left(p^{4/3}\right)^{1/2}} - 1 \right\} = \left(1 - p^{2/3}\right)^{3/2} \end{aligned} \tag{6.70}$$

と求められる。

ここで述べた「エネルギーのランドスケープ」という考え方は、水が水蒸気に気化するようないわゆる相転移現象の理解にもつながっていく。

参考文献

1) A.B. ピパード著、加藤鞆一訳『自然の応答と安定性 現代物理学への招待』（共立出版、1988 年）

7　結合振動子

岸根順一郎

《目標＆ポイント》 複数の質点がバネでつながった結合振動の系は、物理系に対する入力と応答の関係を理解する上で格好の素材である。また周期系の基準振動の解析からは、ごく自然にフーリエ級数の考え方があらわれる。
《キーワード》 結合振動子、線形性、固有値問題、基準振動、フーリエ級数、フィルター効果

7.1　物理システムの捉え方

前章では１粒子の振動を扱った。１粒子系は最も単純なシステムであるが、その解析を通してシステムに対する入力と応答というプロセスのエッセンスをつかむことができた。そこで、もう少しシステムの豊かさの度合い（内部の自由度）を上げていこう。この問題を通して、自然界に存在する実にさまざまなシステムに固有の変位や振動のあり方を知ることができる。

例えば物質に電場をかける、磁場をかける、熱を与える、ねじる、などなどの入力を行う。このとき物質はどう応答するだろう。分野によって対象が異なるものの、これは物理学全体を貫く共通のテーマである。その概念図 7-1 に示す。システム内部の自由度が入力とどう結合し、何が起きるのか。それを出力（応答）を通じて調べることで内部の仕組みを知ることができる。このとき、内部で起きることはすべて広い意味での「振動」現象として捉えることができる。システムが無限に広がっている、あるいは周期的な構造を持っていれば振動状態（位相）が伝搬し

続けることができる。これが「波動」である。

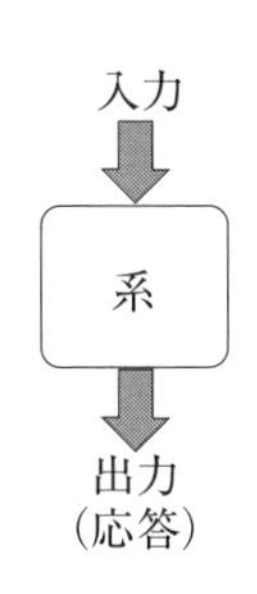

図 7-1　物理現象の捉え方

このように、物理的システムの入力と応答を議論する問題は、結局のところ振動と波動の問題に帰着する。本章では、このような見方・考え方を例示するために結合振動子の問題を取り上げ、「入力と応答」という観点で自然界のダイナミズムを捉える処方を学ぶ。結合振動子問題は、工学的に重要なフィルター効果についての知見を与えるだけでない。数学で学ぶ線形代数の生きた例題であり、線形空間やフーリエ解析の考え方に触れることができる。このような数理的発想に慣れておくと、量子力学の論理に抵抗なく入っていくことができる。本章の内容は、第 13 章に引き継がれる。

7.2　結合振動子：入力と応答

問題設定

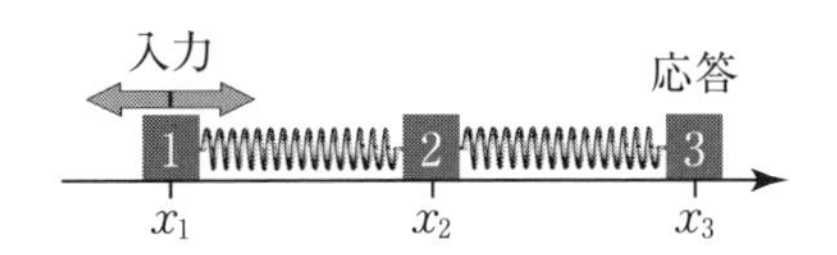

図 7-2　結合振動子をゆする

図 7-2 に示す運動がここでの主題である。質量 m の等しい 3 個の物体 1、2、3 をバネ定数 K のバネでつないで滑らかな水平面上に置く（初め、バネは自然長 a の状態）。時刻 $t=0$ 以後、物体 1 に外力（入力）

$$F(t) = mf_0 \cos(\omega t) \tag{7.1}$$

を加え続ける。この、一見単純な運動に「入力と応答」についてのエッセンスが詰まっている。

各物体の位置座標を x_1、x_2、x_3 とすると、運動方程式は

$$\ddot{x}_1 = \omega_0^2 (x_2 - x_1 - a) + f_0 \cos(\omega t) \tag{7.2}$$

$$\begin{aligned}\ddot{x}_2 &= -\omega_0^2 (x_2 - x_1 - a) + \omega_0^2 (x_3 - x_2 - a) \\ &= -\omega_0^2(-x_1 + 2x_2 - x_3)\end{aligned} \tag{7.3}$$

$$\ddot{x}_3 = -\omega_0^2(x_3 - x_2 - a) \tag{7.4}$$

である。ここでバネの固有振動数は

$$\omega_0 = \sqrt{K/m} \tag{7.5}$$

である[1)]。この運動方程式を解くために、天下り的であるが

$$\begin{aligned} Q_1 &= x_1 + x_2 + x_3 \\ Q_2 &= x_1 - x_3 \\ Q_3 &= x_1 - 2x_2 + x_3 \end{aligned} \tag{7.6}$$

という組み合わせを作ってみる。すると (7.2) ～ (7.4) は独立な 3 本の単振動方程式

$$\ddot{Q}_1 = f_0 \cos(\omega t) \tag{7.7}$$

$$\ddot{Q}_2 = -\omega_0^2 Q_2 + f_0 \cos(\omega t) - 2a\omega_0^2 \tag{7.8}$$

$$\ddot{Q}_3 = -3\omega_0^2 Q_3 + f_0 \cos(\omega t) \tag{7.9}$$

に解きほぐすことができる。あとはこれらの方程式を解いて運動を調べればよい。しかし、どうやって (7.6) のような組み合わせを作り出したのだろう。もちろんそれには理由がある。(7.6) は、系の「固有座標」と呼

---

1) 以下で、ω_0、ω_1、ω_2、ω_3、ω という 4 つの角振動数があらわれるので混乱しないように注意されたい。

ばれるものになっている。そのからくりを解く鍵は線形代数における固有値問題にある。この例は、物理学に固有値問題があらわれる好例となる。その事情を詳しくみていこう。

運動方程式をベクトルと行列で表す

まず、変位を縦に並べてベクトル

$$\boldsymbol{X}(t) = \begin{pmatrix} x_1(t) \\ x_2(t) \\ x_3(t) \end{pmatrix} \tag{7.10}$$

を作る。次に行列

$$\mathbb{A} = \begin{pmatrix} 1 & -1 & 0 \\ -1 & 2 & -1 \\ 0 & -1 & 1 \end{pmatrix} \tag{7.11}$$

を作る（これをダイナミカル行列と呼ぶ）。さらに

$$\boldsymbol{F} = \begin{pmatrix} f_0 \cos(\omega t) - a\omega_0^2 \\ 0 \\ a\omega_0^2 \end{pmatrix} \tag{7.12}$$

とおけば、運動方程式は

$$\frac{d^2\boldsymbol{X}(t)}{dt^2} = -\omega_0^2 \mathbb{A}\boldsymbol{X}(t) + \boldsymbol{F}(t) \tag{7.13}$$

の形に整理できる。

固有値と固有ベクトル

(7.13) を成分ごとに書いたものが (7.2)〜(7.4) であるが、これらの右辺には各座標成分が入り混じっている。これを何とか独立な 3 本の微分

方程式に組み直せないだろうか。この問題は、行列 $\mathbb{A}$ を「対角化」する問題にほかならない[2)]。

$\mathbb{A}$ の固有値 λ は

$$\det(\mathbb{A}-\lambda\mathbb{E}) = 0$$

から得られる。$\mathbb{E}$ は（いまの場合）3×3 の単位行列である。

$$\det(\mathbb{A}-\lambda\mathbb{E}) = -\lambda(\lambda-1)(\lambda-3) \tag{7.14}$$

であるから、固有値は

$$\lambda_1 = 0, \quad \lambda_2 = 1, \quad \lambda_3 = 3 \tag{7.15}$$

となる。

次に、各固有値に属する固有ベクトルを求めよう。

$\boxed{\lambda = 0}$

$$\begin{pmatrix} 1 & -1 & 0 \\ -1 & 2 & -1 \\ 0 & -1 & 1 \end{pmatrix} \begin{pmatrix} x \\ y \\ z \end{pmatrix} = 0 \Rightarrow \begin{cases} x - y = 0 \\ -x + 2y - z = 0 \\ -y + z = 0 \end{cases} \tag{7.16}$$

より、$\lambda = 0$ に属する固有ベクトルは

$$\boldsymbol{v}_1 = \begin{pmatrix} x \\ y \\ z \end{pmatrix} = \begin{pmatrix} 1/3 \\ 1/3 \\ 1/3 \end{pmatrix} \tag{7.17}$$

である。$x = 1/3$ としたのは便宜上のことであって、ベクトル全体に（ゼロでない）任意の定数をかけてかまわない。

2） 行列の対角化についての基本的な事柄は線形代数で既習であるとする。不慣れな読者は、例えば隈部正博著『改訂版 入門線型代数』（放送大学教育振興会）第14回、第15回を参照のこと。

$\boxed{\lambda = 1}$

$$\begin{pmatrix} 0 & -1 & 0 \\ -1 & 1 & -1 \\ 0 & -1 & 0 \end{pmatrix} \begin{pmatrix} x \\ y \\ z \end{pmatrix} = 0 \Rightarrow \begin{cases} -y = 0 \\ -x + y - z = 0 \\ -y = 0 \end{cases} \tag{7.18}$$

より $\lambda = 1$ に属する固有ベクトルは

$$\boldsymbol{v}_2 = \begin{pmatrix} x \\ y \\ z \end{pmatrix} = \begin{pmatrix} 1/2 \\ 0 \\ -1/2 \end{pmatrix} \tag{7.19}$$

$\boxed{\lambda = 3}$

$$\begin{pmatrix} -2 & -1 & 0 \\ -1 & -1 & -1 \\ 0 & -1 & -2 \end{pmatrix} \begin{pmatrix} x \\ y \\ z \end{pmatrix} = 0 \Rightarrow \begin{cases} -2x - y = 0 \\ -x - y - z = 0 \\ -y - 2z = 0 \end{cases} \tag{7.20}$$

より $\lambda = 3$ に属する固有ベクトルは

$$\boldsymbol{v}_3 = \begin{pmatrix} x \\ y \\ z \end{pmatrix} = \begin{pmatrix} 1/6 \\ -1/3 \\ 1/6 \end{pmatrix} \tag{7.21}$$

以上の固有ベクトルを横に並べた行列

$$\mathbb{P} = \begin{pmatrix} 1/3 & 1/2 & 1/6 \\ 1/3 & 0 & -1/3 \\ 1/3 & -1/2 & 1/6 \end{pmatrix} \tag{7.22}$$

を作れば、$\mathbb{P}$ とその逆行列

$$\mathbb{P}^{-1} = \begin{pmatrix} 1 & 1 & 1 \\ 1 & 0 & -1 \\ 1 & -2 & 1 \end{pmatrix} \tag{7.23}$$

を使って対角行列

$$\mathbb{D} \equiv \mathbb{P}^{-1}\mathbb{A}\mathbb{P} = \begin{pmatrix} \lambda_1 & 0 & 0 \\ 0 & \lambda_2 & 0 \\ 0 & 0 & \lambda_3 \end{pmatrix} \tag{7.24}$$

が得られる。

基準振動と基準座標

いまやったことの意味を探ろう。運動方程式 (7.13) の左から $\mathbb{P}^{-1}$ を作用させることで

$$\frac{d^2\mathbb{P}^{-1}\boldsymbol{X}(t)}{dt^2} = -\omega_0^2\left(\mathbb{P}^{-1}\mathbb{A}\mathbb{P}\right)\mathbb{P}^{-1}\boldsymbol{X}(t) + \mathbb{P}^{-1}\boldsymbol{F}(t) \tag{7.25}$$

が得られる。ここで

$$\boldsymbol{Q}(t) = \mathbb{P}^{-1}\boldsymbol{X}(t) \tag{7.26}$$

とおけば、

$$\frac{d^2\boldsymbol{Q}(t)}{dt^2} = -\omega_0^2\mathbb{D}\boldsymbol{Q}(t) + \mathbb{P}^{-1}\boldsymbol{F}(t) \tag{7.27}$$

となる。$\boldsymbol{Q}$ の成分 Q_1、Q_2、Q_3 を基準座標と呼ぶ。基準座標は自由度の数（いまの場合 3）だけある。具体的に書くと

$$\boldsymbol{Q} = \begin{pmatrix} x_1 + x_2 + x_3 \\ x_1 - x_3 \\ x_1 - 2x_2 + x_3 \end{pmatrix} \tag{7.28}$$

となる。これがさきほど天下り的に与えた (7.6) にほかならない。

(7.27) を具体的に書けば

$$\frac{d^2}{dt^2}\begin{pmatrix} Q_1 \\ Q_2 \\ Q_3 \end{pmatrix} = -\omega_0^2 \begin{pmatrix} \lambda_1 & 0 & 0 \\ 0 & \lambda_2 & 0 \\ 0 & 0 & \lambda_3 \end{pmatrix}\begin{pmatrix} Q_1 \\ Q_2 \\ Q_3 \end{pmatrix} + \begin{pmatrix} f_0\cos(\omega t) \\ f_0\cos(\omega t) - 2a\omega_0^2 \\ f_0\cos(\omega t) \end{pmatrix} \tag{7.29}$$

となり、独立な 3 本の単振動方程式 (7.7)〜(7.9) に落ち着く。

こうして、ダイナミカル行列の対角化によって x_1、x_2、x_3 のままでは絡まっていた振動が解きほぐされ、基準座標 Q_1、Q_2、Q_3 に対する 3 つの独立な単振動に分解されたわけである。この、分解された独立な単振動を基準振動または基準モード（ノーマルモード）と呼ぶ。各基準振動に対応する固有振動数は、ダイナミカル行列の固有値によって

$$\omega_1 = \omega_0\sqrt{\lambda_1} = 0,\ \omega_2 = \omega_0\sqrt{\lambda_2} = \omega_0,\ \omega_3 = \omega_0\sqrt{\lambda_3} = \sqrt{3}\omega_0 \tag{7.30}$$

と決まる。

質点位置の時間変化

いよいよ質点の動きを具体的に追跡することができる。第 6 章でみたように $\ddot{Q}_n = -\omega_n^2 x + f(t)$ の解が

$$Q_n(t) = A_n \sin(\omega_n t + \theta_0) + \frac{1}{\omega_n}\int_0^t f(t')\sin[\omega_n(t-t')]\,dt' \tag{7.31}$$

の形になることを使う。いまの場合

$$f(t) = \begin{cases} 0 & (t < 0) \\ f_0\cos(\omega t) & (t \geqq 0) \end{cases} \tag{7.32}$$

であり、積分を実行すると

$$Q_n(t) = A_n \sin(\omega_n t + \theta_0) + \frac{f_0}{\omega_n^2 - \omega^2}[\cos(\omega t) - \cos(\omega_n t)] \tag{7.33}$$

が得られる。右辺第 1 項と第 3 項はともに固有振動数 ω_n での振動なので、これらをまとめ、改めて

$$Q_n(t) = \alpha_n \sin(\omega_n t) + \beta_n \cos(\omega_n t) + \frac{f_0}{\omega_n^2 - \omega^2}\cos(\omega t) \tag{7.34}$$

と書こう。

初期条件 $x_1(0) = 0$、$x_2(0) = a$、$x_3(0) = 2a$ に対応して、基準座標の初期値は $Q_1(0) = 3a$、$Q_2(0) = -2a$、$Q_3(0) = 0$ である。また、初速度はすべてゼロなので、$\dot{Q}_1(0) = \dot{Q}_2(0) = \dot{Q}_3(0) = 0$。

Q_1 については、(7.29) で $\omega_1 = 0$ $(\lambda_1 = 0)$ だから直接積分で解

$$Q_1(t) = -\frac{f_0}{\omega^2}[\cos(\omega t) - 1] + 3a \tag{7.35}$$

が得られる。

Q_2 については、(7.29) 右辺に定数項 $-2a\omega_0^2$ があること、および $\omega_2 = \omega_0$ に注意すると

$$Q_2(t) = \alpha_2 \sin(\omega_2 t) + \beta_2 \cos(\omega_2 t) + \frac{f_0}{\omega_2^2 - \omega^2}\cos(\omega t) - 2a \tag{7.36}$$

である。初期条件を考慮すると 3)、$\alpha_2 = 0$、$\beta_2 = -f_0/(\omega_2^2 - \omega^2)$。つまり

$$Q_2(t) = \frac{f_0}{\omega_2^2 - \omega^2}[\cos(\omega t) - \cos(\omega_2 t)] - 2a \tag{7.37}$$

同様に、

$$Q_3(t) = \frac{f_0}{\omega_3^2 - \omega^2}[\cos(\omega t) - \cos(\omega_3 t)] \tag{7.38}$$

---

3) $Q_2(0) = \beta_2 + \frac{f_0}{\omega_2^2 - \omega^2} - 2a = -2a$、$\dot{Q}_2(0) = \alpha_2\omega_2 = 0$ より。

かくして

$$\begin{pmatrix} x_1 \\ x_2 \\ x_3 \end{pmatrix} = \mathbb{P} \begin{pmatrix} Q_1 \\ Q_2 \\ Q_3 \end{pmatrix} = \begin{pmatrix} \frac{1}{3}Q_1 + \frac{1}{2}Q_2 + \frac{1}{6}Q_3 \\ \frac{1}{3}Q_1 - \frac{1}{3}Q_3 \\ \frac{1}{3}Q_1 - \frac{1}{2}Q_2 + \frac{1}{6}Q_3 \end{pmatrix} \tag{7.39}$$

から各質点の座標を時間の関数として決定できたことになる。

フィルター効果

いまの場合、左端で強制振動 $f_0 \cos(\omega t)$ を「入力」している。これが、右端（質点 3）にどう伝わるか、つまり出力がどうなるか調べよう。興味深いのは強制振動の振動数が固有振動数の分布の範囲（バンドと呼ぶ）の外にある、具体的には ω が ω_3 よりはるかに大きい場合である。問題は、Q_1、Q_2、Q_3 に $\cos(\omega t)$ がどう引き継がれるかということである。そこで、(7.35)、(7.37)、(7.38) で $\cos(\omega t)$ を含む項だけ拾い出す。さらに、ω に比べて ω_2、ω_3 は十分小さいとしてこれらを無視すると、Q_1、Q_2、Q_3 すべて

$$Q_1, Q_2, Q_3 \to -\frac{f_0}{\omega^2}\cos(\omega t)$$

となる。よって、(7.39) より

$$x_1 = \frac{1}{3}Q_1 + \frac{1}{2}Q_2 + \frac{1}{6}Q_3 \to -\frac{f}{\omega^2}\cos(\omega t) \tag{7.40}$$

$$x_2 = \frac{1}{3}Q_1 - \frac{1}{3}Q_3 \to 0 \tag{7.41}$$

$$x_3 = \frac{1}{3}Q_1 - \frac{1}{2}Q_2 + \frac{1}{6}Q_3 \to 0 \tag{7.42}$$

が得られる（ここで「$\to 0$」は、振動項が含まれないことを意味している）。つまり、入力効果が質点つまり「入力サイト」だけで止まってしまう。このように、入力振動数が、系の固有振動数の範囲（これをバンド

と呼ぶ）$0 < \omega < \omega_3$ から大きく逸脱すると、入力がブロックされる。これは、システムの応答が普遍的に示す特徴で、「フィルター効果」と呼ばれる。

図 7-3 にフィルター効果の効き方を示す。図 7-3(a) は $\omega/\omega_0 = 0.2$ の場合であり、ω は固有振動数 ω_1 と ω_2 の間（バンド内）にある。この場合、入力波形が出力波形に強く反映する。図 7-3(b) は $\omega/\omega_0 = 1.7$ の場

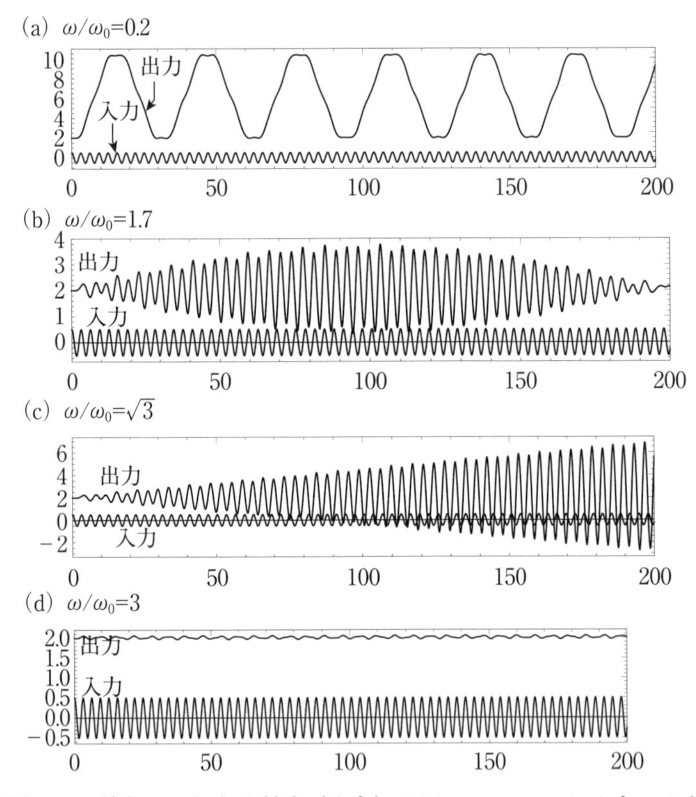

図 7-3　質点 1 に与える外力（入力）$F(t) = mf_0\cos(\omega t)$ と、これに応答する質点 3 の位置座標の時間変化。各グラフで、縦軸のスケールが異なることに注意。

合であり、$\omega_3/\omega_0 = \sqrt{3}$ に近いがわずかにずれている。この場合、うなりが生じる。図 7-3(c) は $\omega/\omega_0 = \sqrt{3}$ の場合で、うなりの周期が無限大になって共鳴が起きている。図 7-3(d) は $\omega/\omega_0 = 3$ の場合であり、ω はもはや固有振動数が分布するバンドを逸脱して大きくなっている。こうなると、出力波形は入力波形の痕跡をとどめなくなる。これがフィルター効果である。

ゼロモード

ところで、基準振動数がゼロである Q_1 はどのような振動を意味しているのだろう。振動数がゼロということは、3 つの質点の間隔が変化することなく一体となって運動するということである。全体として並進するのである。このようなモードをゼロモードと呼ぶ。振動数がゼロのモードだからである。実際、(7.40)〜(7.42) でこのモードだけが励起される場合、$x_1 = x_2 = x_3 = Q_1/3$ であることがわかる。

二酸化炭素（$\mathrm{CO_2}$）の分子振動

以上でみた Q_2 モード、Q_3 モードはそれぞれ対称伸縮モード、反対称伸縮モードと呼ばれる（各モードの振動パターンを図 7-4 に示す）。これらの振動モードは、$\mathrm{CO_2}$ 分子を結合振動子と見なせばそのまま当てはまる（真中の C と両側の O の質量が異なることを考慮する必要があるが）。

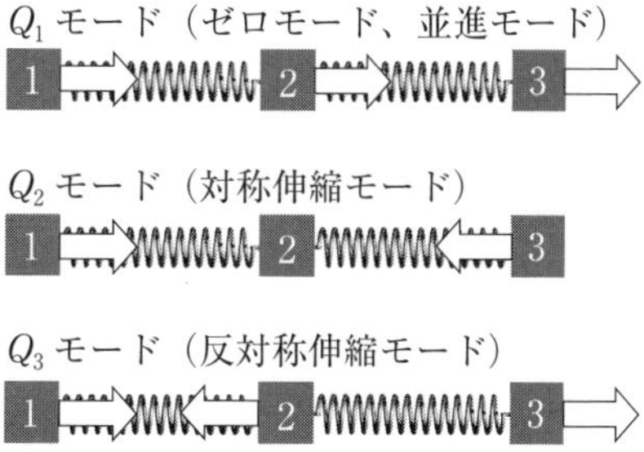

・Q_1 モード（ゼロモード、並進モード）

1　2　3

・Q_2 モード（対称伸縮モード）

1　2　3

・Q_3 モード（反対称伸縮モード）

1　2　3

図 7-4　各モードの振動パターン
瞬間的スナップショットを撮ると各粒子は矢印の向きに変位している。

7.3 格子振動

問題設定

今度は N（$N \geqq 3$）個の質点からなる系の基準振動を問題にしよう。図 7-5 のように、リング上に等間隔で並んだ格子点上に質点が置かれ、隣接する質点がバネ（バネ定数 K）につながれているとする。このとき、p 番目の質点の微小変位を x_p とすれば、運動方程式は

図 7-5　バネが周期的につながったリング状の格子系

$$m\ddot{x}_p = -K(2x_p - x_{p+1} - x_{p-1}) \qquad (7.43)$$

（$p = 1, 2, \cdots, N$）であり、周期的境界条件

$$x_{p+N} = x_p \qquad (7.44)$$

が成り立つ。これは 1 次元結晶格子のモデルである。

運動方程式の行列表示

まずは各質点の変位（状態）をひとまとめにして N 次元ベクトル

$$\boldsymbol{X}(t) = \begin{pmatrix} x_1(t) \\ x_2(t) \\ \vdots \\ \vdots \\ x_N(t) \end{pmatrix} \qquad (7.45)$$

で表そう。すると、前節の場合と同様、運動方程式が行列形式

$$m\frac{d^2\boldsymbol{X}(t)}{dt^2} = -K\mathbb{A}\boldsymbol{X}(t) \qquad (7.46)$$

で書ける。ここで、

$$\mathbb{A} = \begin{pmatrix} 2 & -1 & 0 & \cdots & \cdots & -1 \\ -1 & 2 & -1 & \cdots & \cdots & 0 \\ 0 & -1 & 2 & \cdots & \cdots & 0 \\ \vdots & \vdots & \vdots & \ddots & \vdots & \vdots \\ -1 & 0 & 0 & \cdots & -1 & 2 \end{pmatrix} \tag{7.47}$$

がダイナミカル行列になる。

基準座標の運動方程式

(7.47) の固有値を λ_1、$\cdots$、λ_N、対角化に使う行列を $\mathbb{P}$ とする。運動方程式

$$\frac{d^2 \boldsymbol{X}(t)}{dt^2} = -\omega_0^2 \mathbb{A} \boldsymbol{X}(t) \tag{7.48}$$

の左側から $\mathbb{P}^{-1}$ を作用させると

$$\frac{d^2}{dt^2} \mathbb{P}^{-1} \boldsymbol{X}(t) = -\omega_0^2 \left(\mathbb{P}^{-1} \mathbb{A} \mathbb{P} \right) \mathbb{P}^{-1} \boldsymbol{X}(t) \tag{7.49}$$

$$\Longrightarrow \frac{d^2 \boldsymbol{Q}(t)}{dt^2} = -\omega_0^2 \begin{pmatrix} \lambda_1 & 0 & \cdots & 0 \\ 0 & \lambda_2 & \cdots & 0 \\ \vdots & \vdots & \ddots & \vdots \\ 0 & 0 & 0 & \lambda_N \end{pmatrix} \boldsymbol{Q}(t) \tag{7.50}$$

つまり新たに組み直された基準座標 $\boldsymbol{Q}(t) = \mathbb{P}^{-1} \boldsymbol{X}(t)$ の各成分は

$$\frac{d^2 Q_n(t)}{dt^2} = -\omega_0^2 \lambda_n Q_n(t) \tag{7.51}$$

となって独立な単振動（調和振動）をする。n 番目の基準振動（モード）の角振動数は

$$\omega_n = \omega_0 \sqrt{\lambda_n} \tag{7.52}$$

となる。$Q_n(t)$ の一般解は

$$Q_n(t) = A_n e^{i\omega_n t} + B_n e^{-i\omega_n t} \tag{7.53}$$

である。ここまでは、前節の内容と平行である。

巡回行列の固有値

$\mathbb{A}$ は巡回行列（circulant）と呼ばれる特殊な（有難い）格好

$$\mathbb{C}_N = \begin{pmatrix} x_1 & x_2 & x_3 & \cdots & x_N \\ x_N & x_1 & x_2 & \cdots & x_{N-1} \\ x_{N-1} & x_N & x_1 & \cdots & x_{N-2} \\ \vdots & \vdots & \vdots & \ddots & \vdots \\ x_2 & x_3 & x_4 & \cdots & x_1 \end{pmatrix} \tag{7.54}$$

を持つ行列である。さらにいまの場合、$x_1 = 2$、$x_2 = x_N = -1$ で後はゼロ、というとても簡単な例になっている。

ここで、1 の N 乗根 ε_n つまり

$$\varepsilon_n^N = 1 \Longrightarrow \varepsilon_n = \exp\left(i\frac{2\pi}{N}n\right)$$
$$(n = 0, 1, \cdots, N-1) \tag{7.55}$$

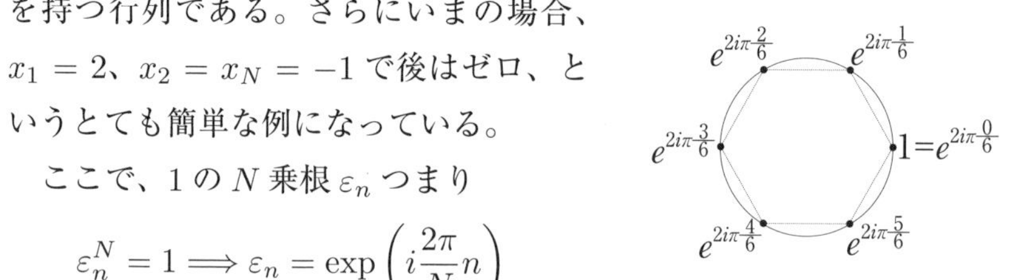

図 7-6　1 の N 乗根
（$N = 6$ の場合の例）

を持ち出そう。これらは複素平面上の単位円上に均等に並ぶ N 個の点に対応する（図 7-6）。

ここで、

$$k_n = n\frac{2\pi}{N} \tag{7.56}$$

とおき、これを波数と呼ぶことにする。すると

$$\varepsilon_n = e^{ik_n} \quad (n = 0, 1, \cdots, N-1) \tag{7.57}$$

と簡単に表せる。これらを使うと、$\mathbb{C}_N$ の固有値

$$\lambda_n = x_1 + x_2\varepsilon_n + x_3\varepsilon_n^2 + \cdots + x_{N-1}\varepsilon_n^{N-2} + x_N\varepsilon_n^{N-1} \tag{7.58}$$

とそれに対応する規格化された固有ベクトル

$$\boldsymbol{v}_n = \frac{1}{\sqrt{N}}\begin{pmatrix} 1 \\ \varepsilon_n \\ \varepsilon_n^2 \\ \vdots \\ \varepsilon_n^{N-1} \end{pmatrix} = \frac{1}{\sqrt{N}}\begin{pmatrix} 1 \\ e^{ik_n} \\ e^{2ik_n} \\ \vdots \\ e^{(N-1)ik_n} \end{pmatrix} \tag{7.59}$$

が得られる。巡回行列の出現は、等間隔で並ぶ格子構造が周期性を持つ（リング状につながる）ことからごく自然に理解できる。こうした周期系は、固体中の結晶格子の振動や電子の状態に広く表れる。ここでの議論は決して特殊な例題の数理解析というのではなく、今後、量子力学や固体物理学を学ぶ上で極めて役立つ。

巡回行列の固有値と固有ベクトル

ここで、巡回行列の固有値 (7.58) と固有ベクトル (7.59) が与えられた形になることを確認しておこう。重要な観察は、

$$\lambda_n = x_1 + x_2\varepsilon_n + x_3\varepsilon_n^2 + \cdots + x_{N-1}\varepsilon_n^{N-2} + x_N\varepsilon_n^{N-1} \tag{7.60}$$

の両辺に ε_n をかけて N 項目を初めに移動する（サイクルを回す）と $\varepsilon_n^N = 1$ なので

$$\varepsilon_n\lambda_n = x_N + x_1\varepsilon_n + x_2\varepsilon_n^2 + x_3\varepsilon_n^3 + \cdots + x_{N-1}\varepsilon_n^{N-1} \tag{7.61}$$

となることに気付くことである。同様に、

$$\varepsilon_n^2\lambda_n = x_{N-1} + x_N\varepsilon_n + x_1\varepsilon_n^2 + x_2\varepsilon_n^3 + x_3\varepsilon_n^4 + \cdots + x_{N-2}\varepsilon_n^{N-1}$$

$$\varepsilon_n^3\lambda_n = x_{N-2} + x_{N-1}\varepsilon_n + x_N\varepsilon_n^2 + x_1\varepsilon_n^3 + x_2\varepsilon_n^3 + \cdots + x_{N-3}\varepsilon_n^{N-1}$$

$$\cdots$$

これらを縦に並べてベクトル形式で書けば

$$\lambda_n \begin{pmatrix} 1 \\ \varepsilon_n \\ \varepsilon_n^2 \\ \vdots \\ \varepsilon_n^{N-1} \end{pmatrix} = \begin{pmatrix} x_1 & x_2 & x_3 & \cdots & x_N \\ x_N & x_1 & x_2 & \cdots & x_{N-1} \\ x_{N-1} & x_N & x_1 & \cdots & x_{N-2} \\ \vdots & \vdots & \vdots & \ddots & \vdots \\ x_2 & x_3 & x_4 & \cdots & x_1 \end{pmatrix} \begin{pmatrix} 1 \\ \varepsilon_n \\ \varepsilon_n^2 \\ \vdots \\ \varepsilon_n^{N-1} \end{pmatrix} \tag{7.62}$$

となっている。つまり $\mathbb{C}_N\boldsymbol{v}_n = \lambda_n\boldsymbol{v}_n$ となって確認完了である。

いまの場合、$x_1 = 2, x_2 = x_N = -1$ で後はゼロなので、

$$\lambda_n = 2 - \varepsilon_n - \varepsilon_n^{N-1} = 2 - \varepsilon_n - \varepsilon_n^{-1} = 4\sin^2\left(\frac{\pi}{N}n\right) \tag{7.63}$$

これより、n 番目の基準振動数が

$$\omega_n = \omega_0\sqrt{\lambda_n} = 2\omega_0\sin\left(n\frac{\pi}{N}\right) \tag{7.64}$$

と求められる。

基準振動数の決定

関係式 (7.64) を分散関係と呼ぶ。k の範囲は $0 \leqq k < 2\pi$ であるが、三角関数の周期性からこれを $-\pi \leqq k < \pi$ ととり直しても同じことである。こうしておくと、分散関係を表す図が左右対称になる。図 7-7 に、$N = 6$ の場合の分散関係を示す。

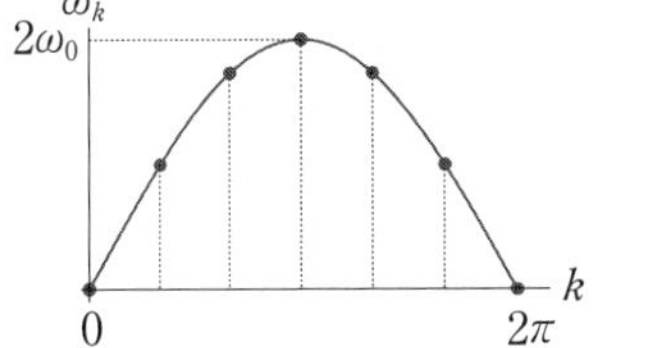

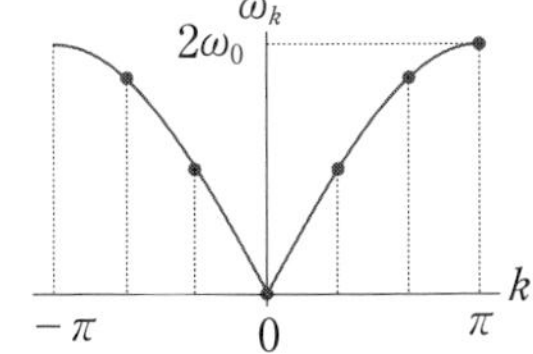

図 7-7　$N=6$ の場合の固有振動数の分布 (分散関係)
左の図と右の図は同じ内容。

基準座標とフーリエ級数

$\boldsymbol{v}_n$ を横に並べた行列

$$\mathbb{P} = (\boldsymbol{v}_0, \boldsymbol{v}_1, \cdots, \boldsymbol{v}_{N-1})$$
$$= \frac{1}{\sqrt{N}} \begin{pmatrix} 1 & 1 & \cdots & 1 \\ 1 & \varepsilon_1 & \cdots & \varepsilon_{N-1} \\ 1 & \varepsilon_1^2 & \cdots & \varepsilon_{N-1}^2 \\ \vdots & \vdots & \ddots & \vdots \\ 1 & \varepsilon_1^{N-1} & \cdots & \varepsilon_{N-1}^{N-1} \end{pmatrix} \tag{7.65}$$

を作ると $\boldsymbol{X} = \mathbb{P}\boldsymbol{Q}$ より、p 番目の質点の変位と基準座標を結び付ける式が得られる。

$$x_p(t) = \frac{1}{\sqrt{N}} \left[Q_0(t) + Q_1(t)e^{ik_1 p} + \cdots + Q_{N-1}(t)e^{ik_{N-1}p} \right]$$
$$= \frac{1}{\sqrt{N}} \sum_{n=0}^{N-1} Q_n(t) e^{ik_n p} \tag{7.66}$$

数学的には、周期 N を持つ数列 x_p がこのように展開できたわけである。これをフーリエ級数展開と呼ぶ。

(7.53) より

$$x_p(t) = \frac{1}{\sqrt{N}} \sum_{n=0}^{N-1} \left[A_n e^{i(\omega_n t + k_n p)} + B_n e^{i(-\omega_n t + k_n p)} \right] \tag{7.67}$$

であり、初期条件を与えれば、係数 A_n、B_n が決まって振動が完全に決定できる。ここで、$e^{i(\omega_n t+k_n p)}$ と $e^{i(-\omega_n t+k_n p)}$ はそれぞれ逆向きに進む波の形をしていることに注意しよう。

次に、(7.66) を各基準モード $e^{ik_n p}$ に分解し、その空間変化の様子を描いてみよう。それには、$e^{ik_n p}$ の実部 $\cos(k_n p)$ を $p=1,2,\cdots,6$ についてプロットすればよい。結果は図 7-8 のようになる。$n=0$ はすべての格子点（サイト）で質点が一様に変位するモードである。次に $n=1,2,\cdots,5$ のモードは、空間周期（つまり波長）が $\lambda_n=2\pi/k_n$ の波に対応する。そのまま続けていくと $n=6$ のモードは $k_6=6\pi/3$ より $|Q_0\rangle$ に戻ってしまう。これは、確かに $n=0,1,\cdots,N-1$ ととっておけば基準モードが

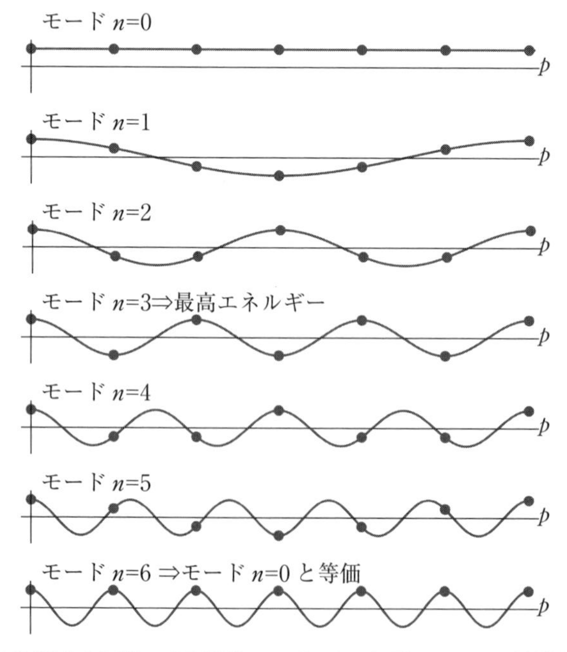

図 7-8　6 個の質点がばねで周期的につながった系における基準振動（モード）
6 個の質点の位置のラベルが $p=1,\ 2,\cdots,6$ で、$n=7$ は $n=1$ に戻る。

すべて尽くせることを意味している。

図 7-9 には、粒子数を増やして $N = 100$ とした場合の基準振動の代表的なものを図示する。$n = 0$ は一様モード、$n = N/2 = 50$ が最高振動数

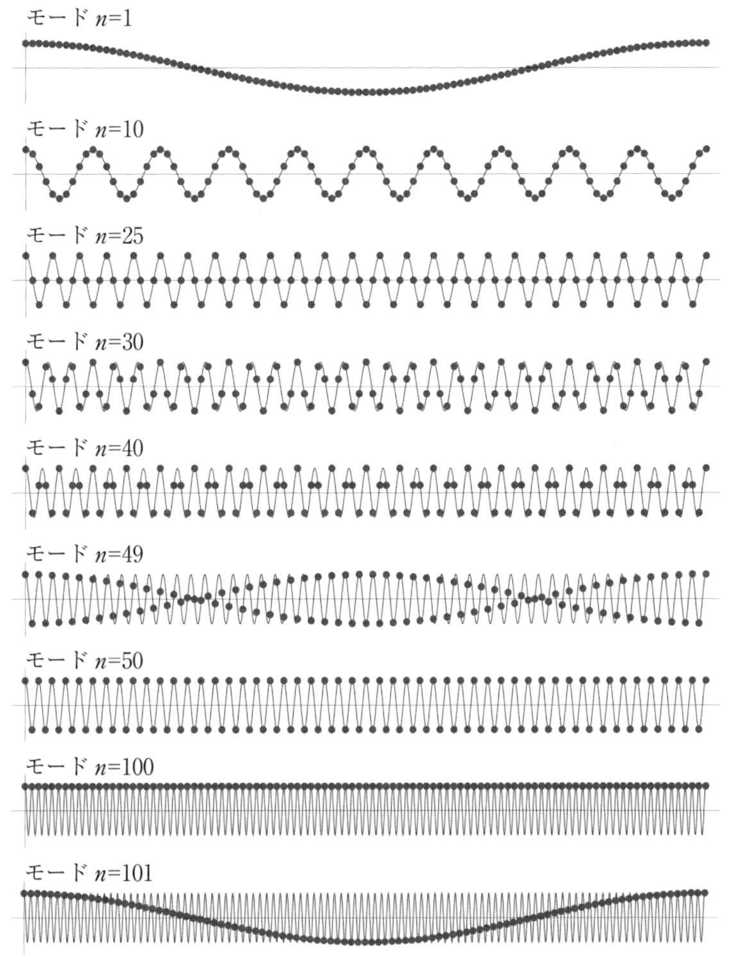

図 7-9　$N = 100$ の基準座標の基底

に対応する事情は変わらない。こうして、粒子数を増やしていくとモードがだんだんちゅう密になって連続的になってくる。「粒子系（離散系）」から「連続系」に近づいていくわけである。この問題は、第13章で詳しく議論される。

参考文献

1)　長岡 洋介著『振動と波』（裳華房、1992年）

8 ケプラー問題

岸根順一郎

《目標＆ポイント》 距離の２乗に反比例する中心力による運動の問題（ケプラー問題）は、古典力学における最古にして最良の問題である。この問題が「なぜ解けるのか」という問いを通してケプラー問題の意義を考える。
《キーワード》 ケプラーの法則、離心率ベクトル、２次曲線、ラザフォード散乱

ケプラー問題とは、距離の２乗に反比例する中心力（つまり万有引力とクーロン力）による運動を解析する問題である。この問題は古典力学の最古にして最良の教材といわれる。ケプラー運動には**力学的エネルギー、角運動量、離心率ベクトル**（あるいは **Laplace-Runge-Lenz ベクトル**）という３つの保存量が存在する。特に３つ目の離心率ベクトルは距離の２乗に反比例する中心力に固有の保存量で、物理学と幾何学の深い関係を反映している。その結果、ケプラー運動では「有界で閉じた軌道」が実現する。簡単にいえば、「距離の２乗」は面積である。万有引力もクーロン力も「面積が分母にくるような力」であり、そのおかげで離心率ベクトルという第３の保存量があらわれるのだ。本章では、逆２乗力の神秘ともいえるこの事情を理解し、なぜ惑星運動の問題が解析的に解け、その結果ニュートン力学が不動の地位を築き得たのかを探る。

8.1 天体の運動とケプラーの法則

ケプラーの法則

ケプラー運動の歴史は近代力学の歴史そのものである。惑星の軌道が楕円であることを発見したのはヨハネス・ケプラーである。彼は、ティコ・ブラーエの観測データをもとに次の3つの法則（ケプラーの法則）を引き出した：

第1法則：惑星は太陽を1つの焦点とする「楕円軌道」上を運行する（楕円軌道の法則）。

第2法則：惑星と太陽を結ぶ線分が一定時間に掃く面積は、軌道上の場所によらず一定である（面積速度一定の法則）。

第3法則：惑星の公転周期 T の2乗は、楕円軌道の長径 a の3乗に比例する (調和の法則)。

ケプラーが第1法則と第2法則を『新天文学』において発表したのは1609年、第3法則を『宇宙の調和』で発表したのは10年後の1619年である。この結果を受けて、ニュートンは、「ケプラーの第3法則が成り立つためにはどのような力が必要か」と問うて1666年ごろ万有引力の法則を導き出した。そして、逆に万有引力を使って運動を解析し、1680年ごろ第1法則と第2法則を導くことに成功した。観測に基づくケプラーの考察とニュートンによる論理的演繹（えんえき）が逆の順序で行われたことは興味深いことである。これは、科学の進歩において「経験則の抽出」と「自然法則の抽出」の順序がしばしば入れ替わることを示す好例といえる。

8.2 ニュートンの質点定理（殻定理）

ケプラー問題に進む前に、まず解決しておかなければならない問題がある。天体はもちろん大きさを持つ。一方、万有引力の法則は質点間に作

without the spheres in those diameters produced. Let there be drawn from the corpuscles the lines PHK, PIL, *phk*, *pil*, cutting off from the great circles AHB, *ahb*, the equal arcs HK, *hk*, IL, *il*; and to those lines let fall the perpendiculars SD, *sd*, SE, *se*, IR, *ir*; of which let SD, *sd*, cut PL, *pl*, in F and *f*.

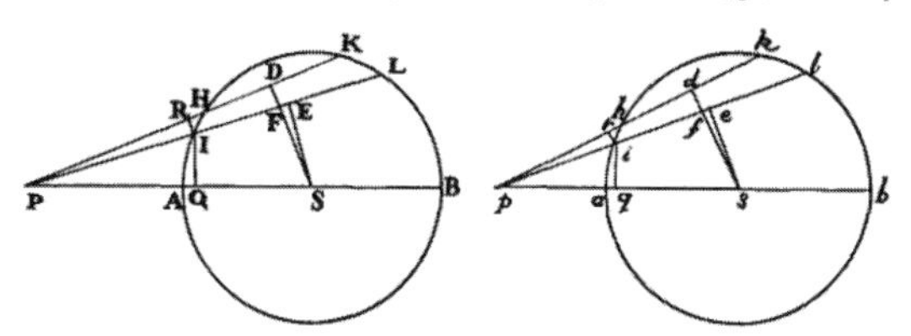

Let fall also to the diameters the perpendiculars IQ, *iq*. Let now the angles DPE, *dpe* vanish; and because DS and *ds*, ES and *es* are equal, the lines PE, PF, and *pe*, *pf*, and the short lines DF, *df* may be taken for equal; because their last ratio, when the angles DPE, *dpe* vanish together, is the ratio of equality. These things being thus determined, it follows that

図 8-1　ニュートン自身による質点定理の証明（I. Newton, Mathematical principles of natural philosophy, vol.1. The motion of bodies (1934) p.194）（放送大学所蔵）

用する力の法則である。大きさのある天体間の万有引力をどう扱ったらよいのだろう。この問題はニュートンがプリンキピアの中で解決している（Theorem XXXI)。ニュートンは幾何学的な方法を使った (図 8-1)。ここでは積分を使おう。

図 8-2(a) のように、密度 ρ、半径 a の一様な球体を考え、中心から距離 $R > a$ の位置にある質量 m の質点に働く万有引力を計算してみる。3 次元極座標を使って球体を微小分割し、図 8-2(b) のように微小要素と質点の間の万有引力を考えてこれを足し上げればよい。

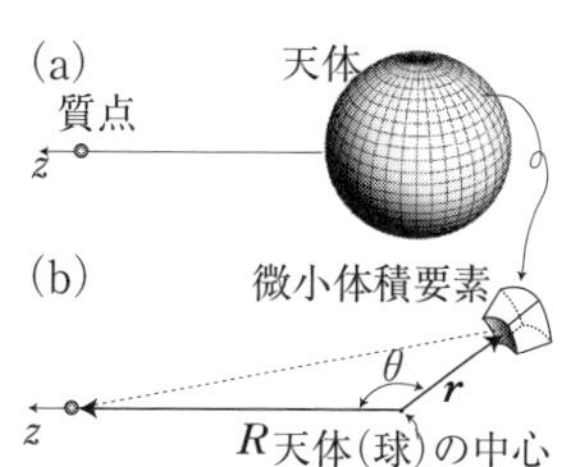

図 8-2　(a) 球状天体と質点。(b) 体積要素と質点。

微小体積要素は

$$dV = r^2 \sin\theta dr d\theta d\varphi \tag{8.1}$$

なのでその質量は ρdV となる。この微小部分と質点との距離は以下のように求められる。天体の中心を始点として、微小部分の位置ベクトルを $\boldsymbol{r}$、質点の位置ベクトルを $\boldsymbol{R}$ と書く。すると

$$|\boldsymbol{r} - \boldsymbol{R}| = \sqrt{r^2 + R^2 - 2rR\cos\theta} \tag{8.2}$$

である。よって、微小部分と質点の間の万有引力のポテンシャルは

$$dU = -G\frac{m\rho dV}{|\boldsymbol{r} - \boldsymbol{R}|} = -G\frac{m\rho r^2 \sin\theta dr d\theta d\varphi}{\sqrt{r^2 + R^2 - 2rR\cos\theta}} \tag{8.3}$$

これを球体内部にわたって積分すれば

$$U = -Gm\rho \int_0^a \int_0^\pi \int_0^{2\pi} \frac{r^2 \sin\theta dr d\theta d\varphi}{\sqrt{r^2 + R^2 - 2rR\cos\theta}} \tag{8.4}$$

まずは φ の積分を実行すると

$$U = -2\pi Gm\rho \int_0^a \int_0^\pi \frac{r^2 \sin\theta dr d\theta}{\sqrt{r^2 + R^2 - 2rR\cos\theta}} \tag{8.5}$$

次に $t = \cos\theta$ と置換すると

$$U = -2\pi Gm\rho \int_0^a \int_{-1}^1 \frac{r^2 dr dt}{\sqrt{r^2 + R^2 - 2rRt}} \tag{8.6}$$

t の積分は

$$\begin{aligned} \int_{-1}^1 \frac{dt}{\sqrt{r^2 + R^2 - 2rRt}} &= \left[-\frac{1}{rR}\sqrt{r^2 + R^2 - 2rRt}\right]_{-1}^1 \\ &= -\frac{1}{rR}\left(\sqrt{r^2 + R^2 - 2rR} - \sqrt{r^2 + R^2 + 2rR}\right) \end{aligned} \tag{8.7}$$

と計算できる。根号を開くときに $r < R$ に注意すると

$$(\text{右辺}) = -\frac{1}{rR}\left\{-(r-R)-(r+R)\right\} = \frac{2}{R} \tag{8.8}$$

となる。よって

$$\begin{aligned} U &= -2\pi Gm\rho\left(\frac{2}{R}\right)\int_0^a r^2 dr = -\frac{4\pi Gm\rho}{R}\left(\frac{a^3}{3}\right) \\ &= -G\frac{m\left(\dfrac{4\pi}{3}a^3\rho\right)}{R} = -G\frac{mM}{R} \end{aligned} \tag{8.9}$$

が得られる。これより求める万有引力は、球体の中心にその全質量 $M = \frac{4\pi}{3}a^3\rho$ が集中したと仮定した場合の結果と同じであることがわかる。これがニュートンの質点定理（殻定理、shell theorem ともいう）である。ここでは球体と質点の間の問題を解いたが、球体と球体の場合にも容易に拡張できる。この定理のおかげで、大きさのある天体同士の問題を質点の問題に置き換えることが正当化できる。

8.3 ケプラー問題の解析

エネルギー保存則

いよいよケプラー問題に進もう。重力相互作用する 2 天体からなる系の運動方程式は

$$m_1\frac{d^2\boldsymbol{r}_1}{dt^2} = -Gm_1m_2\frac{\boldsymbol{r}_1-\boldsymbol{r}_2}{|\boldsymbol{r}_1-\boldsymbol{r}_2|^3} \tag{8.10a}$$

$$m_2\frac{d^2\boldsymbol{r}_2}{dt^2} = -Gm_1m_2\frac{\boldsymbol{r}_2-\boldsymbol{r}_1}{|\boldsymbol{r}_2-\boldsymbol{r}_1|^3} \tag{8.10b}$$

である。(8.10a) を m_1 で、(8.10b) を m_2 で割ってこれらを辺々引き、換算質量 μ を

$$\frac{1}{\mu} = \frac{1}{m_1} + \frac{1}{m_2} \tag{8.11}$$

で定義する。さらに相対座標 $\boldsymbol{r} = \boldsymbol{r}_1 - \boldsymbol{r}_2$ を導入すると、相対運動方程式が

$$\mu \frac{d\boldsymbol{v}}{dt} = -\alpha \frac{\boldsymbol{r}}{|\boldsymbol{r}|^3} \tag{8.12}$$

（$r = |\boldsymbol{r}|$）と得られる。ここで $\alpha = Gm_1m_2$ とおいた。右辺の力は常に $\boldsymbol{r}$ と平行な中心力である。

相互作用ポテンシャルは

$$V(\boldsymbol{r}) = -\frac{\alpha}{r} \tag{8.13}$$

である。実際、$\boldsymbol{f}_{1\leftarrow 2} = -\boldsymbol{\nabla} V(\boldsymbol{r})$ であることを確かめてみるとよい。こうしてまず、重力相互作用する 2 粒子系のエネルギー保存則

$$\frac{1}{2}\mu \boldsymbol{v}^2 - \frac{\alpha}{r} = E \tag{8.14}$$

が得られる。

一方の天体の質量が他方より極端に大きい場合、つまり $m_1 \gg m_2$ である場合は $1/\mu \sim 1/m_2$ と置き換えてしまって差し支えない。また、この場合

$$\left|\frac{d^2\boldsymbol{r}_1}{dt^2}\right| \ll \left|\frac{d^2\boldsymbol{r}_2}{dt^2}\right|$$

であるから、重い方の天体の加速度は無視できる。加速度が無視できるということは等速直線運動するということだ。そこで重い方の天体 (質量 m_1) は止めてしまってそのまわりを軽い天体 (質量 m_2) が運動する状況を記述すればよいことになる。静止した太陽のまわりを地球が回るイメージである。以下では、この近似はせずに相対運動方程式 (8.12) を正確に解いていくことにしよう。

角運動量保存則

万有引力は中心力なので角運動量

$$\boldsymbol{l} = \mu \boldsymbol{r} \times \boldsymbol{v} \tag{8.15}$$

は保存する。$\boldsymbol{l}$ は 2 粒子の相対角運動量である。$\boldsymbol{r}$ は定ベクトル $\boldsymbol{l}$ に垂直な面内に閉じ込められるので、2 粒子の運動は一定の平面内で起こる（これは中心力による運動の一般的性質である）。

ここで $\boldsymbol{r}$ を極座標の基底 $\hat{e}_r$、$\hat{\boldsymbol{e}}_\theta$ を使って表現すると

$$\boldsymbol{r} = r\hat{\mathbf{e}}_r \tag{8.16}$$

である。また、

$$\frac{d\hat{\boldsymbol{e}}_r}{dt} = +\dot{\theta}\hat{\boldsymbol{e}}_\theta, \quad \frac{d\hat{\boldsymbol{e}}_\theta}{dt} = -\dot{\theta}\hat{\boldsymbol{e}}_r \tag{8.17}$$

より

$$\boldsymbol{v} = \frac{d\boldsymbol{r}}{dt} = \dot{r}\hat{\mathbf{e}}_r + r\dot{\theta}\hat{\mathbf{e}}_\theta \tag{8.18}$$

である。よって

$$\boldsymbol{l} = \mu r^2 \dot{\theta}\hat{\boldsymbol{e}}_z \tag{8.19}$$

となる（$\hat{\boldsymbol{e}}_z \equiv \hat{\mathbf{e}}_r \times \hat{\boldsymbol{e}}_\theta$）。相対角運動量の大きさは

$$l = \mu r^2 \dot{\theta} = \text{一定} \tag{8.20}$$

である。以上の展開からわかるように、角運動量の式に r^2 があらわれるのは、$\boldsymbol{r} \times \boldsymbol{v}$ の大きさが $r^2\dot{\theta}$ と書けることからくる純粋に幾何学的な理由による。ここで $\boldsymbol{r} \times \boldsymbol{v}$ は面積速度にほかならない。r^2 は面積と直結する幾何学的な起源を持つことがわかるだろう。

離心率ベクトルの保存

いよいよ「r^{-2} に比例する中心力」に固有の保存量である離心率ベクトルの存在に話題を移そう。「−2 乗」の有難みを味わうため、中心力を一般的な形 $f(r)\,\hat{\boldsymbol{e}}_r$ で書いておこう。すると (8.12) に対応する式は

$$\mu\frac{d\boldsymbol{v}}{dt} = f(r)\,\hat{\boldsymbol{e}}_r \tag{8.21}$$

となる。次に極座標の基底の時間変化率が (8.17) であることを使うと

$$\frac{d\boldsymbol{v}}{dt} = -\frac{f(r)}{\mu}\frac{1}{\dot{\theta}}\frac{d\hat{\boldsymbol{e}}_\theta}{dt} = -\frac{r^2 f(r)}{l}\frac{d\hat{\boldsymbol{e}}_\theta}{dt} \tag{8.22}$$

ここで角運動量の大きさが (8.20) で与えられることを使った。右辺第 2 式の $r^2 f(r)$ に注目しよう。r^2 は、$\boldsymbol{r}\times\boldsymbol{v}$ の大きさを極座標で表した結果あらわれる単純に幾何学的な起源を持つ。一方、$f(r)$ は力という物理的な起源を持つ。もし $r^2 f(r)$ が定数になれば (8.22) より新たな保存量が生まれる。そして、この条件を満たすのは $f(r)$ が r^{-2} に比例する場合だけである。幾何と物理を調和させる神秘的な結論だ。

(8.22) に万有引力 $f(r) = -\alpha/r^2$ を代入すれば、

$$\frac{d}{dt}\left(\boldsymbol{v} - \frac{\alpha}{l}\hat{\boldsymbol{e}}_\theta\right) = 0 \tag{8.23}$$

が得られる。こうしてエネルギー、角運動量に加えてもう一つの保存量が見つかったのだ。この一定値を $\dfrac{\alpha}{l}\boldsymbol{e}$ と書くと

$$\frac{\alpha}{l}\boldsymbol{e} = \boldsymbol{v} - \frac{\alpha}{l}\hat{\boldsymbol{e}}_\theta \Rightarrow \boldsymbol{v} = \frac{\alpha}{l}\left(\hat{\boldsymbol{e}}_\theta + \boldsymbol{e}\right) \tag{8.24}$$

となる。$\boldsymbol{e}$ は離心率ベクトルと呼ばれる（因子 α/l をつけることで $\boldsymbol{e}$ の大きさが離心率となる）。

軌道の形

(8.24) において、速度を極座標表示し、さらに角運動量保存則を使うと

$$\boldsymbol{v} = \dot{r}\hat{\boldsymbol{e}}_r + r\dot{\theta}\hat{\boldsymbol{e}}_\theta = \dot{r}\hat{\boldsymbol{e}}_r + \frac{l}{\mu r}\hat{\boldsymbol{e}}_\theta \tag{8.25}$$

である。これより (8.24) は

$$\dot{r}\hat{\boldsymbol{e}}_r + \frac{l}{\mu r}\hat{\boldsymbol{e}}_\theta = \frac{\alpha}{l}\left(\hat{\boldsymbol{e}}_\theta + \boldsymbol{e}\right) \tag{8.26}$$

と書ける。

図 8-3 のように、$\boldsymbol{e}$ を xy 面(軌道面)の y 軸に平行にとろう。そしてこの両辺と $\hat{\boldsymbol{e}}_\theta$ の内積をとる。$\hat{\boldsymbol{e}}_\theta$ と $\boldsymbol{e}$ のなす角を θ とすると

$$\frac{l}{\mu r} = \frac{\alpha}{l}\left(1 + e\cos\theta\right)$$

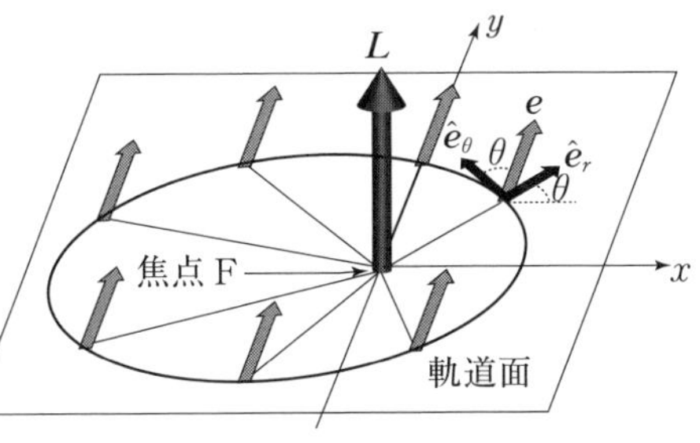

図 8-3　離心率ベクトルの保存

つまり

$$r = \frac{p}{1 + e\cos\theta} \tag{8.27}$$

が得られる。(θ は $\hat{\boldsymbol{e}}_r$ と x 軸のなす角となる) ここで

$$p \equiv \frac{l^2}{\mu\alpha} \tag{8.28}$$

である。(8.27) は、「r を θ の関数 $r(\theta)$ として決定した」ものであり、軌道を表している。(8.27) がケプラー問題の解である。

円錐曲線

(8.27) はさまざまな「円錐曲線」を表している。円錐曲線とは図 8-4 に示すように円錐を平面で切った切り口の形としてあらわれる曲線であり、e の値に応じて $e = 0$ なら「円軌道」、$0 < e < 1$ なら「楕円軌道」、$e = 1$ なら「放物線軌道」、$1 < e$ なら「双曲線軌道」となる。$1 < e$ の場合、

(8.27) において $r > 0$、つまり $\cos\theta > -1/e$ を満たす θ だけが許される。

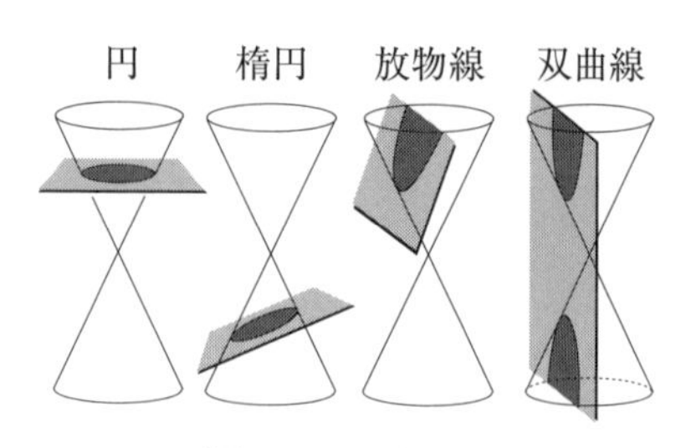

図 8-4　円錐曲線

$0 < e < 1$ の場合に、極座標形式で書かれた軌道方程式をなじみの直交座標 $x = r\cos\theta$、$y = r\sin\theta$ で書き直してみよう。(8.27) は $r = p - ex$ と書ける。これより

$$\cos\theta = x/(p - ex), \quad \sin\theta = y/(p - ex) \tag{8.29}$$

よって $\cos^2\theta + \sin^2\theta = 1$ より $x^2 + y^2 = (p - ex)^2$ つまり

$$\left(x + \frac{pe}{1 - e^2}\right)^2 + \left(\frac{y}{\sqrt{1 - e^2}}\right)^2 = \left(\frac{p}{1 - e^2}\right)^2 \tag{8.30}$$

が得られる。

これは図 8-5 に示すように原点Oを 1 つの焦点とし、長径が $a = p/(1 - e^2)$、短径が $b = p/\sqrt{1 - e^2}$、中心が

$$x_0 = -pe/(1 - e^2) = -ea \tag{8.31}$$

の楕円である。また、r の最小値と最大値は、(8.27) よりそれぞれ

$$r_{\min} = p/(1 + e) = a(1 - e) \tag{8.32}$$

$$r_{\max} = p/(1 - e) = a(1 + e) \tag{8.33}$$

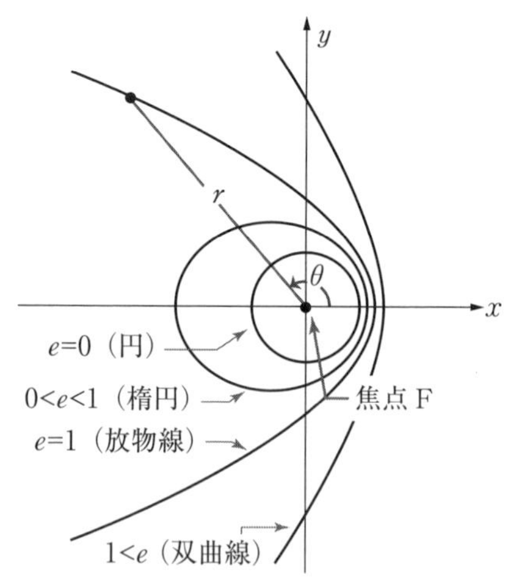

図 8-5　万有引力のもとでのさまざまな軌道を表す 2 次曲線

となる。

　$1 < e$ の場合も同様に

$$\left(x - \frac{pe}{e^2 - 1}\right)^2 - \left(\frac{y}{\sqrt{e^2 - 1}}\right)^2 = \left(\frac{p}{e^2 - 1}\right)^2 \tag{8.34}$$

が得られる。この方程式で表される曲線は原点 O を 1 つの焦点とし、直線 $x = x_0 = ep/(e^2 - 1)$ に対して対称な双曲線である。

公転周期についてケプラーの第 3 法則

　ケプラーの第 3 法則は楕円軌道の場合についての法則である。楕円軌道の場合の公転周期は

$$\text{周期} = \frac{\text{軌道の囲む楕円の面積}}{\text{面積速度}} \tag{8.35}$$

となる。楕円の長径 a を用いると (8.32) より $p = a(1 - e^2)$ である。また角運動量の大きさは (8.28) より $l = \sqrt{p\mu\alpha}$ なので

$$l = \sqrt{p\mu\alpha} = \sqrt{\mu\alpha a(1 - e^2)} \tag{8.36}$$

よって面積速度は

$$h = \frac{1}{2}r^2\dot{\theta} = \frac{l}{2\mu} = \frac{1}{2}\sqrt{\frac{\alpha a}{\mu}(1 - e^2)} \tag{8.37}$$

のように楕円の長径と離心率だけで書ける。

　次に楕円軌道が囲む全体の面積は

$$S_{\text{全体}} = \pi ab = \pi a^2\sqrt{1 - e^2} \tag{8.38}$$

である。よって公転周期が

$$T = S_{\text{全体}}/h = \left(2\pi\sqrt{\frac{\mu}{\alpha}}\right)a^{3/2} \tag{8.39}$$

となることがわかる。右辺の係数は各天体の質量のみに依存する定数である。この両辺を 2 乗すれば「T^2 が a^3 に比例すること」つまりケプラーの第 3 法則が導けたことになる。

例として太陽系の惑星を考えよう。この場合、惑星の質量を $m_1 = m$、太陽の質量を $m_2 = M$ とすれば $m \ll M$ なので換算質量は $\mu \fallingdotseq m$ となる。すでに述べたように、2 物体のどちらかが極端に軽い場合、換算質量は軽い方の質量で近似できる。地球の公転周期 T_{E}（つまり 1 年）を単位として周期を、また、a を太陽–地球間の軌道長径 $a_{\mathrm{E}} = 1.496 \times 10^{11}\mathrm{m}$ [1 天文単位 (AU)] を単位として長径を測ると

$$\frac{\left(T\ [\text{年}]\right)^2}{\left(a\ [\mathrm{AU}]\right)^3} = 1 \tag{8.40}$$

である。太陽系諸天体について、ケプラーの第 3 法則は極めて正確に成り立っている。例えば小惑星イトカワの軌道長径は $a = 1.324\mathrm{AU}$、公転周期は $T = 1.52$ 年なので $T^2/a^3 = 0.9954$ という極めて 1 に近い値が実現している。

力学的エネルギーと離心率の値

最後に残された問題は、離心率 e を決定することである。実は、力学的エネルギーが確定すると離心率が決まる。このことを見てみよう。E を決めるには軌道上の一点での E の値がわかればよいので $r = r_{\min}$ で $\dot{r} = 0$ となることに着目しよう。このとき (8.25) から

$$\boldsymbol{v} = \frac{l}{\mu r}\hat{\boldsymbol{e}}_\theta \tag{8.41}$$

である。これより (8.14) は

$$E = \frac{l^2}{2\mu r_{\min}^2} - \frac{\alpha}{r_{\min}} \tag{8.42}$$

(8.32)、(8.36) を使うと

$$
\begin{aligned}
E &= \frac{l^2}{2\mu r_{\min}^2} - \frac{\alpha}{r_{\min}} \\
&\underset{(8.32)}{=} \frac{l^2}{2\mu}\frac{(1+e)^2}{p^2} - \frac{\alpha(1+e)}{p} \\
&\underset{(8.36)}{=} \frac{\alpha}{2}\frac{(1+e)^2}{p} - \frac{\alpha(1+e)}{p} \\
&= \frac{\alpha}{2p}\left(e^2-1\right) \underset{p\equiv\frac{l^2}{\mu\alpha}}{=} \frac{\mu\alpha^2}{2l^2}\left(e^2-1\right)
\end{aligned}
\tag{8.43}
$$

となる。つまり

$$
e^2 = 1 + \frac{2El^2}{\mu\alpha^2} \tag{8.44}
$$

という結果が得られる。これが力学的エネルギーと離心率を結びつける公式である。

(8.43) をよく検討しよう。楕円軌道の場合、(8.36) を使うと

$$
E = \frac{\mu\alpha^2}{2l^2}\left(e^2-1\right) \underset{(8.36)}{=} \frac{\mu\alpha^2}{2\mu\alpha a(1-e^2)}\left(e^2-1\right) = -\frac{\alpha}{2a} \tag{8.45}
$$

となって E が軌道の長径だけで決まってしまう。つまり「楕円軌道のエネルギーは長径のみの関数であって離心率にはよらない」のである。言い換えれば「力学的エネルギーが等しい楕円軌道の長径はすべて等しい」ということになる。図 8-6 に、エネルギーが等しく離心率のみが異なる楕円群を示す。$l = \sqrt{m\alpha a(1-e^2)}$ に注意すると、離心率が大きいほど角運動量は小さくなることがわかる。

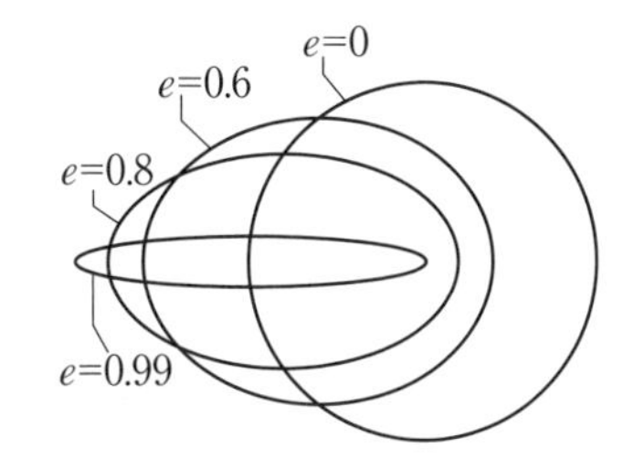

図 8-6　等しい力学的エネルギーを持つ楕円軌道群
離心率が大きいと角運動量の大きさは小さくなる。

地表から水平に投射した物体の軌跡

ニュートンは、"A Treatise of the System of the World" の中で地上から水平に投射した物体は、初速度を大きくしていくとやがて地球を周回するようになると論じた。この問題は以上で学んだ内容を確認するうえでも格好の例題である。

地球を質量 M、半径 R の一様な球とし、地表すれすれで水平方向に速さ v_0 で質量 m の物体を投射する場合を考える（自転の影響は考えないものとする）。このとき、角運動量の大きさは $l = mRv_0$、力学的エネルギーの大きさは $E = \frac{1}{2}mv_0^2 - \frac{\alpha}{R}$ である。よって、(8.44) より直ちに

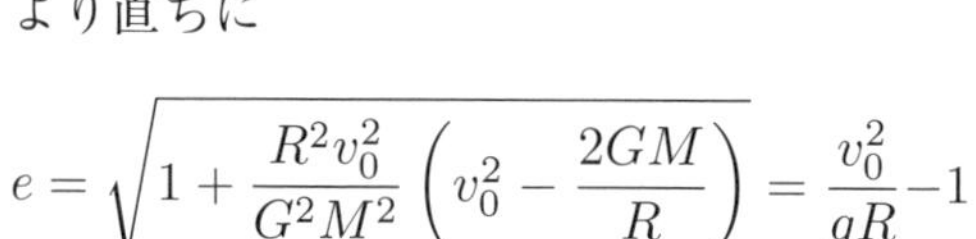

$$e = \sqrt{1 + \frac{R^2 v_0^2}{G^2 M^2}\left(v_0^2 - \frac{2GM}{R}\right)} = \frac{v_0^2}{gR} - 1$$

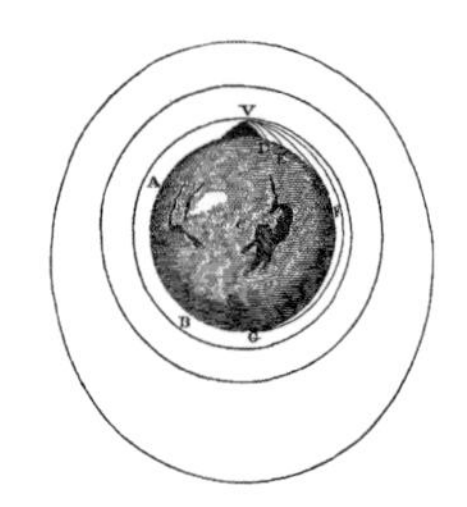

図 8-7　ニュートンによる "A Treatise of the System of the World" の挿絵　地表から水平に投射した物体の軌跡が描かれている。

が得られる（地球を静止させて $\mu = m$ とし、さらに $\alpha = GmM$ を使う）。ここで、地表の重力加速度が $g = GM/R^2$ であることを使い、根号内を因数分解した。いろいろな v_0 について e の値がどうなるかを調べれば軌道の分類ができる (図 8–7 に示したいろいろな軌道に対応)。具体的に分類すると以下のようになる。

(a)　$0 < v_0 < \sqrt{gR}$ の場合：$-1 < e < 0$ となる。このとき軌道方程式 (8.27) は $r = p/(1 - |e|\cos\theta) = p/[1 + |e|\cos(\theta + \pi)]$ と書ける。これは、「投射点を遠地点とする楕円」となる。この軌道は実際には、「地表へ落下する運動」に対応している。ここで、「地表付近での自由落下は放物運動ではなかったか？」と混乱するかもしれない。実は「放物線軌道」と

称しているものは、遠地点近傍の楕円軌道を近似的に放物線と見なしたものに対応している。

(b)　$v_0 = \sqrt{gR}$ の場合：$e = 0$ となるので軌道は「地表すれすれを周回する円軌道」となる。ここにあらわれた速さ $\sqrt{gR}$ を第 1 宇宙速度と呼ぶ。その大きさは 7.9km/s（時速 28400km）である。

(c)　$\sqrt{gR} < v_0 < \sqrt{2gR}$ の場合：$0 < e < 1$ となる。このとき軌道方程式 (8.27) は $r = p/(1 + e\cos\theta)$ となる。つまり、軌道は「投射点を近地点とする楕円」となる。

(d)　$v_0 = \sqrt{2gR}$ の場合：$e = 1$ となるので軌道は「放物線」となる。ここにあらわれた速さ $\sqrt{2gR}$ を第 2 宇宙速度（または脱出速度）と呼ぶ。その大きさは 11.2 km/s（時速 40300km）である。この速度は、地球の重力を振り切って宇宙のかなたに飛び去るための最小速度である。第 2 宇宙速度は第 1 宇宙速度のちょうど $\sqrt{2}$ 倍である。

(e)　$\sqrt{2gR} < v_0$ の場合：$1 < e$ となるので軌道は「双曲線」となる。

偶然縮退と量子力学

(8.27) の結果は「r^{-1} に比例するポテンシャルにおける運動では、偏角 θ が 2π 変化する周期と動径 r が往復する周期が一致する」ことを意味している。この一致は必然的なものでなく、むしろ予想外のものだ。本来 θ と r は独立な変数なので、これらが異なる周期を持つと考えるのが自然である。むしろ 2 つの周期（振動数）が偶然一致したと考えるのが正しい。この偶然の一致が起きたのは、万有引力の問題では「力学的エネルギー」、「角運動量」に加えてさらに「離心率ベクトル」という保存量が存在するからである。この第 3 の保存量の存在が「独立であってしかるべき振動数の一致」をもたらしたのだ。このように異なる自由度の振動数が一致する現象を「縮退」と呼ぶ。逆に縮退の背後には保存則（その背後にある対称性）が隠れている。r^{-1} に比例するポテンシャルの場における離心率ベクトルの保存が、予期せぬ「偶然縮退」をもたらしたのだということがでる。

ところで、万有引力をクーロン引力で置き換えれば水素原子の力学的模型（原子核のまわりを電子が周回する）が得られる。図 8-6 の知見は、ボーアとゾンマーフェルトが水素原子の量子論を建設する際に本質的な手がかりを与えた。

8.4 ラザフォード散乱

ケプラー問題の成功体験を通して、人類は宇宙の調和を読み解く強力な手段を手にしたといえる。一方、ミクロな世界の成り立ちを解き明かす決定的な実験にもケプラー問題が密接に関係している。1909 年、ガイガーとマースデンはアルファ粒子（ヘリウムの原子核）のビームを金属箔に当てる実験[1)]を行い、まれではあるがアルファ粒子が大きな角度で金属箔の後方に散乱されることを見出した。彼らのグループを率いていたラザフォードは、この驚くべき結果[2)]が原子の中心に局在する正電荷からのクーロン斥力によってアルファ粒子が散乱される現象として説明できることを明らかにした (1911 年)。これが原子核の発見である。

---

1) 入射エネルギー $E = 5.3\mathrm{MeV}$ のアルファ粒子を銅 (原子番号 $Z = 29$) の箔に当てた。

2) ラザフォードの言葉を借りれば「1 枚のティッシュペーパーめがけて 15 インチ砲弾を打ち込んだところ、それが跳ね返ってきた (引用は参考文献 1 より)」ような事態であった。

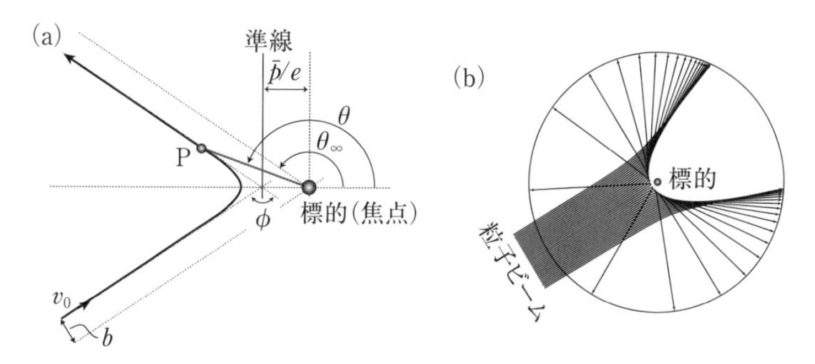

図 8-8 (a) クーロン斥力による散乱の軌跡（双曲線軌道）。(b) さまざまな衝突パラメータを持つ粒子の束（ビーム）は異なる双曲線軌道を描く。標的の近くを通る粒子は大きく散乱される。

ラザフォードの考察は以下のようなものであった。図 8-8(a) に示すように点電荷 $Q > 0$ を標的として正電荷を持つ粒子 P（質量 m、電荷 q）が散乱される運動を考える。粒子 P の軌道を得ることはごく簡単である。クーロン斥力は距離の 2 乗に反比例するので、万有引力の定数を $\alpha = -qQ/(4\pi\varepsilon_0) \equiv -\bar{\alpha}$ と置き換えればよい。最終的な軌道方程式は万有引力の場合の $p = l^2/m\alpha$ を $p = -l^2/m\bar{\alpha} \equiv -\bar{p}$ と置き換えるだけで

$$r = -\frac{\bar{p}}{1 + e\cos\theta} \tag{8.46}$$

と得られる。これは標的位置を焦点とする双曲線軌道である。離心率の表式も (8.44) がそのまま使えて

$$e^2 = 1 + \frac{2El^2}{m\bar{\alpha}^2} \tag{8.47}$$

となる。もちろん動径 r は正でなくてはならないので、(8.46) より $1 + e\cos\theta < 0$ を満たす θ が許される。そこで

$$\cos\theta_\infty = -1/e \tag{8.48}$$

を満たす角度 θ_∞ を考えると θ の範囲は $\theta_\infty < \theta < 2\pi - \theta_\infty$ となる [図 8–8(a)]。これに注意すると、図 8–8(b) に示す双曲線軌道が描ける。いま、

粒子Pが遠方から速さ v_0 で入射するものとし、入射軌道を含む直線と標的との距離を b とする。この距離は「衝突パラメータ」と呼ばれる。軌道を決めるには離心率の情報が必要であるが、(8.47) において $l = mbv_0$ および $E = \frac{1}{2}mv_0^2$ である。よって

$$e^2 = 1 + \left(\frac{2Eb}{\bar{\alpha}}\right)^2 = 1 + \left(\frac{2b}{c}\right)^2 \tag{8.49}$$

が得られる。ここで $c = \bar{\alpha}/E$ は粒子Pが標的に正面衝突 (つまり $b = 0$) する場合の、標的への最接近距離である [3)]。(8.49) より衝突パラメータと入射エネルギーを与えれば軌道が決まることがわかる。

実際の散乱実験では、入射方向のそろったたくさんの粒子（粒子ビーム）を入射させる。すると、さまざまな衝突パラメータに応じた双曲線軌道に沿って散乱が起きる。この様子を図 8–8(b) に示す。ここで、入射方向と散乱後に飛び去る方向のなす角 ϕ を「散乱角」と呼ぶ。図 8–8(a) を参照すると $\phi = 2\theta_\infty - \pi$ であることがわかる。すると (8.48)、(8.49) より

$$\left(\frac{2Eb}{\bar{\alpha}}\right)^2 = e^2 - 1 = \frac{1}{\cos^2\theta_\infty} - 1 = \tan^2\theta_\infty = \cot^2\left(\frac{\phi}{2}\right) \tag{8.50}$$

つまり

$$b = \frac{c}{2}\cot\left(\frac{\phi}{2}\right) \tag{8.51}$$

が得られる。これは、衝突パラメータと散乱角の関係を与える重要な関係式である。

---

3) エネルギー保存則 $E = \bar{\alpha}/c$ に注意。

実験では、標的を通る軸のまわりに対称な一様ビームを入射させると考え、入射方向に垂直な単位面積を単位時間当たり n 個の粒子が貫通するとする [図 8–9(a)]。すると、衝突パラメータが b と $b+db$ にはさまれた帯状領域を貫通する粒子数は

$$dn = 2\pi nbdb \tag{8.52}$$

である。

このとき n に対する dn の比の大きさ $d\sigma \equiv |dn/n| = 2\pi b\,|db|$ は帯状領域の面積に対応する。この量を「散乱断面積」と呼ぶ。(8.51) を使うと計算を進めることができ、

$$d\sigma = 2\pi b\left|\frac{db}{d\phi}d\phi\right| = \frac{\pi c^2}{4}\cdot\frac{\cos(\phi/2)}{\sin^3(\phi/2)}d\phi \tag{8.53}$$

が得られる。この式は、「面積 $d\sigma$ の断面を通過した粒子群が、標的を中心とする球面上で散乱角 ϕ〜$\phi+d\phi$ の帯領域に到達する」ことを意味する。球面上の帯領域を見込む立体角は $d\Omega = 2\pi\sin\phi d\phi = 4\pi\sin\left(\frac{\phi}{2}\right)\cos\left(\frac{\phi}{2}\right)d\phi$ であるから、単位立体角当たりの散乱断面積は

$$\frac{d\sigma}{d\Omega} = \frac{b}{\sin\phi}\left|\frac{db}{d\phi}\right| = \frac{c^2}{16}\cdot\frac{1}{\sin^4(\phi/2)} \tag{8.54}$$

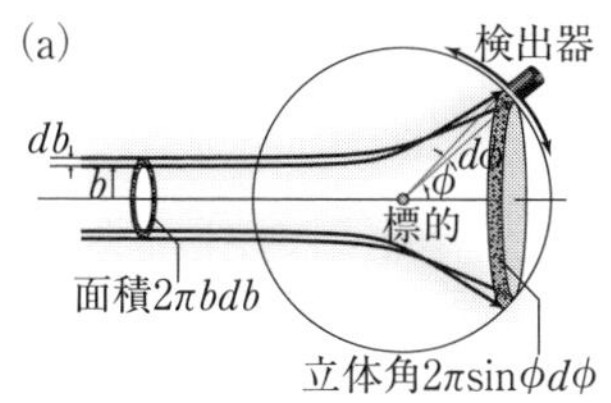

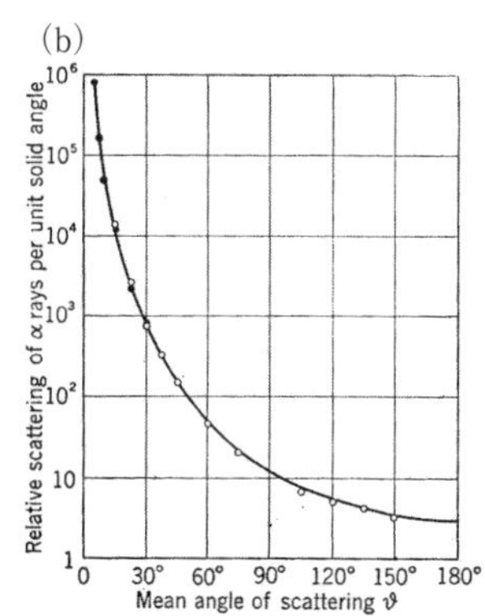

図 8-9　(a) 散乱実験では密度のそろったビームを標的に当て、散乱粒子の個数を散乱角の関数としてカウントする。(b) ガイガー、マースデンによる実験結果（白丸および黒丸）はラザフォードの散乱公式（実線）によって見事にフィッティングされた。

となる。これを「微分断面積」と呼ぶ。実験では角度 ϕ を変えながら検出器を動かして単位立体角当たりの散乱粒子数をカウントし、微分断面積を測定する。

式 (8.54) は、1911 年にラザフォードによって理論的に導き出されたものであり、「ラザフォードの散乱公式」として知られている。ラザフォードの結果は点状電荷による大角度の散乱を説明し、実験結果を見事に再現した。図 8-9(b) に、ガイガーとマースデンによる実験データ 4) と理論式 (8.54) の見事な一致を示す。このようにして、原子が正の電荷を持つ原子核と、これを取り巻いて原子核の正電荷を打ち消す電子からなることがはっきりしたのである。

以上が原子核の発見譚(たん)である。しかし道のりは平坦ではなかった。19 世紀末の段階で確立していたマックスウェルの電磁気学理論によれば、周回運動する電子は自ら電磁波を放出して運動エネルギーを失う。マックスウェル理論に従うと、電子は極めて短時間 (10^{-11} 秒程度)　の間に原子核に落ち込み、結果的に原子が潰れるという運命をたどらざるを得ない。これでは安定した原子の存在を説明できないのである。原子の構造を巡って実験事実と古典物理学の法則（マックスウェル理論）が深刻なジレンマに陥ったわけである。そして、このジレンマを超克しようとする葛藤こそが量子力学の建設を駆動したのである。クーロン斥力が引き起こす運動の解析は、万有引力が引き起こす運動の解析が天空の神秘を解き明かしたように、人類の自然認識に歴史的転換をもたらしたのである。ラザフォードの功績は原子核の存在を突き止めたことにとどまら

---

4) オリジナルの実験データは H.Geiger and E.Marsden, Philosophical Magazine 25,604(1913) に与えられている。図 8-9(b) に示したプロットは R.D.Evans, "Atomic Nucleus," (McGraw-Hill, 1955) よりの転載。

ない。同時に、現代物理学における主要な実験手段となっている「散乱断面積の測定を通して標的の内部構造を探索する」方法をも確立したのである。

参考文献

1) S. ワインバーグ著、本間三郎訳『電子と原子核の発見』(日経サイエンス社、1986 年)。ラザフォード散乱の歴史的意義が詳しく述べられている。

9 多粒子系の運動

岸根順一郎

《目標＆ポイント》 相互作用する多粒子系の運動を完全に解き切ることは不可能である。しかし、保存則に着目することで系の挙動を捉えることができる。また、質量が変化する物体の運動も多粒子系の問題である。
《キーワード》 保存則、重心と相対、ビリアル定理、ロケット

9.1 多粒子系

秋の夜空を飾るプレアデス星団 [図 9-1(a)] は、数百個の恒星が互いに重力で引き合いながら分布したものである。また、かみのけ座銀河団 [図 9-1(b)] は 1000 個以上の銀河が集まった大規模集団である。これらの系は、恒星や銀河を粒子（質点）と見なした「重力相互作用する多粒子の系（重力多体系）」と捉えることができる。

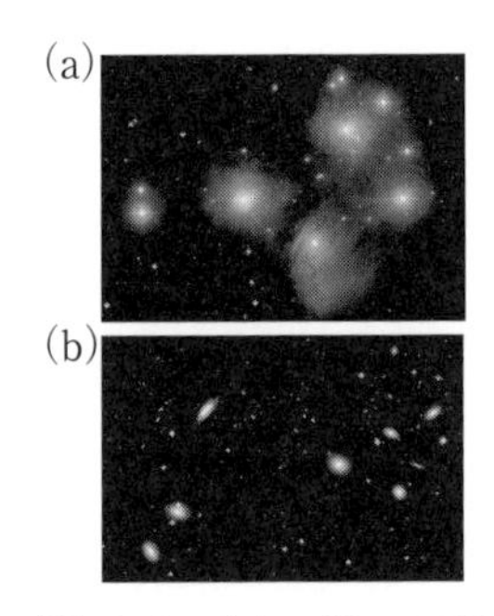

図 9-1 (a) プレアデス星団や (b) かみのけ座銀河団は重力多体系の例である。

また、宇宙空間で外力を一切受けずにロケットが加速していくのはなぜだろう。ロケットのエンジンは、物質を噴射して自らの質量を減少させながら推進力を得る装置である [図 9-2]。ロケット推進の問題は、ロケット本体と推進剤の相互作用による相対運動と捉える必要がある。このような「質量が変化する物体の運動」も多粒子系の問題として捉えることができる。

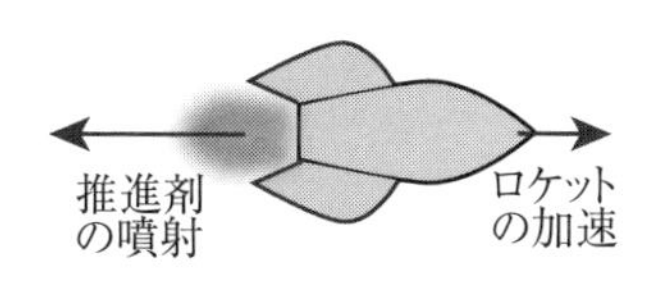

図 9-2　ロケットは推進剤を噴射することで推進力を得る。

一般に、相互作用する N 個の粒子からなる系の問題を「N 体問題」というが、コンピュータを用いた数値的解法を含めて系の運動が一義的に決定できるのは 2 体問題までである。3 体問題以上になると、一般に系は可積分ではなくなる。このように、多粒子系を構成する個々の粒子の運動を追跡する（時間変化を追う）ことが一般に不可能となる。しかしながら、「時間的追跡」という決定論的な発想から一歩抜け出すことで、むしろ多粒子系の本質が見えてくるのである。その手がかりは、系全体の運動量や角運動量、力学的エネルギーといった「保存量」に着目することである。本章では、こうした点をふまえて多粒子系の力学に迫ってみよう。ここでの内容はまた、第 10 章で扱う剛体力学の基礎となる。

9.2　多粒子系の運動量と角運動量

運動量とその変化

多体問題の基本は、系の運動を「重心の運動」と「重心に関する各粒子の相対運動」に分離することである。系を構成する質点の質量と位置ベクトルをそれぞれ m_i、$\boldsymbol{x}_i$（$i = 1, \cdots, N$）とすれば、重心の位置ベクトル $\boldsymbol{X}$ は

$$\boldsymbol{X} = \frac{1}{M}\sum_i m_i \boldsymbol{x}_i \tag{9.1}$$

で定義される (図 9-3)。$\sum_i$ は $\sum_{i=1}^{N}$ を略記したものである。$M \equiv \sum_i m_i$ は系全体の質量である。

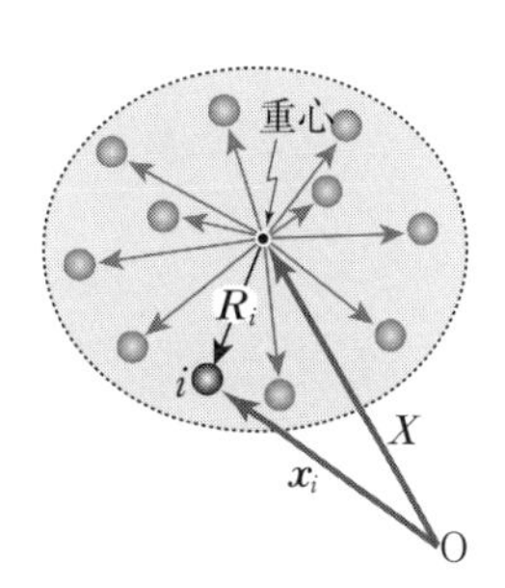

図 9-3　重心の位置ベクトル $\boldsymbol{X}$ と相対ベクトル $\boldsymbol{R}_i$

次に、重心に関する相対ベクトル $\boldsymbol{R}_i$ を

$$\boldsymbol{R}_i = \boldsymbol{x}_i - \boldsymbol{X} \tag{9.2}$$

で定義する。すると、重心の定義式 (9.1) より

$$\sum_i m_i \boldsymbol{R}_i = \sum_i m_i \boldsymbol{x}_i - \sum_i m_i \boldsymbol{X} = \sum_i m_i \boldsymbol{x}_i - M\boldsymbol{X} = 0$$

つまり

$$\sum_i m_i \boldsymbol{R}_i = 0 \tag{9.3}$$

という関係式が得られる。以上で位置の指定は完了である。

次に、多粒子系における力と運動の法則を調べよう。基本的な捉え方は、図 9-4 に示すように系を 2 粒子（i 番目と j 番目）のペアの集合と見なすことである。i 番目の質点に働く力は、系を構成する他のすべての質点から受ける内力 $\sum_{j\neq i} \boldsymbol{F}_{i\leftarrow j}^{内}$ と、系の外部から受ける外力 $\boldsymbol{F}_i^{外}$ に分かれる。これより、i 番目の質点の運動方程式は

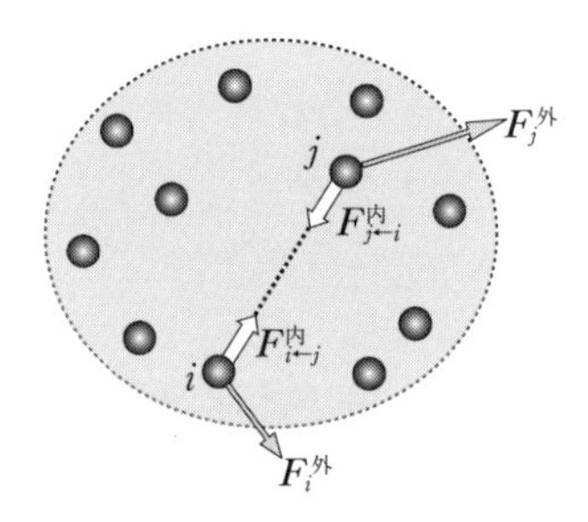

図 9-4　多粒子系は、相互作用する「2 粒子のペア」の集合と見なせる。

$$\frac{d\boldsymbol{p}_i}{dt} = \boldsymbol{F}_i^{外} + \sum_{j\neq i} \boldsymbol{F}_{i\leftarrow j}^{内} \tag{9.4}$$

となる。$\sum_{j\neq i}$ は i と異なる j について和をとることを意味する。$\boldsymbol{p}_i = m_i \frac{d\boldsymbol{x}_i}{dt}$ は個別の運動量である。(9.4) の両辺をすべての i について加えると

$$\frac{d\boldsymbol{P}}{dt} = \sum_i \boldsymbol{F}_i^{外} + \sum_{j\neq i} \boldsymbol{F}_{i\leftarrow j}^{内} \tag{9.5}$$

が得られる。$\boldsymbol{P} \equiv \sum_i \boldsymbol{p}_i$ は系の全運動量である。$\boldsymbol{P}$ は、重心に全質量が集中した質点の運動量と等価であるため「重心の運動量」と呼びかえてもよい。

ここで作用反作用の関係 $\boldsymbol{F}^{内}_{i\leftarrow j}+\boldsymbol{F}^{内}_{j\leftarrow i}=0$ を用いると $\sum_{j\neq i}\boldsymbol{F}^{内}_{i\leftarrow j}=0$ であることが示せる。よって、(9.5) は

$$\frac{d\boldsymbol{P}}{dt}=\sum_i \boldsymbol{F}^{外}_i \tag{9.6}$$

となる。これが「重心の運動方程式」である。(9.6) より直ちに、外力が存在しないなら重心運動量 $\boldsymbol{P}$ が保存し、重心は等速直線運動を行うことがわかる。

例えば図 9-5(a) に示すように、数珠状に小球をつないだ系を地上で放り投げた場合 (空気抵抗は無視)、数珠玉どうしは複雑な内部運動をするが重心は単純な放物運動を行う。このように、重心運動の軌跡は重心に全質量が集中した質点の運動の軌跡と一致する。そこで、重心とともに動く系 (重心系) で運動の様子を眺めると、図 9-5(b) のように固定した重心に対して各小球が行う内部運動のみが見えることになる。

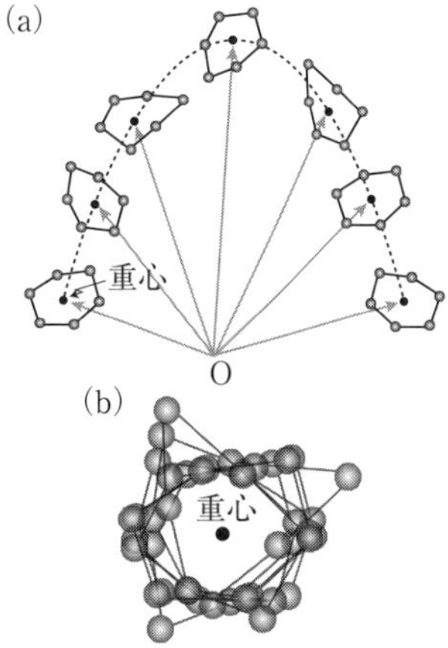

図 9-5　(a) 多粒子系の重心運動は質点の運動で置き換えられる。(b) 重心系で運動の様子を眺めると、各小球が行う内部運動のみが見える。図は時間とともに系が内部変形する様子を重ねたイメージ。

角運動量とその変化

次に、系の全角運動量

$$\boldsymbol{L}\equiv\sum_i \boldsymbol{x}_i\times\boldsymbol{p}_i \tag{9.7}$$

を考えよう。(9.2) より、

$$\boldsymbol{L}=\sum_i(\boldsymbol{X}+\boldsymbol{R}_i)\times\left(m_i\frac{d\boldsymbol{X}}{dt}+m_i\frac{d\boldsymbol{R}_i}{dt}\right) \tag{9.8}$$

である。右辺の外積から出てくる 4 項のうち 2 項は

$$\sum_i \boldsymbol{X} \times \left(m_i \frac{d\boldsymbol{R}_i}{dt} \right) = \boldsymbol{X} \times \frac{d}{dt} \sum_i (m_i \boldsymbol{R}_i) = 0$$

および

$$\sum_i \boldsymbol{R}_i \times \left(m_i \frac{d\boldsymbol{X}}{dt} \right) = \left(\sum_i m_i \boldsymbol{R}_i \right) \times \frac{d\boldsymbol{X}}{dt} = 0$$

となって消える [(9.3) の関係式を用いている]。これより、(9.8) は

$$\boldsymbol{L} = \boldsymbol{X} \times \boldsymbol{P} + \sum_i \boldsymbol{R}_i \times \left(m_i \frac{d\boldsymbol{R}_i}{dt} \right) \tag{9.9}$$

となる。第 1 項

$$\boldsymbol{L}_{重心} = \boldsymbol{X} \times \boldsymbol{P} \tag{9.10}$$

が空間原点のまわりの「重心の角運動量」である。そして第 2 項

$$\boldsymbol{L}_{重心}^{相対} = \sum_i \boldsymbol{R}_i \times \left(m_i \frac{d\boldsymbol{R}_i}{dt} \right) \tag{9.11}$$

が「重心に関する系の相対角運動量」である。角運動量は、どの点に関して計算するかによって変わる。この点を明示するため、$\boldsymbol{L}_{重心}^{相対}$ と記した。

角運動量変化と力のモーメントの関係を得るため、(9.7) を時間微分する。すると $\frac{d\boldsymbol{x}_i}{dt} \times \boldsymbol{p}_i = 0$ より

$$\frac{d\boldsymbol{L}}{dt} = \sum_i \boldsymbol{x}_i \times \frac{d\boldsymbol{p}_i}{dt} \tag{9.12}$$

が得られる。(9.4) を使うと

$$\frac{d\boldsymbol{L}}{dt} = \sum_i \boldsymbol{x}_i \times \left(\boldsymbol{F}_i^{外} + \sum_{j \neq i} \boldsymbol{F}_{i \leftarrow j}^{内} \right) \tag{9.13}$$

であるが、右辺第 2 項については $\sum_i \boldsymbol{x}_i \times \left(\sum_{j \neq i} \boldsymbol{F}_{i \leftarrow j}^{内} \right) = 0$ である。よって

$$\frac{d\boldsymbol{L}}{dt} = \sum_i \boldsymbol{x}_i \times \boldsymbol{F}_i^{外} \tag{9.14}$$

が得られる。この結果より、系を構成する質点に作用する「外力のモーメント」のみが全角運動量、つまり系の回転状態を変化させることがわかる。逆に、外力が作用しない限り系の全角運動量は保存する。

さて、すでに述べたように多粒子系の回転運動は重心に関する相対角運動量 $\boldsymbol{L}_{\text{重心}}^{\text{相対}}$ によって記述される。そこで、相対角運動量 $\boldsymbol{L}_{\text{重心}}^{\text{相対}} = \boldsymbol{L} - \boldsymbol{L}_{\text{重心}}$ を時間微分すると

$$\frac{d\boldsymbol{L}_{\text{重心}}^{\text{相対}}}{dt} = \frac{d\boldsymbol{L}}{dt} - \frac{d\boldsymbol{L}_{\text{重心}}}{dt} = \sum_i (\boldsymbol{x}_i - \boldsymbol{X}) \times \boldsymbol{F}_i^{\text{外}} = \sum_i \boldsymbol{R}_i \times \boldsymbol{F}_i^{\text{外}}$$

となる。以上より、重心のまわりの回転運動の方程式は

$$\frac{d\boldsymbol{L}_{\text{重心}}^{\text{相対}}}{dt} = \sum_i \boldsymbol{R}_i \times \boldsymbol{F}_i^{\text{外}} \tag{9.15}$$

となり、重心の運動とは無関係に書き下せることがわかる。この事実は、次章で剛体の運動を考える際にも極めて重要な役割を果たす。

ダンベルの平面運動

重心運動とそのまわりの回転運動について理解するための基本的な例題として，図9-6のように棒でつながれた2つの物体からなる系（ダンベル型物体）が摩擦のない平面上で行う運動を考えよう。円板1に棒に垂直に初速度を与える。系には水平方向の外力が働かないので、重心は等速直線運動を行う。さらに重心のまわりの角運動量も保存する。このため、系は重心に対して一定の角速度で回転しつつ、全体として等速運動する。

図9-6　ダンベルの平面運動

角運動量保存のデモ実験

模型タイヤを搭載したモーター（質量 m）を両端に固定した棒（全体の長さ a）が棒の中心を支点として水平面内で摩擦なしに自由に回転できるようになっている（図 9-7 に簡単化した概念図を示す）。はじめ棒が回転しないように手で固定し、両方のモーターを同じ向きに同じ角速度で自転させる（モーター 1 個当たりの自転角運動量の大きさを l とする）。次に、モーターの電源を切ると同時に棒の固定を開放する。するとモーターの回転が次第に止まるとともに、棒が全体として中心軸のまわりに回転（公転）する。このとき、棒の回転の向きは初期状態におけるモーターの回転と同じ向きで、角速度が $4l/(ma^2)$ となることを示そう。

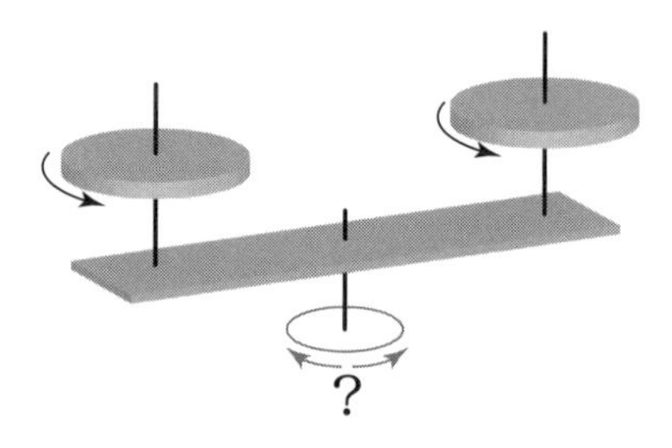

図 9-7　多粒子系の角運動量保存則のデモンストレーション
円板が回転すると全体はどちら向きに回転するだろうか。

この系の中心軸まわりの角運動量の大きさは初期状態では、モーターの回転の寄与だけなので $2l$ である。モーターの回転が停止したとき、棒が全体として角速度の大きさ ω で回転すると、棒の質量が無視できるなら モーターの質量だけの寄与になるから、角運動量の大きさは、

$$2 \times m \left(\frac{a}{2}\right)^2 \omega = \frac{1}{2} m a^2 \omega \tag{9.16}$$

である。このとき、外力は働いていないから角運動量は保存する（この点が本質的）。これより、回転の向きは モーターと同じで大きさは

$$\frac{1}{2} m a^2 \omega = 2l \rightarrow \omega = \frac{4l}{ma^2} \tag{9.17}$$

となる。

次に、異なる状況を考えよう。はじめ全体が静止した状態で、モーターのスイッチを入れる。全体の角運動量がゼロなので、今度は棒の回転の向きはモーターの回転と逆向きになる。棒が全体として角速度の大きさ ω' で回転すると、この場合の角運動量保存則は

$$\frac{1}{2}ma^2\omega' - 2l = 0 \to \omega' = \frac{4l}{ma^2} \tag{9.18}$$

となる。(9.17) と (9.18) の角速度の大きさは等しいが、向きは逆である。

9.3　多粒子系の力学的エネルギー

力学的エネルギー保存則

系全体の運動量および角運動量の時間変化に内力は効かなかった。しかし、系の力学的エネルギーには内力のポテンシャルが顔を出す。運動方程式 (9.4) の両辺と速度 $\boldsymbol{v}_i = \frac{d\boldsymbol{x}_i}{dt}$ との内積をとると

$$m_i\boldsymbol{v}_i \cdot \frac{d\boldsymbol{v}_i}{dt} = \sum_{j\neq i}\boldsymbol{F}^{内}_{i\leftarrow j} \cdot \frac{d\boldsymbol{x}_i}{dt} + \boldsymbol{F}^{外}_i \cdot \frac{d\boldsymbol{x}_i}{dt} \tag{9.19}$$

が得られる。ここで

$$m_i\boldsymbol{v}_i \cdot \frac{d\boldsymbol{v}_i}{dt} = \frac{d}{dt}\left(\frac{1}{2}m_i\boldsymbol{v}_i^2\right) \tag{9.20}$$

より運動エネルギー $K_i = \frac{1}{2}m_i\boldsymbol{v}_i^2$ があらわれる。これを用いて、(9.19) について $i = 1$ から N まで足し上げると

$$\frac{d}{dt}\left(\sum_i \frac{1}{2}m_i\boldsymbol{v}_i^2\right) = \sum_i\sum_{j\neq i}\boldsymbol{F}^{内}_{i\leftarrow j} \cdot \frac{d\boldsymbol{x}_i}{dt} + \sum_i\boldsymbol{F}^{外}_i \cdot \frac{d\boldsymbol{x}_i}{dt} \tag{9.21}$$

が得られる。ここで、右辺の和の中から図 9-4 のように i 番目と j 番目（$i > j$ とする）のペアを取り出すと、$\boldsymbol{F}^{内}_{i\leftarrow j} = -\boldsymbol{F}^{内}_{j\leftarrow i}$（作用反作用の法則）より

$$\boldsymbol{F}^{内}_{i\leftarrow j} \cdot \frac{d\boldsymbol{x}_i}{dt} + \boldsymbol{F}^{内}_{j\leftarrow i} \cdot \frac{d\boldsymbol{x}_j}{dt} = \boldsymbol{F}^{内}_{i\leftarrow j} \cdot \frac{d\boldsymbol{R}_{ij}}{dt} \tag{9.22}$$

である。$\boldsymbol{x}_i - \boldsymbol{x}_j = \boldsymbol{R}_{ij}$ は相対ベクトルである。ここで、$i > j$ と順番を指定しておかないと、i、j についての和をとるときに同じ項を 2 重カウントしてしまうことに注意しよう。この点に注意すると、

$$\sum_i \sum_{j \neq i} \boldsymbol{F}^{内}_{i \leftarrow j} \cdot \frac{d\boldsymbol{x}_i}{dt} = \sum_{i>j} \boldsymbol{F}^{内}_{i \leftarrow j} \cdot \frac{d\boldsymbol{R}_{ij}}{dt} \tag{9.23}$$

と書き直せることがわかる。ここで、$\sum_{i>j}$ は $i > j$ と約束した上でペア (i, j) についての和をとる操作を意味する。

さて、万有引力にせよクーロン力にせよ、保存力による粒子間相互作用はそれらの距離だけで決まる相互作用ポテンシャル $V^{内}_{ij} = V^{内}(|\boldsymbol{x}_i - \boldsymbol{x}_j|)$ を使って

$$\boldsymbol{F}^{内}_{i \leftarrow j} = -\boldsymbol{F}^{内}_{j \leftarrow i} = -\boldsymbol{\nabla} V^{内}_{ij} \tag{9.24}$$

と書ける。$\boldsymbol{\nabla}$ は相対ベクトル $\boldsymbol{R}_{ij}$ に関する勾配を表す。この表式を (9.22) に代入すると

$$\boldsymbol{F}^{内}_{i \leftarrow j} \cdot \frac{d\boldsymbol{x}_i}{dt} + \boldsymbol{F}^{内}_{j \leftarrow i} \cdot \frac{d\boldsymbol{x}_j}{dt} = -\boldsymbol{\nabla} V^{内}_{ij} \cdot \frac{d\boldsymbol{R}_{ij}}{dt} = -\frac{dV^{内}_{ij}}{dt} \tag{9.25}$$

が得られる。さらに、外力も保存力であるとして $\boldsymbol{F}^{外}_i = -\boldsymbol{\nabla} V^{外}_i$ と書く。これらの表式を (9.21) に代入すると（改めて $i > j$ に注意）

$$\frac{d}{dt}\left(\sum_i \frac{1}{2} m_i \boldsymbol{v}_i^2\right) = -\frac{d}{dt}\left(\sum_{i>j} V^{内}_{ij} + \sum_i V^{外}_i\right) \tag{9.26}$$

である。これより、運動エネルギーと相互作用ポテンシャルの和として書ける力学的エネルギー $E = K + V$、

$$K = \sum_i \frac{1}{2} m_i \boldsymbol{v}_i^2, \qquad V = \sum_{i>j} V^{内}_{ij} + \sum_i V^{外}_i \tag{9.27}$$

が保存することがわかる。

多粒子系の有限運動とビリアル定理

多粒子系における力学的エネルギーの役割についてもう少し深く考えてみたい。具体的に、プレアデス星団のように重力で引き合いながら多数の星（粒子）が内部運動し、全体として有限の広がりを持った状態で落ち着いている系を思い浮かべよう (図 9-8)。まずは多粒子系の運動エネルギー K と相互作用ポテンシャル V の意味を考えよう。K は内部運動の激しさを表すので、K が増大すれば系全体は膨張傾向に向かう。一方、V が減少すれば系は収縮傾向に向かう。よって、系全体が膨張し続けたり収縮し続けたりという変化の途上にあるのではなく、全体として有限の領域内に収まっている場合、K と V が全体として「釣り合った」状態が実現していると考えられる。この釣り合いの状態では、K と V の間に何らかの関係が成り立つと予想できる。多粒子系の運動方程式を個別に解くことはできないが、もしこのような関係式が確立できれば多粒子系の内部運動についてより立ち入った情報が得られるはずである。

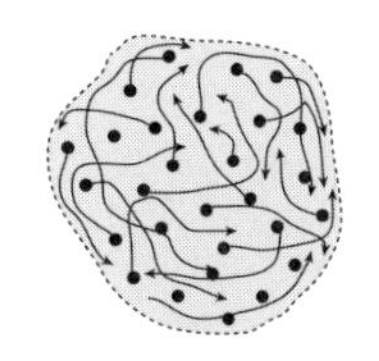

図 9-8　有限領域内で運動を行う多粒子系

すべての粒子の運動が有限領域に収まる、ということは各粒子の状態を表す位置ベクトルも運動量ベクトルも有限にとどまるということである。そこで、

$$G = \frac{1}{2}\sum_i \boldsymbol{x}_i \cdot \boldsymbol{p}_i \tag{9.28}$$

という量を考える（この量は有限である）。ここで、$\boldsymbol{p}_i = m_i \boldsymbol{v}_i = m_i \dfrac{d\boldsymbol{x}_i}{dt}$ は各粒子の運動量である（$\frac{1}{2}$ は後の便宜上付けた)。これを時間微分すると

$$\frac{dG}{dt} = \sum_i \frac{1}{2}\boldsymbol{v}_i \cdot \boldsymbol{p}_i + \frac{1}{2}\sum_i \boldsymbol{x}_i \cdot \frac{d\boldsymbol{p}_i}{dt} = \sum_i \frac{\boldsymbol{p}_i^2}{2m_i} + \frac{1}{2}\sum_i \boldsymbol{x}_i \cdot \frac{d\boldsymbol{p}_i}{dt} \tag{9.29}$$

であるが、右辺第2項に運動方程式

$$\frac{d\boldsymbol{p}_i}{dt} = \sum\nolimits_{j \neq i} \boldsymbol{F}_{i \leftarrow j}^{内} + \boldsymbol{F}_i^{外} \tag{9.30}$$

を使うと

$$\frac{dG}{dt} = \sum\nolimits_i \frac{\boldsymbol{p}_i^2}{2m_i} + \frac{1}{2}\sum\nolimits_i \boldsymbol{x}_i \cdot \left(\sum\nolimits_{j \neq i} \boldsymbol{F}_{i \leftarrow j}^{内} + \boldsymbol{F}_i^{外}\right) \tag{9.31}$$

となる。右辺で内力を含む項については、(9.23) の関係式と同様に

$$\sum\nolimits_i \boldsymbol{x}_i \cdot \sum\nolimits_{j \neq i} \boldsymbol{F}_{i \leftarrow j}^{内} = \sum\nolimits_i \sum\nolimits_{j \neq i} \boldsymbol{x}_i \cdot \boldsymbol{F}_{i \leftarrow j}^{内} = \sum\nolimits_{i > j} \boldsymbol{R}_{ij} \cdot \boldsymbol{F}_{i \leftarrow j}^{内} \tag{9.32}$$

と和のとり方の表記を変えておく。これを (9.31) の右辺第2項に代入して両辺を2で割れば

$$\frac{dG}{dt} = \sum\nolimits_i \frac{\boldsymbol{p}_i^2}{2m_i} + \frac{1}{2}\sum\nolimits_{i > j} \boldsymbol{R}_{ij} \cdot \boldsymbol{F}_{i \leftarrow j}^{内} + \frac{1}{2}\sum\nolimits_i \boldsymbol{x}_i \cdot \boldsymbol{F}_i^{外} \tag{9.33}$$

が得られる。右辺第1項に運動エネルギーの和があらわれたことに気付く。ここまでは、「運動方程式」および「内力の相互作用ポテンシャル表示」のみを用いた厳密な式変形である。

次に「系の長時間平均」という概念を導入する。つまり、系の運動が始まってから十分な時間が経過して系が平衡状態に落ち着くまでの時間 T を考え、この時間にわたる (9.33) の時間平均をとる。このとき、左辺については

$$\left\langle \frac{dG}{dt} \right\rangle \equiv \frac{1}{T}\int_0^T \frac{dG}{dt} dt = \frac{G(T) - G(0)}{T} \tag{9.34}$$

である。ここで、すべての粒子が有限領域で運動するので $G(T) - G(0)$ は必ず有限である。このため非常に長い時間 $T \to \infty$ を考えると (9.34) は消える。よって、(9.33) の長時間平均について

$$\left\langle \sum\nolimits_i \frac{\boldsymbol{p}_i^2}{2m_i} \right\rangle = -\frac{1}{2}\left\langle \sum\nolimits_{i > j} \boldsymbol{R}_{ij} \cdot \boldsymbol{F}_{i \leftarrow j}^{内} \right\rangle - \frac{1}{2}\left\langle \sum\nolimits_i \boldsymbol{x}_i \cdot \boldsymbol{F}_i^{外} \right\rangle \tag{9.35}$$

という関係式が得られる（運動エネルギー項を左辺に移項している）。(9.35) の左辺は全運動エネルギーの長時間平均であり、右辺第 1 項は「内部ビリアル」、第 2 項は「外部ビリアル」と呼ばれる。このように、多粒子系の運動が有限領域に限られれば運動エネルギーの平均はビリアルの平均に等しい。これが多粒子系の「ビリアル定理」である。

暗黒物質（ダークマター）

宇宙の暗黒物質問題は現代天文学における最大の謎の一つである。この問題の発端はビリアル定理と深く関係している。図 9-1(b) に示したかみのけ座銀河団は、多数の銀河が全体として力学的平衡状態に達した「自己重力系」と見なせる。この場合、万有引力ポテンシャルは $V_{ij}^{内} = -Gm_i m_j / R_{ij}$ なので

$$\boldsymbol{R}_{ij} \cdot \frac{\partial V_{ij}^{内}}{\partial \boldsymbol{R}_{ij}} = \frac{Gm_i m_j}{R_{ij}} = -V_{ij}^{内} \tag{9.36}$$

となり、ビリアル定理は（外力がないので外部ビリアルはない）

$$\langle K \rangle = -\frac{1}{2} \left\langle V^{内} \right\rangle \tag{9.37}$$

という非常に簡単な形をとる。ここで、$\left\langle V^{内} \right\rangle \equiv \left\langle \sum_{i>j} V_{ij}^{内} \right\rangle$ である。いま、銀河の総数を N とし、仮にすべての銀河の質量が等しく m であるとしよう。さらに各銀河について速度の 2 乗 $\boldsymbol{v}_i^2$ をその平均 $\langle \boldsymbol{v}^2 \rangle$ で置き換える。すると

$$\langle K \rangle = \frac{1}{2} M \langle \boldsymbol{v}^2 \rangle \tag{9.38}$$

と書ける（$M = Nm$ は銀河団の全質量）。さらに、銀河どうしの距離を平均間隔 R で置き換えてしまう。すると

$$\sum_{i>j} \frac{Gm_i m_j}{R_{ij}} \longrightarrow \frac{N(N-1)}{2} \cdot \frac{Gm^2}{R} \tag{9.39}$$

という置き換えができる。ここで、$i > j$ を満たすペア (i, j) の数が $N(N-1)/2$ であることを使った。N が1に比べて十分大きいとすると N と $N-1$ の違いは無視できて $N(N-1)m^2 \fallingdotseq (Nm)^2 = M^2$ とおき直せる。(9.38)、(9.39) を用いると、ビリアル定理 (9.37) より銀河団の全質量として

$$M = \frac{2R\left\langle \boldsymbol{v}^2 \right\rangle}{G} \tag{9.40}$$

が得られる。$\left\langle \boldsymbol{v}^2 \right\rangle$ と R は観測的に測定することができるので、この式から銀河団の全質量を見積もることができる。以上の議論はずいぶんと大胆な近似を含むが、より精密な議論を行っても本質的な結果は変わらない。実際、1934年に天文学者ツビッキは式 (9.40) を用いてかみのけ座銀河団の質量を推定した。それを銀河団の光度から得られる質量と比較したところ、約400倍もの食い違いが見出された。この結果に基づいて、宇宙空間に光学的には見えない物質「暗黒物質」が存在するというアイデアが出されたのである。

9.4　質量の変わる物体の運動

ロケットの運動方程式

ニュートンの運動方程式は「運動量 $m\boldsymbol{v}$ の変化率が外力 $\boldsymbol{F}^{外}$ に等しい」と主張する法則であり、$\frac{d}{dt}(m\boldsymbol{v}) = \boldsymbol{F}^{外}$ と書くことができた。では、「燃料ガスを噴射しながら加速するロケット」、「周囲の水蒸気を取り込んで質量を増しながら落下する雨粒」といった「質量が変化する物体」の運動を、どう解析したらよいだろうか。このような問題では、質量の時間変化を考慮して $\frac{d}{dt}(m\boldsymbol{v})$ を書き直すと

$$m\frac{d\boldsymbol{v}}{dt} + \frac{dm}{dt}\boldsymbol{v} = \boldsymbol{F}^{外} \tag{9.41}$$

とすれば済むように思える。しかし、この式の利用には注意が必要である。どういうことだろう。

そもそも「ロケットがガスを噴射する」というのは、「ロケットからガス塊が切り離される短時間の間に、ロケット R とガス塊 G の間に相互作用が働く」プロセスである。この相互作用によってロケットが加速されるのである。図 9-9 のように、ガス噴射する前のロケット（質量 m）が宇宙空間に静止していたとしよう。次に、時刻 t から $t+\Delta t$ の短い時間にロケットがガス塊を一定速度 $\boldsymbol{u}$ で噴射する。この結果、ロケットが微小速度 $\Delta\boldsymbol{v}$ を得たとする。ガス塊を噴射したので、ロケットの質量は $m+\Delta m$ （$\Delta m<0$）になっている。ロケットの立場でみると質量が減少しているので $\Delta m<0$ であることに注意しよう。噴射されたガス塊の質量は $-\Delta m$ である。この短時間のプロセスについてロケットとガス塊の運動量変化を考えよう。ロケットを R、噴出するガス塊を G と書くと、ロケットの運動量変化と力積の関係は

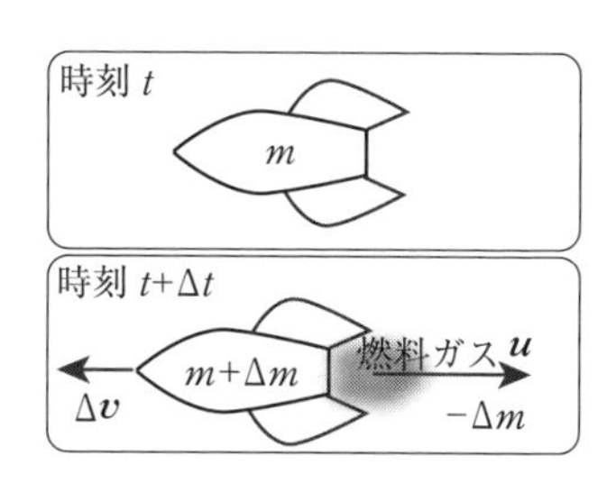

図 9-9　静止していたロケットが短時間に推進剤を噴射して微小速度を得る。

$$(m+\Delta m)\Delta\boldsymbol{v}=\boldsymbol{F}^{内}_{\mathrm{R}\leftarrow\mathrm{G}}\Delta t+\boldsymbol{F}^{外}\Delta t \tag{9.42}$$

である。ここで $\boldsymbol{F}^{内}_{\mathrm{R}\leftarrow\mathrm{G}}$ はガスがロケットに与える内力である。また、$\boldsymbol{F}^{外}$ はロケットに作用する外力である。力積は本来、ガスを噴射した時刻 t から $t+\Delta t$ までの積分として $\int_t^{t+\Delta t}\boldsymbol{F}^{外}dt$ のように書かれるべきであるが、Δt が微小であるためこの間の $\boldsymbol{F}^{外}$ を一定と見なせば $\boldsymbol{F}^{外}\Delta t$ と書けるのである。一方、ガス塊については

$$(-\Delta m)\,\boldsymbol{u}=\boldsymbol{F}^{内}_{\mathrm{G}\leftarrow\mathrm{R}}\Delta t \tag{9.43}$$

が成り立つ。(9.42)、(9.43) を辺々加えると、

$$(m + \Delta m)\Delta \boldsymbol{v} + (-\Delta m)\,\boldsymbol{u} = \boldsymbol{F}^{外}\Delta t \tag{9.44}$$

が得られる。これは、系の全運動量変化が外力による力積に等しいことを意味する関係式にほかならない。(9.44) の左辺にあらわれる 2 次の微小量 $\Delta m \Delta \boldsymbol{v}$ を無視し、両辺を Δt で割り、さらに $\Delta t \to 0$ の極限をとれば運動方程式

$$m\frac{d\boldsymbol{v}}{dt} = \boldsymbol{u}\frac{dm}{dt} + \boldsymbol{F}^{外} \tag{9.45}$$

が得られる。

ここで考えたガス塊の速度 $\boldsymbol{u}$（一定）は、噴射前のロケットが静止してみえる系（K 系としよう）での速度であった。噴射前にロケットが速度 $\boldsymbol{v}$ で運動している系（K′ 系としよう）でみた場合、$\boldsymbol{u}$ は「ロケットに対するガス塊の相対速度」と読み替えればよい。よって、K′ 系でみたガス塊の速度を $\boldsymbol{v}'$ とすれば $\boldsymbol{u} = \boldsymbol{v}' - \boldsymbol{v}$ であるので (9.45) は

$$m\frac{d\boldsymbol{v}}{dt} = (\boldsymbol{v}' - \boldsymbol{v})\,\frac{dm}{dt} + \boldsymbol{F}^{外} \tag{9.46}$$

となる。

ここで改めて (9.41) と (9.46) を見比べてみよう。すると、$\boldsymbol{v}' = 0$ の場合にのみ (9.46) は (9.41) と一致することがわかる。これは、ロケットから出たガス塊が K′ 系でみて「静止」する場合である。ロケットがガス塊を「静かに置き去りにする」と思えばよい。このように、ロケットからみてガス塊が「置き去り」となる場合のみ、(9.41) の形の運動方程式を使うことが許されるのである。一般に、ロケットはガス塊を置き去りにするのではなく、非常に大きな速さでロケットの進行と逆向きに噴射する。この場合、(9.41) でなく (9.46) を使わねばならない。

イオンエンジンによる加速

宇宙探査機「はやぶさ」が 7 年間 60 億 km におよぶ波乱の航行を終えて地球上空に戻ってきたのは 2010 年 6 月のことであった。「はやぶさ」は先導的な技術の結晶といえるが、なかでも「マイクロ波放電型イオンエンジン」はその主柱をなすものであった。ここではロケット推進の運動方程式 (9.45) を使ってその加速機構を解析してみよう。

探査機の運動は 1 次元的であるとする。探査機からみた推進剤（キセノンガス）の相対速度は一定で $-u$（探査機の進行方向に対して逆向きに噴射するのでマイナスがつく）であるとする。また、ほかの惑星からの重力などの外力は無視できるとする。このとき (9.45) は

$$m\frac{dv}{dt} = -u\frac{dm}{dt} \tag{9.47}$$

となる。右辺の $T = u\frac{dm}{dt}$ は力の次元を持つ量であり、「推力」と呼ばれる。(9.47) の両辺に dt を乗じて噴射開始時刻 $t = 0$ からその後の時刻 t まで積分すれば

$$v - v_0 = -u\int_{m_0}^{m}\frac{dm}{m} = -u\log\left(\frac{m}{m_0}\right) = u\log\left(\frac{m_0}{m}\right) \tag{9.48}$$

が得られる。ここで、m_0、v_0 はそれぞれ時刻 $t = 0$ での探査機の質量と速度、m、v はそれぞれ時刻 t での探査機の質量と速度である。この式は、「噴射開始時と終了時の質量比が大きいほどロケットは大きな速度を得る」ことを示したものであり、ロシアのツィオルコフスキーによって 1897 年に提出されたものである。彼にちなんで式 (9.48) はしばしば「ツィオルコフスキーの公式」と呼ばれ、ロケットの加速を議論する際の基本公式となっている。

毎秒 μ[kg/s] の割合で推進剤を消費する場合、噴射を開始してから t 秒後の質量は $m = m_0 - \mu t$ である。よって、探査機の速度が時間の関数と

して

$$v - v_0 = u \log\left(\frac{m_0}{m_0 - \mu t}\right) \tag{9.49}$$

と得られることになる。はやぶさのイオンエンジンの場合 $|u| = 3.8 \times 10^4$m/s 程度であるが、推力は $T = 0.01$N 程度と極めて小さい（薄紙をゆらす程度）。これは、$\mu = T/|u| = 2.6 \times 10^{-7}$kg/s という非常にゆっくりした噴出に対応する。しかしながら、宇宙空間では探査機は摩擦を受けずに (9.49) に従って加速を続けると考えてよい。このため、たとえ推力が小さくとも着実に加速を重ね、大きな速度を得ることができるのである。

ひもの落下

もうひとつ、質量が変化する運動の例として、図 9-10 のように上皿天秤にひもが落下する問題を考えよう。長さ L、質量 M のひもの下端がちょうど皿に接触するように垂らし、手を放す。ひもは一様な連続体である。このとき、天秤の読み、つまり皿に作用する力はどうなるだろう。

皿にかかる力は「皿上にたまったひもを支えるための抗力 f_1」および「中空にあるひもの下端が皿に与える撃力 f_2」の 2 つの部分からなる。皿上にたまった部分の長さを x とすると、その質量は $M(x/L)$ であるから、

$$f_1 = Mg\frac{x}{L} \tag{9.50}$$

である。

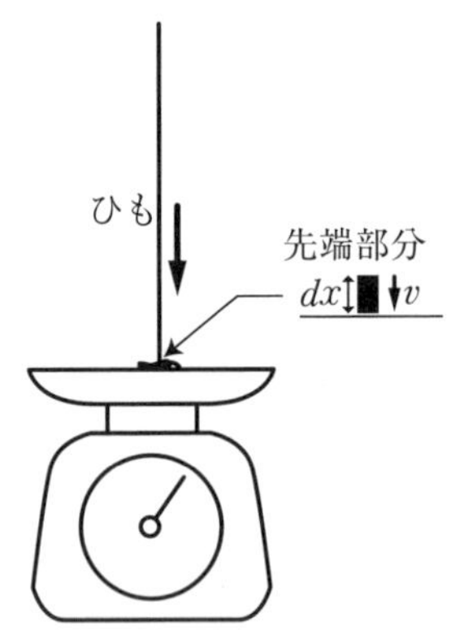

図 9-10　上皿天秤に落ちていく鎖　天秤の読みは？

次に、f_2 は運動量と力積の関係から求められる。中空にあるひもの先端の微小素片が皿から抗力を受けて静止し、その反作用を皿が感じる、という見方が重要である。そこで、先端の（まさに皿を直撃しようとしている）微小素片（長さ dx）を考える。この部分の質量は $M\,(dx/L)$ である。この素片は距離 x だけ自由落下してきたわけだから、エネルギー保存則より速度 $v = \sqrt{2gx}$ で皿を直撃し、運動量

$$\left(M\frac{dx}{L}\right)v = \frac{M}{L}\left(\frac{dx}{dt}dt\right)v = \frac{M}{L}v^2 dt \tag{9.51}$$

を失って皿上で静止する [1]。すると、運動量変化と力積の関係から、

$$\frac{M}{L}v^2 dt = f_2 dt \tag{9.52}$$

これより

$$f_2 = \frac{M}{L}v^2 = 2Mg\frac{x}{L} \tag{9.53}$$

となる。よって上皿に作用する力が

$$f_1 + f_2 = Mg\frac{x}{L} + 2Mg\frac{x}{L} = 3Mg\frac{x}{L} \tag{9.54}$$

であることがわかる。この結果から、ひもがすべて皿に乗りきった瞬間、天秤の読みは静止状態でのひもの重さの 3 倍を示すことになる。

1）粘土の塊が床に落ちて静止する場合と同様であり、いわゆる「完全非弾性衝突」である。

10　剛体の運動

岸根順一郎

《目標&ポイント》 多粒子系において、すべての粒子が互いに固く結びついたものが剛体である。剛体の力学は、多粒子系の論理を用いて作られる。本章では、剛体力学の一般論および身近で興味深い剛体運動の例を扱う。
《キーワード》 並進、回転、慣性モーメント、オイラー方程式

10.1　多粒子系から剛体へ

多粒子系の運動を複雑にしている要因は、粒子間距離が変化する、つまり系全体の形状が「変形」することである [図 10-1(a)]。もし粒子間の距離の変化が無視できるなら、系の内部運動として重心のまわりの回転だけを考えればよいことになり問題ははるかに単純になる [図 10-1(b)]。実際、私たちの身のまわりにある「硬い」物質、例えば硬貨やペン、コマ、宇宙船の機体などは、系に作用する外力が弱い限り変形しないと考えてよい。

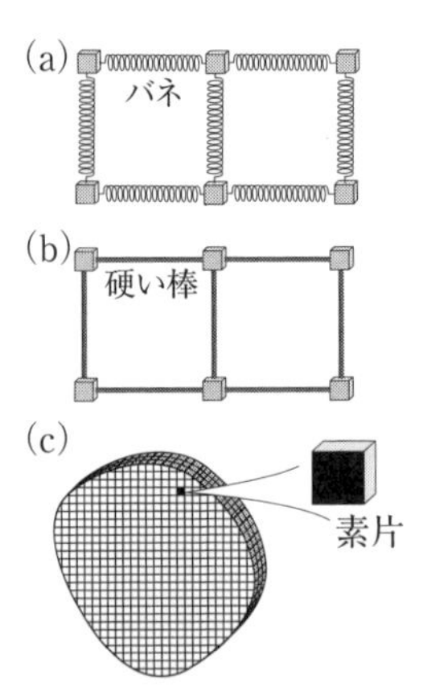

図 10-1 (a) 変形可能な多粒子系、(b) 多粒子からなる剛体、(c) 変形しないマクロな連続体としての剛体。

また、身のまわりの「マクロな物体」、例えば金属結晶中には、$1\mathrm{cm}^3$ 当たり 10^{22}〜10^{23} 個程度の膨大な数の原子が含まれる。これは、隣り合う原子間の距離が $10^{-7}\mathrm{cm}$ 程度 (原子 1 個の広がりの 10 倍程度) であることを意味する。この距離は、物体そのものの大きさ（マクロなサイズ）に

比べれば限りなくゼロに近い。このため、マクロな物体は質量が稠密(ちゅうみつ)に分布した「連続体」と見なせる。図 10-1(c) にこの様子を示した。逆に、マクロな剛体を（マクロなサイズに比べて）微小な体積素片に分割すると、一つひとつの素片を粒子と見なして多粒子系の論理を適用することができる。こうして、身のまわりの剛体を「変形しないマクロな連続体としての多粒子系」としてみる視点が確立できる。本章では、このような視点に立って剛体の運動を考えていく。

10.2　剛体運動の捉え方

固定系と剛体系

剛体の運動を記述するためには、図 10-2 に示すような 2 つの直交座標系を用いる。1 つは慣性系に固定された座標系 OXYZ であり、「固定系」と呼ばれる。固定系の基底ベクトル $\boldsymbol{e}_X$、$\boldsymbol{e}_Y$、$\boldsymbol{e}_Z$ はもちろん時間変化しない。もう 1 つは、剛体の重心 G を原点とし、剛体とともに動く（剛体に張り付いた）座標系 Gxyz であり、「剛体系」と呼ばれる。剛体系の基底ベクトル $\bar{\boldsymbol{e}}_x(t)$、$\bar{\boldsymbol{e}}_y(t)$、$\bar{\boldsymbol{e}}_z(t)$ は慣性系に対して時間変化する。剛体系は一般に慣性系に対して加速度運動する座標系であり、慣性系ではない。

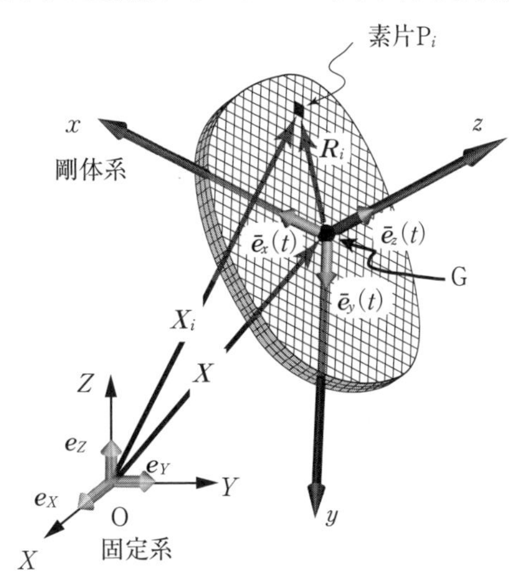

図 10-2　慣性系に固定された「固定系」と、剛体とともに動く「剛体系」。

剛体系の原点としては、必ず

しも重心を選ぶ必要はない。剛体に固定軸が通されている場合や、固定軸上の１点が固定されている場合は、これら固定軸上の点や固定点を原点に選ぶと便利である。また、剛体系の原点を決めても、座標軸の選び方（基底ベクトルの選び方）に任意性がある。そこで、通常は「慣性主軸系」と呼ばれる座標系を選ぶ。これについては後述する。

図 10-2 に示したように、剛体を構成する１つの素片 P_i をとり、$\overrightarrow{\mathrm{OP}}_i = \boldsymbol{X}_i(t)$、$\overrightarrow{\mathrm{GP}}_i = \boldsymbol{R}_i(t)$、$\overrightarrow{\mathrm{OG}} = \boldsymbol{X}(t)$（これらはすべて時間変化するベクトルである）とすると、

$$\boldsymbol{X}_i(t) = \boldsymbol{X}(t) + \boldsymbol{R}_i(t) \tag{10.1}$$

である。ここで改めて基底を用いてベクトルを「表現する」ことの意味を考えよう。$\boldsymbol{X}(t)$ を固定系で、$\boldsymbol{R}_i(t)$ は剛体系で表現すると

$$\begin{aligned}\boldsymbol{X}_i(t) =& X(t)\boldsymbol{e}_X + Y(t)\boldsymbol{e}_Y + Z(t)\boldsymbol{e}_Z \\ &+ x_i\bar{\boldsymbol{e}}_x(t) + y_i\bar{\boldsymbol{e}}_y(t) + z_i\bar{\boldsymbol{e}}_z(t)\end{aligned} \tag{10.2}$$

となる。固定系と剛体系では、基底と成分のどちらが時間変化を担うか、という役割分担が入れ代わっている点に注意しよう。

次に、素片 P_i の速度 $\boldsymbol{V}_i(t) = d\boldsymbol{X}_i(t)/dt$ を考えよう。(10.2) を時間で微分すれば直ちに

$$\begin{aligned}\boldsymbol{V}_i(t) = \frac{d\boldsymbol{X}_i(t)}{dt} =& \frac{dX(t)}{dt}\boldsymbol{e}_X + \frac{dY(t)}{dt}\boldsymbol{e}_Y + \frac{dZ(t)}{dt}\boldsymbol{e}_Z \\ &+ x_i\frac{d\bar{\boldsymbol{e}}_x(t)}{dt} + y_i\frac{d\bar{\boldsymbol{e}}_y(t)}{dt} + z_i\frac{d\bar{\boldsymbol{e}}_z(t)}{dt}\end{aligned} \tag{10.3}$$

が得られる。2 行目に剛体系の基底ベクトルの時間微分があらわれた。これをどう扱うか考えよう。

準備としてオイラーの回転定理を紹介する。

オイラーの回転定理

図 10-3(a) に剛体が一般的な 3 次元運動する様子を示す。剛体の運動に伴って、剛体系の原点と配向も時々刻々変化する。向きの変化を追うには、図 10-3(b) のように異なる時刻での剛体を平行移動させて重心を一致させる。すると、G を固定点として剛体が回転運動する様子が見える。実は、固定点のまわりの剛体の瞬間的な運動は、その点を通る 1 本の軸のまわりの回転とみなせる。これを「オイラーの回転定理」と呼ぶ。

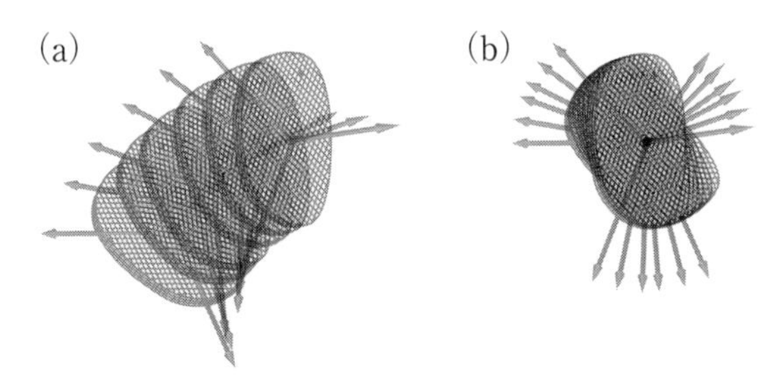

図 10-3　(a) 剛体の 3 次元運動。(b) G のまわりの回転運動。

10.3　剛体運動の基本法則

並進と回転（剛体の運動学）

オイラーの回転定理を踏まえて、(10.3) にあらわれた剛体系の基底ベクトルの時間微分 $\frac{d\bar{e}_x(t)}{dt}$、$\frac{d\bar{e}_y(t)}{dt}$、$\frac{d\bar{e}_z(t)}{dt}$ を考えよう。微小時間 Δt における基底の変化 $\Delta\bar{\boldsymbol{e}}_\alpha = \bar{\boldsymbol{e}}_\alpha(t+\Delta t) - \bar{\boldsymbol{e}}_\alpha(t)$ は、ある瞬間的回転軸のまわりの微小回転とみなせる。対応する回転角を $\Delta\varphi$、瞬間

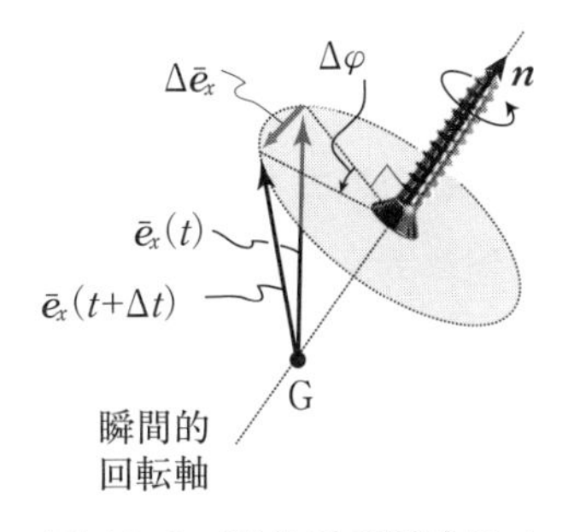

図 10-4　剛体系の基底の 1 つ e_x が瞬間回転する様子

的回転軸方向の単位ベクトルを $\boldsymbol{n}(t)$ とすると、図 10-4 に示すように「回転角度ベクトル」$\Delta\boldsymbol{\varphi}(t) = \boldsymbol{n}(t)\Delta\varphi$ を用いて

$$\Delta\bar{\boldsymbol{e}}_\alpha = \Delta\boldsymbol{\varphi}(t) \times \bar{\boldsymbol{e}}_\alpha(t) \tag{10.4}$$

$(\alpha = x, y, z)$ と書くことができる。ここで、$\boldsymbol{n}$ の向きとしては、回転の向きに回した右ネジが進む向きをとる。

式 (10.4) の両辺を Δt で割り、$\Delta t \to 0$ の極限をとれば

$$\frac{d\bar{\boldsymbol{e}}_\alpha(t)}{dt} = \boldsymbol{\omega}(t) \times \bar{\boldsymbol{e}}_\alpha(t) \tag{10.5}$$

$(\alpha = x, y, z)$ が得られる。ここで、「角速度ベクトル」$\boldsymbol{\omega}(t) \equiv d\boldsymbol{\varphi}(t)/dt$ を導入した。

(10.5) を (10.3) に代入すると、

$$\begin{aligned}\frac{d\boldsymbol{X}_i(t)}{dt} =& \frac{dX(t)}{dt}\boldsymbol{e}_X + \frac{dY(t)}{dt}\boldsymbol{e}_Y + \frac{dZ(t)}{dt}\boldsymbol{e}_Z \\ &+ x_i\boldsymbol{\omega}(t) \times \bar{\boldsymbol{e}}_x(t) + y_i\boldsymbol{\omega}(t) \times \bar{\boldsymbol{e}}_y(t) + z_i\boldsymbol{\omega}(t) \times \bar{\boldsymbol{e}}_z(t) \\ =& \boldsymbol{V}(t) + \boldsymbol{\omega}(t) \times \boldsymbol{R}_i \end{aligned} \tag{10.6}$$

が得られる。なお、$\boldsymbol{\omega}(t)$ は剛体系の原点と基底の選び方にはよらず、剛体の瞬間回転を一意的に表す量である点を注意しておく[1]。

剛体運動の基本方程式

剛体運動を追跡するには重心速度 $\boldsymbol{V}$ と角速度ベクトル $\boldsymbol{\omega}$ を時間の関数として決定すればよい。初期条件のもとでこれらを時間積分すれば重

---

1) G と異なる点 H を剛体系の原点に選び、$\overrightarrow{\mathrm{GH}} = \boldsymbol{h}$、$\overrightarrow{\mathrm{HP}}_i = \boldsymbol{R}'_i(t)$ とすると $\boldsymbol{R}_i = \boldsymbol{h} + \boldsymbol{R}'_i$ なので、これを (10.6) に代入して $\frac{d\boldsymbol{X}_i(t)}{dt} = \boldsymbol{V}(t) + \boldsymbol{\omega} \times \boldsymbol{h} + \boldsymbol{\omega} \times \boldsymbol{R}'_i$ が得られる。これより、点 H の速度は $\boldsymbol{V}(t) + \boldsymbol{\omega} \times \boldsymbol{h}$ と変化するが、角速度ベクトルは $\boldsymbol{\omega}$ のままであり、原点の選び方によらず共通であることがわかる。

心位置と、重心に対する配向が定まる。まず、重心の運動方程式は

$$M\frac{d\boldsymbol{V}}{dt} = \textstyle\sum_i \boldsymbol{F}_i^{外} \tag{10.7}$$

と書ける。これは（重心に質量が集中した）質点力学の問題に過ぎない。一方、回転運動方程式はそう単純ではない。式 (9.15) を改めて書くと

$$\frac{d\boldsymbol{L}_{重心}^{相対}}{dt} = \textstyle\sum_i \boldsymbol{R}_i \times \boldsymbol{F}_i^{外} \tag{10.8}$$

であるが、まずは $\boldsymbol{L}_{重心}^{相対}$ を角速度ベクトル $\boldsymbol{\omega}$ と結びつける必要がある。しかし厄介なことに、「$\boldsymbol{L}_{重心}^{相対}$ と $\boldsymbol{\omega}$ は一般に平行ではない」のである。実は、この一点こそが剛体運動の解析を複雑にしていると言い切ってもよい。次にこの問題を考えよう。

角速度ベクトルと角運動量ベクトルの関係

$\boldsymbol{L}_{重心}^{相対}$ と $\boldsymbol{\omega}$ の関係を正しく捉えることが、剛体運動を理解する上での鍵である。以降の議論では、基本的に重心を剛体系の原点にとる。まず、式 (10.5) より

$$\frac{d\boldsymbol{R}_i}{dt} = \boldsymbol{\omega} \times \boldsymbol{R}_i \tag{10.9}$$

と書くことができる（改めて、これは剛体ならではの関係式である）。これを式 (9.11) に代入すると、

$$\boldsymbol{L}_{重心}^{相対} = \textstyle\sum_i \left[m_i \boldsymbol{R}_i^2 \boldsymbol{\omega} - m_i(\boldsymbol{R}_i \cdot \boldsymbol{\omega})\boldsymbol{R}_i\right] \tag{10.10}$$

が得られる[2)]。これが、$\boldsymbol{L}_{重心}^{相対}$ と $\boldsymbol{\omega}$ を結びつける基本式である。この式から明らかなように、一般に剛体の角運動量は角速度ベクトルに平行で

2）ベクトル三重積の公式 $\boldsymbol{A} \times (\boldsymbol{B} \times \boldsymbol{C}) = (\boldsymbol{A} \cdot \boldsymbol{C})\boldsymbol{B} - (\boldsymbol{A} \cdot \boldsymbol{B})\boldsymbol{C}$ を用いる。

はない。このため、外力のモーメントが働かず角運動量が保存する場合でも、一般に回転軸の向きは時間変化することになる。

回転運動エネルギー

系の運動のエネルギーもみておこう。まず、「固定系」で運動エネルギーを書くと、(10.9) および $\sum_i m_i \boldsymbol{R}_i = 0$ より

$$K = \frac{1}{2}M\boldsymbol{V}^2 + \sum_i \frac{1}{2}m_i\left(\boldsymbol{\omega} \times \boldsymbol{R}_i\right)^2 \tag{10.11}$$

が得られる。回転運動エネルギーはさらに

$$K_{\text{回転}} = \sum_i \frac{1}{2}m_i(\boldsymbol{\omega} \times \boldsymbol{R}_i)^2 = \frac{1}{2}\sum_i m_i[R_i^2\omega^2 - (\boldsymbol{R}_i \cdot \boldsymbol{\omega})^2] \tag{10.12}$$

と書き直せる。ここで、$R_i^2\omega^2 - (\boldsymbol{R}_i \cdot \boldsymbol{\omega})^2 = [R_i^2\boldsymbol{\omega} - (\boldsymbol{R}_i \cdot \boldsymbol{\omega})\boldsymbol{R}_i] \cdot \boldsymbol{\omega}$ であることに注意し、角運動量の式 (10.10) を用いると、

$$K_{\text{回転}} = \frac{1}{2}\boldsymbol{L}^{\text{相対}}_{\text{重心}} \cdot \boldsymbol{\omega} \tag{10.13}$$

と書けることがわかる。この関係式は、重心の運動エネルギーが $K_{\text{重心}} = \frac{1}{2}M\boldsymbol{V}^2 = \frac{1}{2}\boldsymbol{P} \cdot \boldsymbol{V}$ と書けることと類似している（角運動量と運動量、角速度と速度が対応してる）。

10.4　慣性テンソルと慣性主軸

慣性テンソル

$\boldsymbol{L}^{\text{相対}}_{\text{重心}}$、$\boldsymbol{R}_i$、$\boldsymbol{\omega}$ を剛体系での成分で表すと、(10.10) より

$$L_x = \sum_i m_i\left[(y_i^2 + z_i^2)\omega_x - x_i y_i \omega_y - x_i z_i \omega_z\right] \tag{10.14a}$$

$$L_y = \sum_i m_i\left[(x_i^2 + z_i^2)\omega_y - y_i x_i \omega_x - y_i z_i \omega_z\right] \tag{10.14b}$$

$$L_z = \sum_i m_i\left[(x_i^2 + y_i^2)\omega_z - z_i x_i \omega_x - z_i y_i \omega_y\right] \tag{10.14c}$$

が得られる。この結果は、行列を用いて

$$\begin{pmatrix} L_x \\ L_y \\ L_z \end{pmatrix} = \begin{pmatrix} I_{xx} & I_{xy} & I_{xz} \\ I_{yx} & I_{yy} & I_{yz} \\ I_{zx} & I_{zy} & I_{zz} \end{pmatrix} \begin{pmatrix} \omega_x \\ \omega_y \\ \omega_z \end{pmatrix} \tag{10.15}$$

と簡潔に表現できる。ここにあらわれた 3×3 行列（実対称行列）を「慣性テンソル」と呼ぶ。慣性テンソルの対角成分

$$I_{xx} = \textstyle\sum_i m_i(y_i^2 + z_i^2),\ I_{yy} = \sum_i m_i(x_i^2 + z_i^2),\ I_{zz} = \sum_i m_i(x_i^2 + y_i^2) \tag{10.16}$$

を「各軸のまわりの慣性モーメント」と呼ぶ。また、非対角成分

$$I_{xy} = -\textstyle\sum_i m_i x_i y_i,\ I_{yz} = -\sum_i m_i y_i z_i,\ I_{zx} = -\sum_i m_i x_i z_i \tag{10.17}$$

を「慣性乗積」と呼ぶ ($I_{yx} = I_{xy}$, $I_{zy} = I_{yz}$, $I_{xz} = I_{zx}$ である)。このように、慣性テンソルは独立な 6 個の要素からなる。

慣性テンソルは座標成分 x_i, y_i, z_i をあらわに含むので、剛体系の原点だけでなく基底の選び方にも依存する。また、固定系でみた $X_i(t), Y_i(t), Z_i(t)$ を使って慣性テンソルを書くこともできるが、これではすべての成分が時間変化してしまう。このため、固定系で剛体運動を記述することは極めて面倒な話である。しかし、剛体系でみれば x_i, y_i, z_i は時間変化せず、慣性テンソルも時間変化しない。剛体運動を剛体系で解析する大きな利点はこの点にある。

慣性主軸と対称性

慣性テンソルは複雑にみえるが、実際に問題を解く場面で慣性乗積を扱う必要はほとんどない。なぜなら、慣性乗積がすべてゼロとなるような剛体系 $G\bar{x}\bar{y}\bar{z}$ が（剛体系の原点の選び方にもよらず）必ず 存在するか

らである。このような剛体系の座標軸は「慣性主軸」と呼ばれる。慣性主軸が存在するということは、「慣性テンソル（実対称行列）が必ず対角化できる」という命題と等価である。この命題は、「実対称行列は、直交行列により必ず対角化できる」という線形代数の定理によって保証される。

慣性主軸系では慣性テンソルの要素として慣性主軸に沿った慣性モーメント I_{xx}、I_{yy}、I_{zz} のみを考えればよい。これらを簡単に I_x、I_y、I_z と書き、「主慣性モーメント」と呼ぶ。このとき、角速度ベクトルと角運動量の関係は $L_x = I_x\omega_x, \quad L_y = I_y\omega_y, \quad L_z = I_z\omega_z$ と書ける。これより、回転軸が慣性主軸と一致していれば、角運動量と回転軸が平行になることがわかる。例えば、$\boldsymbol{\omega} = (0, 0, \omega_z)$ ならば $\boldsymbol{L} = I_z\boldsymbol{\omega}$ である。また、このような剛体系の各軸を「慣性主軸」と呼ぶ。しかし、回転軸が慣性主軸と一致していなければ、やはり角運動量は回転軸と平行ではない。また、回転運動エネルギーは

$$K_{\text{回転}} = \frac{1}{2}I_x\omega_x^2 + \frac{1}{2}I_y\omega_y^2 + \frac{1}{2}I_z\omega_z^2 \tag{10.18}$$

となる。

対称性と慣性主軸

慣性主軸は剛体の対称性と密接に結びついている。例えば、図 10-5 に示すように xz 平面に対して剛体が面対称である場合を考えよう。このとき、素片 P_i の座標を (x_i, y_i, z_i) とすれば、これと xz 平面に対して対称な位置 $(x_i, -y_i, z_i)$ にも必ず素片がある。剛体全体が面対称である以上、これは素片の選び方によらない性質である。よって慣性乗積のうち、y を含む成分は消える。つまり $I_{xy} = I_{yx} = 0$、$I_{yz} = I_{zy} = 0$ である。さらに、原点として

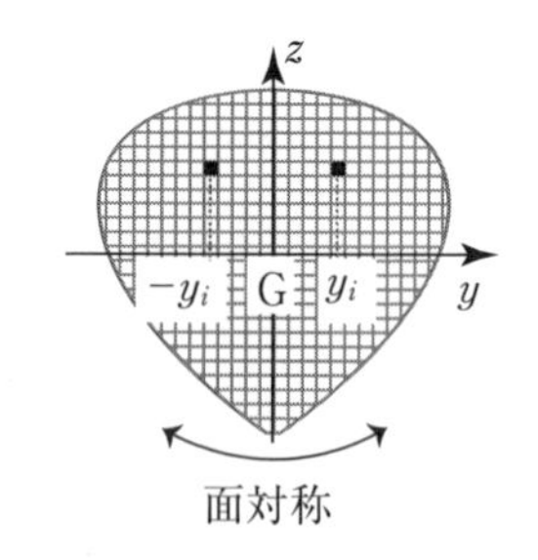

図 10-5　面対称な剛体

重心を選べば、$I_{zx} = I_{xz} = -\sum_i m_i x_i z_i$ もゼロとなる。

また、z 軸のまわりで回転対称な剛体（回転体）の場合、xz 平面、yz 平面の 2 面について面対称である。よって、z 軸に垂直な面内に x 軸、y 軸をとる限りこれらは必ず慣性主軸となる。このようにして、簡単に慣性主軸が定まる。

慣性モーメントの計算

具体的な慣性モーメントの計算法に移ろう。剛体を質量が連続的に分布した連続体として扱うには、素片の位置ベクトル $\boldsymbol{R}_i$ を連続的なベクトル $\boldsymbol{R} = (x, y, z)$ と置き換える。また、素片が占める微小体積要素を $dV = dxdydz$ とすれば、m_i を連続的な質量密度分布を表す関数 $\rho(x, y, z)$ を使って $m_i \to \rho(x, y, z)dV$ と置き換えることができる。こうして、$\sum_i$ を積分に書き直すことができる。この結果、例えば I_z は

$$I_z = \iiint (x^2 + y^2)\rho(x, y, z)dV \tag{10.19}$$

と書ける。もちろん、積分は剛体が分布する空間領域で行う。

円板の慣性モーメント

半径 a、質量 M の一様な材質でできた円板がある。中心軸 (z 軸とする) まわりの主慣性モーメント I_z を計算しよう。極座標を用い、図 10-6 のような素片に分割する。素片の面積は $\Delta S_i = \dfrac{1}{2}[(r_i + \Delta r)^2 - r_i^2]\Delta\varphi \doteqdot r_i \Delta r \Delta\varphi$ である (2 次の微小量は無視)。また、素片の質量は $\Delta m_i = M\dfrac{\Delta S_i}{\pi a^2}$ なので $I_z = \sum_i r_i^2 \Delta m_i$ と書ける。これを積分に直すと

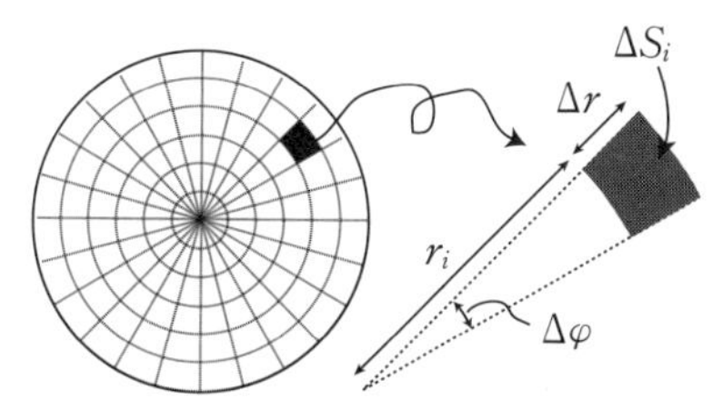

図 10-6　円板の分割

$$I_z = \frac{M}{\pi a^2}\int_0^{2\pi}\int_0^a r^3 dr d\varphi = \frac{M}{\pi a^2}\times 2\pi \times \frac{a^4}{4} = \frac{1}{2}Ma^2 \qquad (10.20)$$

が得られる。また、円板の重心を通り z 軸に垂直な x 軸、y 軸のまわりの慣性モーメントは $I_x = I_y = \frac{1}{2}I_z$ となる[3)]。

回転体の慣性モーメント

図 10-7 のように、yz 平面内の曲線 $y = f(z)$ を z 軸のまわりに回転して得られる曲面（$a \leqq z \leqq b$ とする）で囲まれた剛体（密度 ρ）を考える。z 軸に沿った厚み dz、半径 $f(z)$ の微小スライスの慣性モーメントは、(10.20) より $dI_z = \frac{1}{2}\rho\pi\{f(z)\}^4 dz$ である。これを、$a \leqq z \leqq b$ の範囲で積分すれば

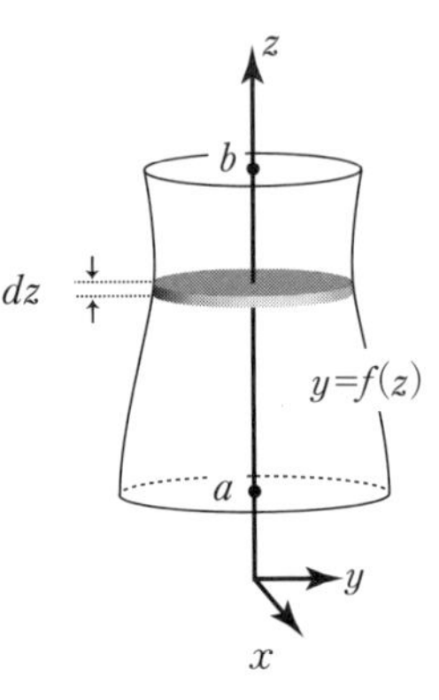

図 10-7　z 軸を回転軸とする回転体状の剛体

$$I_z = \frac{1}{2}\pi\rho\int_a^b \{f(z)\}^4 dz \qquad (10.21)$$

が得られる。これは大変便利な公式である。

例えば半径 a、質量 M の一様な球の場合、$f(z) = \sqrt{a^2 - z^2}$、$-a \leqq z \leqq a$、$\rho = M/(\frac{4}{3}\pi a^3)$ とすれば

$$I_z = \frac{3M}{8a^3}\int_{-a}^{a}(a^2 - z^2)^2 dz = \frac{2}{5}Ma^2 \qquad (10.22)$$

が得られる。公式 (10.21) を「空洞を持つ回転体」に拡張することも容易

---

3) 質量が平面分布した板状物体では、面に垂直に z 軸、$z = 0$ の面内で直交する x 軸, y 軸をとる。この場合、(10.16) において $z_i = 0$ とおけるので $I_x + I_y = I_z$ となる。円板の場合 $I_x = I_y$ なので $I_x = I_y = \frac{1}{2}I_z$。

である[4)]。

10.5　固定軸のまわりの回転

固定軸のまわりの回転

剛体運動として最も単純なのは「固定軸のまわりでの回転運動」である。例として、図 10-8 のように質量 M の剛体に水平な固定軸を通したものを考える。剛体系として、固定軸上の点 H を原点とする $\mathrm{H}\bar{x}\bar{y}\bar{z}$ 系をとる（$\bar{z}$ 軸が回転軸と一致し、$\bar{x}$ 軸は重心 G を通るように）。剛体の角速度ベクトルを $\boldsymbol{\omega} = (0, 0, d\theta/dt)$ とすれば、固定軸のまわりの角運動量は $\boldsymbol{L} = I_{\bar{z}}\boldsymbol{\omega}$ と書ける。ここで、θ は $\bar{x}$ 軸が鉛直下方に対してなす角である。すると、固定軸のまわりの回転運動方程式は $I_{\bar{z}}\frac{d\boldsymbol{\omega}}{dt} = \boldsymbol{N}_{\bar{z}}$ と書ける。ここで、$\boldsymbol{N}_{\bar{z}} = \overrightarrow{\mathrm{HG}} \times (M\boldsymbol{g})$ は重力のモーメントであり、その成分は $\boldsymbol{N}_{\bar{z}} = (0, 0, -Mgh\sin\theta)$ となる。ここで HG$= h$ とおいた。以上より、回転運動方程式の $\bar{z}$ 成分として

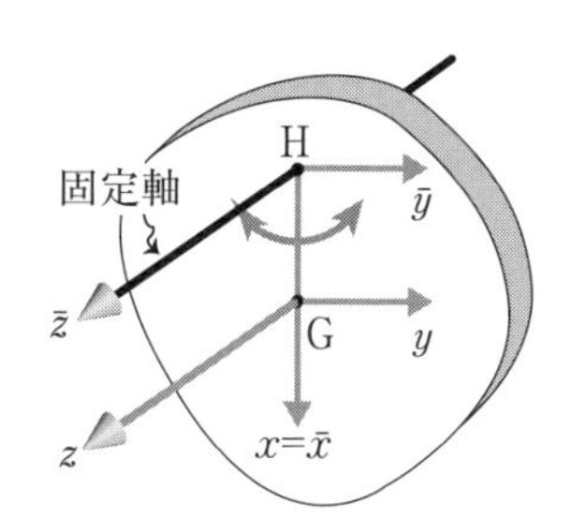

図 10-8　剛体に水平固定軸を通す

$$I_{\bar{z}}\frac{d^2\theta}{dt^2} = -Mgh\sin\theta \tag{10.23}$$

という振り子の方程式が得られる。振幅が微小（$|\theta| \ll 1$）である場合は $\sin\theta \fallingdotseq \theta$ と近似できるので、これは単振動の方程式となる。振動周期は $T = 2\pi\sqrt{I_{\bar{z}}/Mgh}$ となる。

---

4)　さらに、この回転体の y 軸のまわりの慣性モーメントは $I_y = \frac{1}{2}I_z + \pi\rho\int_a^b z^2\{f(z)\}^2 dz$ で与えられる（平行軸の定理を使う）。

平行軸の定理

ここで $I_{\bar{z}} = \sum_i m_i(\bar{x}_i^2 + \bar{y}_i^2)$ は $\bar{z}$ 軸まわりの慣性モーメントである。これに対して、回転軸が重心を通るように平行移動した剛体系を Gxyz（x 軸は共通）とすると、z 軸のまわりの慣性モーメントは $I_z = \sum_i m_i(x_i^2 + y_i^2)$ である。すると

$$I_{\bar{z}} = \sum_i m_i \left\{(x_i + h)^2 + y_i^2\right\} = I_z + 2h\sum_i m_i x_i + Mh^2 \qquad (10.24)$$

となる。ここで、Gxyz は重心系なので $\sum_i m_i x_i = 0$ である。よって $I_{\bar{z}}$ と I_z が

$$I_{\bar{z}} = I_z + Mh^2 \qquad (10.25)$$

と関係付けられることがわかる。この関係式は「平行軸の定理」と呼ばれており、重心を通る軸のまわりの慣性モーメントがわかっているとき、軸を距離 h だけ平行移動した場合の慣性モーメントを直ちに与える便利な公式である。

ところで、(10.25) の右辺第 2 項は簡単な物理的意味を持っている。回転軸のまわりの角運動量は $L_{\bar{z}} = I_{\bar{z}}\omega = I_z\omega + Mh^2\omega$ であるが、この第 2 項は「全質量が重心に集中した質点が点 P のまわりで持つ角運動量」である。つまり、角運動量の基準がずれたことで、「重心の角運動量」が余分に加わったわけである。

坂道を転がるボール[5)]

図 10-9 のようにボールが坂道を転がる運動では、剛体の全素片は 1 つの平面内を運動する。運動方程式としては (10.7)、(10.8) をともに考慮しなくてはならない。斜面に

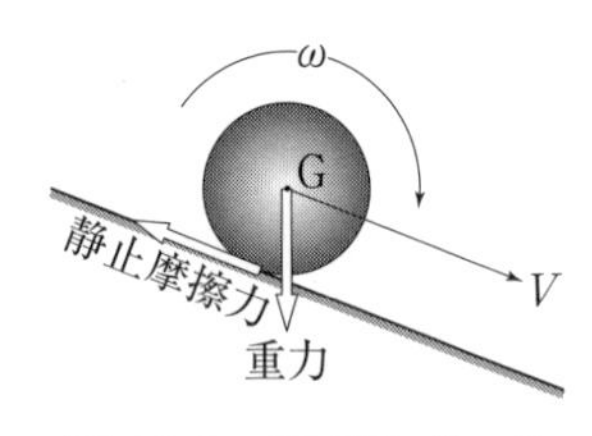

図 10-9　転がるボール

5）この問題は、岸根順一郎, 松井哲男共著『物理の世界』（放送大学教育振興会、2017 年）第 4 章でも取り上げた。

沿う重心速度を V とすると、(10.7) は

$$M\frac{dV}{dt} = Mg\sin\theta - F \tag{10.26}$$

である。F はボールと路面の間の静止摩擦力。次に (10.8) は

$$I\frac{d\omega}{dt} = RF \tag{10.27}$$

となる。I は中心軸のまわりの慣性モーメントである。

ここで、ボールが滑らずに転がるとするともうひとつ条件が増える。つまり

$$V = R\omega \tag{10.28}$$

が成り立つ。以上 (10.26)〜(10.28) より、重心の加速度として

$$\frac{dV}{dt} = \frac{g\sin\theta}{1 + \dfrac{I}{MR^2}} \tag{10.29}$$

が得られる。一様な球体の場合、

$$I = \frac{2}{5}MR^2 \tag{10.30}$$

なので

$$\frac{dV}{dt} = \frac{5}{7}g\sin\theta \tag{10.31}$$

となる。

また、(10.26) の両辺に V をかけ、(10.27) の両辺に ω をかけて辺々足し合わせると力学的エネルギー保存則

$$\frac{1}{2}MV^2 + \frac{1}{2}I_z\omega^2 - MgX\sin\theta = E(\text{一定}) \tag{10.32}$$

が得られる。ボールの運動エネルギーは並進の運動エネルギーと回転の運動エネルギーの和である。このため、位置エネルギーの減り分は並進エ

ネルギーと回転エネルギーに分配される。並進加速度が $\frac{5}{7}g\sin\theta$ となって、質点の場合の加速度 $g\sin\theta$ より小さくなるのはこのためである。

軌道角運動量とスピン角運動量

次に、角運動量を主題とする問題を取り上げよう。図 10-10 のように、スピン (自転) しながら並進するボールの（固定系でみた）角運動量は自転によるスピン角運動量と並進による軌道角運動量の和になる。

$$\boldsymbol{J} = I_G\boldsymbol{\omega} + \boldsymbol{r} \times (m\boldsymbol{V}) \tag{10.33}$$

I_G は球の中心 (重心) のまわりの慣性モーメントであり、右辺第 1 項が自転、第 2 項が公転の角運動量である。

$\boldsymbol{J}$ の大きさは

$$J = I_G\omega + mrV\sin\theta \tag{10.34}$$

並進運動が直線的である場合は、角運動量の原点とその直線との距離 h を使って

$$J = I_G\omega + mrV\sin\theta = I_G\omega + mVh \tag{10.35}$$

と書ける。図 10-10 の場合 $h = R$(ボールの半径) であり、さらに滑らず転がる場合は $R\omega = V$ が成り立つので

$$J = (I_G + mR^2)\omega \tag{10.36}$$

となる。ここで、括弧の中にあらわれた $I_G + mR^2$ は、平行軸の定理 (10.25) そのものであることに注意しよう。

ボールの瞬間的な回転軸は中心を通る軸ではなく、床との接触点を通る軸である。回転軸が平行移動しているのである。

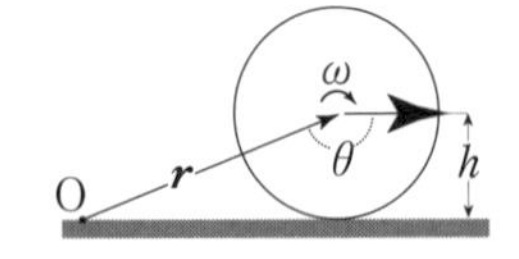

図 10-10　スピンしながら進むボールの角運動量は？

角を駆け上がるボール

自転と公転をともに考慮する好例として次の問題を考えよう。図 10-11 のように、水平面上を半径 a、質量 m の一様な固い球が速度 v で滑らずに転がっている。このとき、前方に高さ h（$h < a$）の段がある。段が高すぎたり、ボールの速度が遅すぎたりするとボールは角を回って段上に乗り上げられないだろう。そこで、「乗り上げ」の条件を検討しよう。ただし、角との衝突に際してボールは滑らないものとする。

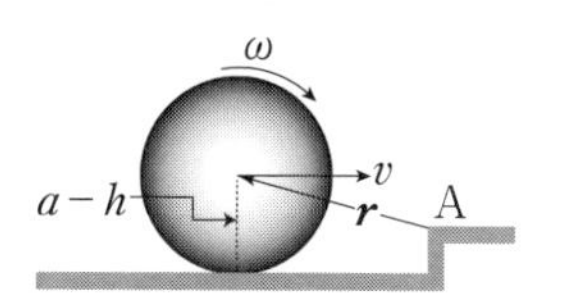

図 10-11　段を駆け上がるボール

衝突の直前直後で、角 A のまわりの角運動量は保存する。なぜなら、球が角から受ける撃力は接触点だけで働くのでトルクを生み出し得ないからである（腕の長さゼロ）。このため、角のまわりの回転は、衝突前にボールが持っている角運動量がそのまま受け継がれる過程である。衝突前の角運動量は、図 10-11 を参照して

$$J = I_G\omega + mv(a-h) \tag{10.37}$$

である [6]。「滑らない」ので $v = a\omega$、つまり

$$J = I_G\omega + ma\omega(a-h) = \left\{I_G + ma^2\left(1 - \frac{h}{a}\right)\right\}\omega \tag{10.38}$$

となる。

一方、衝突直後には、ボールは角 A を瞬間的回転軸として角速度 ω' を持つ。角 A のまわりの慣性モーメントは、平行軸の定理より $I_A = I_G + ma^2$ である。よって角運動量は

$$J' = \left(I_G + ma^2\right)\omega' \tag{10.39}$$

である。

6）(10.35) で、h を $a-h$ で置き換えればよい。

以上で衝突前後の角運動量が記述できたので、(10.38) と (10.39) を等しいとおいて

$$\omega' = \frac{I_G + ma^2(1 - h/a)}{I_G + ma^2}\omega \tag{10.40}$$

が得られる。$\omega' > 0$ でないとボールが段を駆け上がることはできないので、分子が正となる条件から

$$\frac{h}{a} < \frac{I_G}{ma^2} + 1 \tag{10.41}$$

でなくてはならない。ボールが一様な球の場合、$I_G = \frac{2}{5}ma^2$ だからこの条件は $h/a < 7/5$ となる。これはボールが段を駆け上がりはじめることができる条件であって、「段を上りきる」条件はもっときつい。次にこの条件を考えよう。

ボールの重心に着目すると、段を上がりきるためには重心が $a - h$ だけ上昇しなくてはならない。このための条件は衝突直後のボールの運動エネルギーが mgh を超えることである。つまり条件

$$\frac{1}{2}I_A\omega'^2 > mgh \tag{10.42}$$

が必要である。(10.40) を代入すると、初速度の条件として

$$v = a\omega > \frac{\sqrt{\frac{I_G}{ma^2} + 1}}{\frac{I_G}{ma^2} + 1 - h/a} \cdot \sqrt{2gh} \tag{10.43}$$

が得られる。ボールが一様な球の場合、

$$v > \frac{\sqrt{70}a}{7a - 5h} \cdot \sqrt{gh} \tag{10.44}$$

である。

10.6　歳差運動

身近な力学現象の中で、コマの運動ほど「力と運動の関係」を捉えにくい現象はないだろう。逆に、このことがコマの魅力であるともいえる[7)]。ここでは、コマに代表される「固定点のまわりの剛体運動」について考えてみよう。

図 10-12 のように、重い円板に軸を通したものを鉛直軸で支持し、全体として水平に釣り合わせる。この際の重心を G とする。円板の反対側には全体を釣り合わせるためのおもり W が付けてある。ここにさらに余

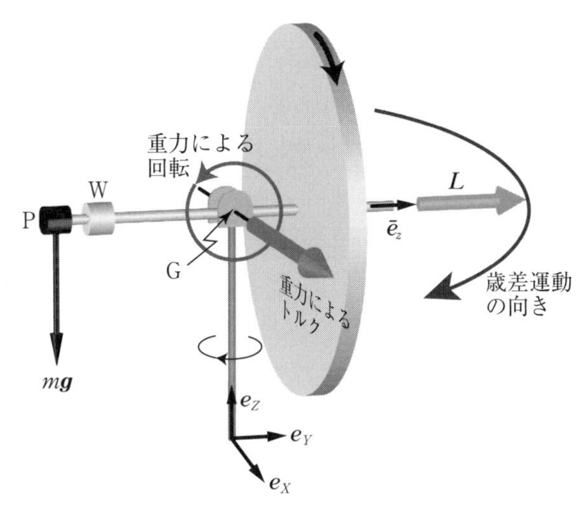

図 10-12　ジャイロ

7)　コマの運動について、19 世紀を代表する物理学者であるマックスウェルは「精密科学の進歩を学ぶものにとって、コマの動きは、惑星運動の謎を解き明かした人類の知的生産と戸惑いの象徴である」と述べている [James Clerk Maxwell, Transactions of the Royal Society of Edinburgh, Vol. XXI. Part IV.(1857) より]。

分のおもりPを加えると、釣り合いが崩れて軸がおもりの側に傾くはずだ。しかし、円板が回転しているとそうはならない。このような装置をジャイロと呼ぶが、その運動は本質的にコマと同じである。

さて、円板の回転運動方程式は

$$\frac{d\boldsymbol{L}}{dt} = \boldsymbol{X} \times (m\boldsymbol{g}) \tag{10.45}$$

$(\overrightarrow{\mathrm{GP}} = \boldsymbol{X})$ となる。

次に角運動量を剛体系（円板に張り付いた系）で書くと

$$\boldsymbol{L} = I_x\omega_x\bar{\boldsymbol{e}}_x + I_y\omega_y\bar{\boldsymbol{e}}_y + I_z\omega_z\bar{\boldsymbol{e}}_z \tag{10.46}$$

である。ここで、水平軸の向きに $\bar{\boldsymbol{e}}_z$ をとる。剛体系なので、主慣性モーメント I_x、I_y、I_z はすべて定数である。すでに強調してきたように、角速度ベクトル $\boldsymbol{\omega}$ と角運動量 $\boldsymbol{L}$ は一般に平行ではない。しかし、コマが勢いよく高速で回転しているとすると、軸まわりの回転角速度だけが極端に大きくなり $\omega_x, \omega_y \ll \omega_z$ という条件が成立する。この場合、(10.46) を $\boldsymbol{L} \fallingdotseq I_z\omega_z\bar{\boldsymbol{e}}_z$ と近似することができる。また、$\boldsymbol{X}$ は常に $\bar{\boldsymbol{e}}_z$ と平行（反対向き）なので $\boldsymbol{X} = -h\bar{\boldsymbol{e}}_z$ とおける $(h \equiv |\boldsymbol{X}|)$。

以上より、$\boldsymbol{X}$ と $\boldsymbol{L}$ は近似的に平行となり、$\boldsymbol{X} = -h\boldsymbol{L}/(I_z\omega_z)$ となる。また、固定系の基底ベクトルを $\boldsymbol{e}_Z$、$\boldsymbol{e}_Y$、$\boldsymbol{e}_Z$ とすると、重力は $m\boldsymbol{g} = -mg\boldsymbol{e}_Z$ と書ける。これらを (10.45) に代入すると

$$\frac{d\boldsymbol{L}}{dt} = \Omega\boldsymbol{L} \times \boldsymbol{e}_Z \tag{10.47}$$

が得られる。ここで、$\Omega = mgh/(I_z\omega_z)$ とおいた。$\boldsymbol{L} \times \boldsymbol{e}_Z$ の向きは、図 10-12 で「トルクの向き」として示した向きである。角運動量は、このトルクの向きに回転していく。図 10-12 の矢印の向きに円板を回転した場合、角運動量は $\bar{\boldsymbol{e}}_z$ を向くから、上から見下ろして時計回りに $\boldsymbol{L}$ が回転す

ることになる。これを「歳差運動」と呼ぶ。この運動をひと言でいうと、図 10-12 に示すように「回転軸を回そうとすると（重力による回転)、そのトルクの向きに回転軸が動く（歳差運動の向き)」ということになる。「回転軸の向き」と「トルクの向き」の関係を正しく捉えればよい。

もう少し詳しくみてみよう。(10.47) を成分ごとに書くと、

$$\frac{dL_X}{dt} = +\Omega L_Y, \quad \frac{dL_Y}{dt} = -\Omega L_X, \quad \frac{dL_Z}{dt} = 0 \tag{10.48}$$

である（固定系 GXYZ で書いていることに注意！)。この第 1 式を時間で微分し、第 2 式を使うと L_X についての単振動の方程式が得られる。L_Y についても同様である。これより、

$$L_X = L_{\perp 0}\cos(\Omega t), \quad L_Y = L_{\perp 0}\sin(\Omega t), \quad L_Z = L_{||0} \tag{10.49}$$

が得られる。ここで、(10.48) 第 1 式に L_X をかけ、第 2 式に L_Y をかけて辺々足すと、$\frac{d}{dt}(L_X^2 + L_Y^2) = 0$ が得られることから、$L_X^2 + L_Y^2$ が一定であることに注意する（この事情を考慮して、(10.49) の L_X と L_Y をそれぞれ cos と sin で書いたわけである)。また、時刻 $t = 0$ での $\boldsymbol{L}$ の水平成分を $L_{\perp 0}$、鉛直成分を $L_{||0}$ とした。

この結果より、角運動量ベクトルは固定系の Z 軸（鉛直軸）のまわりで円錐の側面に沿って周期

$$T = \frac{2\pi}{\Omega} = 2\pi\frac{I_z\omega_z}{mgh} \tag{10.50}$$

の回転運動を行う。歳差運動は、勢いよく回したコマにみられる身近な現象である。

10.7 スピンと摩擦：回転ゆで卵

剛体回転に床との摩擦が関与するとより豊かな運動が起きる。剛体力学の問題としては大変複雑であるが、現象としては身のまわりにたくさんの具体例をみることができる。典型例としてゆで卵の回転運動を取り上げよう。

ゆで卵を床に横置きして勢いよく回転させる。すると、ほどなくしてゆで卵は鉛直に立つ。この運動は、床との動摩擦力が卵に与えるトルクによって引き起こされる、散逸ダイナミクスの例である。卵のモデルとして、長径 a、短径 b の楕円を長軸まわりに回転させた一様な回転楕円体（これを「楕円卵」と呼んでおこう）を考えよう（図 10-13）。楕円卵を水平に置いて重心を通る鉛直軸（単軸）のまわりで回転させる場合 (図 10-13 左側) の慣性モーメントは $I_{\parallel} = M\left(a^2 + b^2\right)/5$ である（M は全質量)。これに対し、長軸を鉛直軸として回転させる場合 (図 10-13 右側) の慣性モーメントは $I_{\perp} = 2Mb^2/5$ である。

一般に、楕円卵のように凸型の軸対称物体の場合、回転角速度が大きくかつ床との摩擦が弱い場合に $J = \Omega h$ という量が近似的に保存することが知られており、ジェレット（Jellett）定数と呼ばれている[8)]。これより、図 10-13 左右の場合の角速度をそれぞれ $\Omega_{\parallel}$、$\Omega_{\perp}$ とすると

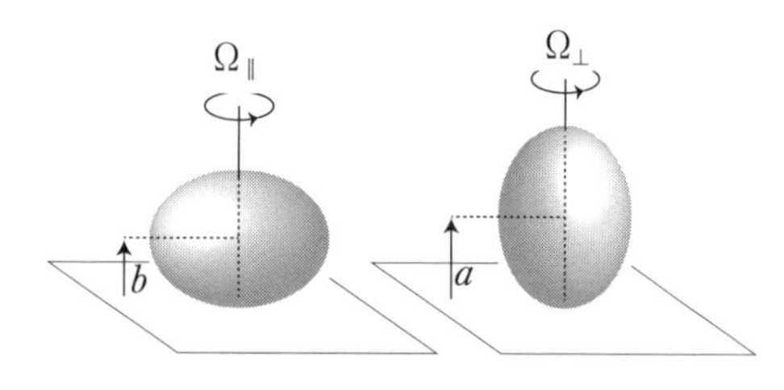

図 10-13 水平面上でゆで卵（ここでは回転楕円体でモデル化）を置いて高速回転させると回転軸が起き上がる。

8）床との接触部分が球面であるような剛体について J. H. Jellett が指摘した。1872 年のことである。

$$J = \Omega_{\parallel} b = \Omega_{\perp} a \tag{10.51}$$

が成り立つことになる。各々の場合の回転運動エネルギーは

$$E_{\parallel} = \frac{1}{2} I_{\parallel} \Omega_{\parallel}^2 = \frac{1}{10} M J^2 \left(\frac{a^2}{b^2} + 1 \right) \tag{10.52a}$$

$$E_{\perp} = \frac{1}{2} I_{\perp} \Omega_{\perp}^2 = \frac{1}{5} M J^2 \frac{b^2}{a^2} \tag{10.52b}$$

となる。すると $a > b$ より $E_{\perp} < E_{\parallel}$ となって、重心を持ち上げて鉛直に立った方が運動エネルギーを得できる。回転が高速の場合、全力学的エネルギーは運動エネルギーが支配すると考えれば、ゆで卵の回転軸が起き上がる機構が説明できる。さらに驚くべきことに回転角速度を大きくしていくと、ゆで卵は回転軸を起き上がらせる過程で床からジャンプする[9)]。図 10-14 はこの瞬間を捉えたものである。

図 10-14　ゆで卵を床に横置きして高速回転させると、回転軸が起き上がる過程で卵がわずかにジャンプする。この様子を捉えた写真。
(提供:下村裕慶應義塾大学教授)

逆立ちゴマ (図 10-15(a)) は低い位置に重心を持つ軸対称な剛体である。安定配置の状態で勢いよく回すと，ほどなくして軸が逆転して回転を続ける。この原理も基本的にゆで卵の軸の回転と同じであ

9) 詳細に興味のある読者は原論文 H. K. Moffat, Y. Shimomura, “Spinning eggs — a paradox resolved,” Nature 416, 385-386 (2002) および下村裕 (著)『ケンブリッジの卵—回る卵はなぜ立ち上がりジャンプするのか』(慶應義塾大学出版会、2007 年) を参照のこと。

ると考えられる。図 10-15(b) では、ヴォルフガング・パウリとニールス・ボーアという現代物理学の巨人２人（量子物理学における電子スピンの概念を打ち立てた）が、逆立ちゴマの運動を興味津々の様子で観察している。身のまわりの物体の力学運動も、ミクロな量子論の世界に負けない謎を秘めているのだ。逆にしばしば、マクロな運動の謎解きがミクロな量子論の謎解きにそのまま生かされる。

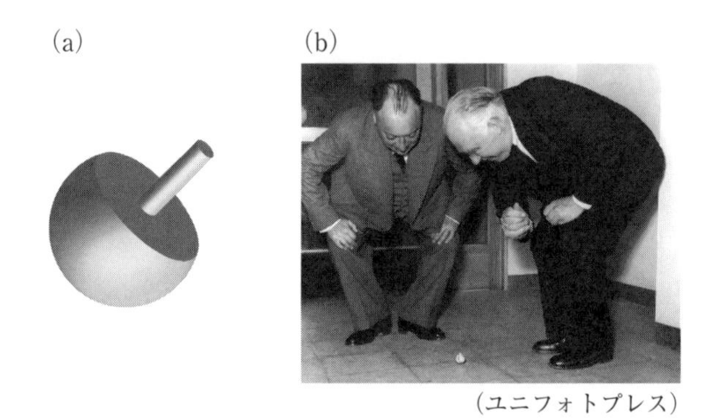

（ユニフォトプレス）

図 10-15　(a) 逆立ちごま、(b) 逆立ちごまの動きを観察するボーアとパウリ。

参考文献

1）江沢洋、中村孔一、 山本義隆共著 『演習詳解 力学』（日本評論社、2011 年）

11 変分原理による記述

小玉英雄

《目標＆ポイント》 これまで、デカルト座標系での運動方程式に基づいて、ニュートン力学における粒子や物体の運動を決定する方法を学んできた。その過程でみたように、実際に運動の問題を解くには、一般座標系と呼ばれるデカルト座標とは異なった座標系や複数の粒子の座標の組み合わせを用いる方が便利であることが多い。このような一般座標系での運動を取り扱う一般的枠組みがラグランジュ形式である。本章では、運動法則の変分原理による定式化を用いて、このラグランジュ形式を導き、さらにいくつかの応用例を紹介する。

《キーワード》 変分原理、ラグランジュ形式、作用積分、仮想仕事の原理、オイラー–ラグランジュ方程式、回転座標系

11.1 変分原理

11.1.1 静力学平衡とポテンシャルの極値問題

互いに力を及ぼす物体の集まりが静力学平衡にある条件は、各要素物体に働く力の総和がゼロとなることである。i 番目の要素物体から j 番目の要素物体に働く力を $\boldsymbol{F}_{i\to j}$ と表すと、要素物体の数を N として、この条件は

$$\sum_{i=1}^{N} \boldsymbol{F}_{i\to j} = 0, \quad \forall j = 1, \cdots, N \tag{11.1}$$

となる。この条件は、各物体の位置 $\boldsymbol{r}_j$ を微少量 $d\boldsymbol{r}_j$ だけ任意に動かしたときの系に対する仕事が常にゼロとなることと同等である（**仮想仕事の原理**）。

$$dW \equiv \sum_{j=1}^{N}\sum_{i=1}^{N} d\boldsymbol{r}_j \cdot \boldsymbol{F}_{i\to j} = 0 \tag{11.2}$$

特に、物体間の力がポテンシャル力のとき、作用反作用の法則 $\boldsymbol{F}_{i\to j} = -\boldsymbol{F}_{j\to i}$ を考慮すると、すべての力の仮想仕事の総和は系の全ポテンシャル $V(\boldsymbol{r}_1,\cdots,\boldsymbol{r}_N) = \sum_{i<j} V_{ij}(\boldsymbol{r}_{ij})(\boldsymbol{r}_{ij} = \boldsymbol{r}_j - \boldsymbol{r}_i)$ の微小変化を用いて

$$dW = \sum_{i<j}(d\boldsymbol{r}_j - d\boldsymbol{r}_i)\cdot \boldsymbol{F}_{i\to j} = -\sum_{i<j} dV_{ij}(\boldsymbol{r}_{ij}) = -dV \tag{11.3}$$

と表される。したがって、この系が静力学平衡となる条件は、ポテンシャル V が臨界値をとる条件

$$\nabla_{\boldsymbol{r}_j} V(\boldsymbol{r}_1,\cdots,\boldsymbol{r}_N) = 0, \quad \forall j = 1,\cdots,N \tag{11.4}$$

と一致する。ここで、$\nabla_{\boldsymbol{r}_j} V$ はベクトル $(\partial_{x_j} V, \partial_{y_j} V, \partial_{z_j} V)$ である。

以上では、各要素物体の位置 $\boldsymbol{r}_j$ は通常の 3 次元デカルト座標で表され、しかも自由に変化できるとしたが、この条件は緩めることができる。例えば、各要素物体の運動が曲線や曲面に制限されたり、剛体のように相互の相対位置が固定されている場合でも、摩擦力が働かず拘束力が運動に垂直なら、拘束力は仮想仕事 dW に寄与しないので、やはり静力学平衡の条件は $dV = 0$ で表される。さらに、物体の位置をデカルト座標でなく極座標などの一般座標で表しても、(座標変換が正則なときには) ポテンシャルの臨界点の位置は変わらない。したがって、力が保存的な系では、最初から全ポテンシャルを問題に適した一般座標で表すことにより、その臨界点として静力学的な平衡配位を求めることができる。

11.1.2　最速降下線

以上では、有限個の要素からなる系の静力学平衡を求める問題が、ポテンシャルに相当する関数の停留点、すなわち仮想変位に対する変分がゼロとなる点を探す問題に帰着されることをみた。この方法は、系の配位が曲線や曲面など連続的な自由度を持つ場合にも適用できる。ここでは例として、最速降下線問題を取り上げる。

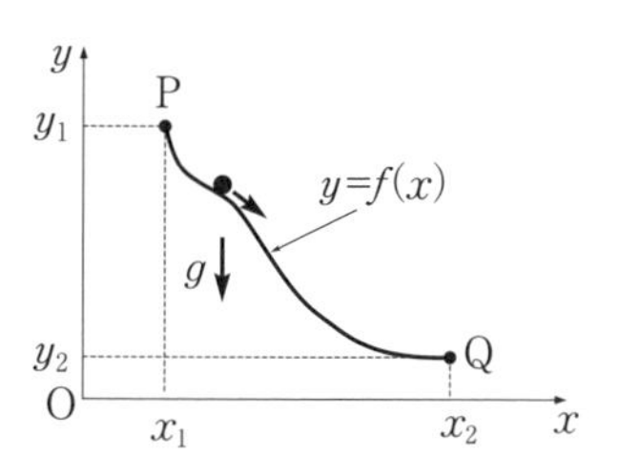

図 11-1　一様な重力場中での曲線に沿った粒子の降下運動

一様な重力場(重力加速度 g) において、重力場の方向に y 軸を、水平方向に x 軸をとり、xy 平面内の点 $\mathrm{P}(x_1, y_1)$ から別の点 $\mathrm{Q}(x_2, y_2)$($x_1 < x_2$, $y_1 > y_2$) に摩擦のない曲線軌道に沿って粒子が滑り落ちるとする（図 11.1.2)。端点 P, Q および P での初速を固定するとき、P から Q に降下するのにかかる時間が最小となる曲線の形状を求めたい。

まず、曲線を $y = f(x)$ とするとき、エネルギー保存則より

$$\frac{1}{2}(\dot{x}^2 + \dot{y}^2) + gy = \frac{1}{2}\left\{1 + (f'(x))^2\right\}\dot{x}^2 + gf(x) = \epsilon(= \text{一定}) \qquad (11.5)$$

となる。これより、降下時間 τ は

$$\tau = \int_{x=x_1}^{x=x_2} dt = \int_{x_1}^{x_2} \frac{dx}{\dot{x}} = \int_{x_1}^{x_2} dx L(f, f') \qquad (11.6)$$

と表される。ここで、

$$L(f, f') = \sqrt{\frac{1 + (f')^2}{2(\epsilon - gf)}} \qquad (11.7)$$

すなわち、降下時間 τ は関数 $f(x)$ の空間上の関数となる。

このような一般に汎関数と呼ばれる関数の空間上の関数の極点を求めるには、有限自由度のポテンシャル極値問題と同様に、関数 $f(x)$ の微小な変形 $\delta f(x)$ に対する汎関数 τ の変化(=変分)を計算すればよい。まず、被積分関数 L は f, f' の通常の意味での関数なので、$\delta L = \delta f \partial L/\partial f + \delta f' \partial L/\partial f'$ となる。$\delta\tau$ はこの積分なので、$\delta f' = (\delta f)'$ を考慮して部分積分すると、

$$\begin{aligned} \delta\tau &= \int_{x_1}^{x_2} dx \left(\frac{\partial L}{\partial f} \delta f(x) + \frac{\partial L}{\partial f'} (\delta f(x))' \right) \\ &= \int_{x_1}^{x_2} dx \left\{ \frac{\partial L}{\partial f} - \frac{d}{dx} \left(\frac{\partial L}{\partial f'} \right) \right\} \delta f(x) + \left[\frac{\partial L}{\partial f'} \delta f(x) \right]_{x_1}^{x_2} \end{aligned} \tag{11.8}$$

を得る。ここで、$[F(x)]_a^b = F(b) - F(a)$ である。われわれは曲線の端点を固定することにしたので、最後の項はゼロとなる。したがって、曲線の任意の微小変形 $\delta f(x)$ に対して変分 $\delta\tau = 0$ となるためには、$x_1 < x < x_2$ を満たす任意の x に対し、

$$\frac{\partial L}{\partial f} - \frac{d}{dx} \left(\frac{\partial L}{\partial f'} \right) = 0 \tag{11.9}$$

が成り立つことが必要となる。

L の具体的な表式をこの式に代入すると、

$$\begin{aligned} &2(a-f)f'' - (f')^2 - 1 = 0 \quad \Leftrightarrow \quad \left[f(f')^2 - a(f')^2 + f \right]' = 0 \\ &\Leftrightarrow \quad (f-a)(f')^2 = b - f \end{aligned} \tag{11.10}$$

を得る。ここで、$a = \epsilon/g$ で、b は積分定数である。この微分方程式の解 $y = f(x)$ は、パラメータ表示で

$$x = -\frac{1}{2}(b-a)(\theta - \sin\theta) + c \tag{11.11a}$$

$$y = \frac{1}{2} \{a + b + (a-b)\cos\theta\} \tag{11.11b}$$

と表される。ここで、c は定数である。この曲線は自転車の車輪の 1 点が描く軌跡と一致するのでサイクロイドと呼ばれる (図 11.1.2)。

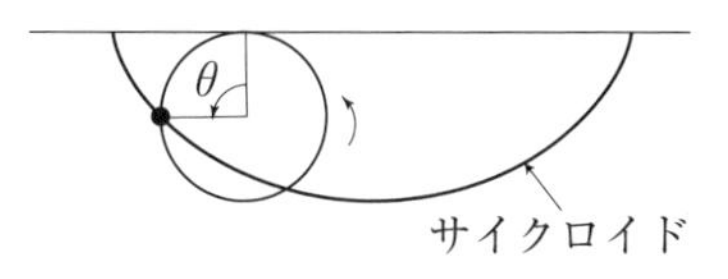

図 11-2　サイクロイド　最速降下線はこの曲線の一部となる。

積分定数 a, b, c および始点 P および終点 Q でのパラメータ θ の値 θ_1、$\theta_2 (0 \leqq \theta \leqq \pi)$ は、(x_1, y_1)、(x_2, y_2) および始点での速度により一意的に定まることが示される。例えば、初速がゼロのとき、$\theta_1 = 0$ で、解は

$$x - x_1 = (x_2 - x_1)\frac{\theta - \sin\theta}{\theta_2 - \sin\theta_2}, \quad y - y_1 = (y_2 - y_1)\frac{1 - \cos\theta}{1 - \cos\theta_2} \tag{11.12}$$

となる。ここで、θ_2 は

$$\frac{y_2 - y_1}{x_2 - x_1} = -\frac{1 - \cos\theta_2}{\theta_2 - \sin\theta_2} \tag{11.13}$$

の解である。

11.2　作用積分とラグランジュ形式

11.2.1　等価力を含めた仮想仕事としての作用積分

前節では、保存力による静的な力学平衡の条件が、仮想仕事を通して、ポテンシャルという系の配置の関数の臨界点を求める問題に書き換えることができることをみた。ここでは、この方法を運動する系に適用し、運動方程式を、時間の関数としての要素物体（あるいは粒子）の位置 $\boldsymbol{r}_i(t)$ の汎関数である作用積分に対する極値問題に書き換えよう。

出発点は、運動方程式の左辺の加速度部分を慣性力として右辺に移項することにより、運動方程式を力の釣り合いの条件と同じ形に書くことである。系が N 個の粒子（または要素物体）からなるとし、i 番目の粒子の空間座標を $\boldsymbol{r}_i(t)$、速度を $\boldsymbol{v}_i = d\boldsymbol{r}_i/dt$, 加速度を $\boldsymbol{a}_i = d\boldsymbol{v}_i/dt$, 質量

を m_i、それに働く力を $\boldsymbol{F}_i = -\nabla_i V$ と表すと、運動方程式は、任意の時刻 t で、

$$\boldsymbol{F}'_i(t) \equiv -m_i \boldsymbol{a}_i(t) + \boldsymbol{F}_i(t) = 0 \tag{11.14}$$

となる。ここで、各粒子の各時刻での任意の仮想変位 $\delta \boldsymbol{r}_i(t)$ に対する有効力 $\boldsymbol{F}'_i$ の仮想仕事は

$$\begin{aligned} \delta W(t) &= \sum_{i=1}^{N} \boldsymbol{F}'_i(t) \cdot \delta \boldsymbol{r}_i = -\sum_{i=1}^{N} m_i \frac{d\boldsymbol{v}_i}{dt} \cdot \delta \boldsymbol{r}_i - \delta V \\ &= \sum_{i=1}^{N} \frac{m_i}{2} \delta(|\boldsymbol{v}_i|^2) - \delta V - \sum_{i=1}^{N} m_i \frac{d}{dt} (\boldsymbol{v}_i \cdot \delta \boldsymbol{r}_i) \end{aligned} \tag{11.15}$$

これを時間 t について t_1 から t_2 まで積分すると、

$$\int_{t_1}^{t_2} dt \delta W(t) = \delta \int_{t_1}^{t_2} dt L - \left[\sum_{i=1}^{N} m_i \boldsymbol{v}_i \cdot \delta \boldsymbol{r}_i \right]_{t_1}^{t_2} \tag{11.16}$$

となる。ここで、時刻 t_1 と時刻 t_2 での粒子系の位置を指定した運動に限定すると、仮想変位としても境界条件

$$\delta \boldsymbol{r}_i(t_1) = \delta \boldsymbol{r}_i(t_2) = 0 \tag{11.17}$$

を満たすものに限定することになる。このとき、最後の境界項はゼロとなるので、結局、運動方程式 (11.14) は、境界条件 (11.17) を満たす任意の変分 $\delta \boldsymbol{r}_i(t)$ に対して、

$$\delta S = 0, \quad S = \int_{t_1}^{t_2} dt L \tag{11.18}$$

が成り立つことと同等になる。ここで、$L = L(\boldsymbol{r}, \boldsymbol{v})$ はポテンシャル $V = V(\boldsymbol{r}_1, \cdots, \boldsymbol{r}_N)$ と運動エネルギー $T = \sum_{i=1}^{N} (m_i/2)|\boldsymbol{v}_i|^2$ を用いて

$$L = T - V \tag{11.19}$$

と表される粒子系の位置と速度の関数で、**ラグランジュ関数**と呼ばれる。すなわち、始点と終点を指定した粒子系の運動を求める問題は、時間の関数 $\boldsymbol{r}_i(t)$ の汎関数である S の臨界点を求める問題に書き換えられたのである。この汎関数 S は**作用積分**と呼ばれ、現代物理学では最も根本的な物理量である。

この作用積分の変分原理による運動法則の定式化は一見、問題を難しくしているだけにみえる。しかし、実際には、第 12 章〜第 14 章で詳しくみるように、この定式化は原理的な一般論と実際に問題を解くことの双方において非常に有用である。例えば、静力学平衡のポテンシャル変分問題による記述の場合と全く同様の理由で、いったん極値問題として定式化してしまえば、極点を求めるのにどのような座標系を用いてもよく、保存的な拘束条件を前もって考慮することも容易である。次に、この点を簡単な例で具体的にみてみよう。

11.2.2　簡単な例：単振り子

一様な重力場中で、支点からつるされた質量の無視できる長さ l の伸びないひもに、おもりを付けた単振り子を考える。おもりの質量を m、ひもの鉛直方向からの振れ角を θ とすると、運動エネルギーは $T = ml^2\dot{\theta}^2/2$, ポテンシャルエネルギーは重力加速度を g とするとき $V = -lmg\cos\theta$ となるので、ラグランジュ関数は

$$L = \frac{m}{2}l^2\dot{\theta}^2 + lmg\cos\theta \tag{11.20}$$

となる。$\theta(t)$ の仮想変位 $\delta\theta(t)$ に対する作用積分の変分は

$$\begin{aligned} \delta S &= \int_{t_1}^{t_2} dt \left[ml^2\dot{\theta}\frac{d\delta\theta(t)}{dt} - lmg\sin\theta\delta\theta(t) \right] \\ &= \int_{t_1}^{t_2} dt \left[-ml^2\ddot{\theta} - lmg\sin\theta \right] \delta\theta(t) + \left[ml^2\dot{\theta}\delta\theta(t) \right]_{t_1}^{t_2} \end{aligned} \tag{11.21}$$

となる。したがって、変分方程式 $\delta S = 0$ は、直接 $\theta(t)$ に対する運動方程式

$$\ddot{\theta} + \omega^2 \sin\theta = 0, \quad \omega = \sqrt{\frac{g}{l}} \tag{11.22}$$

を与える。

11.2.3 一般座標でのオイラー-ラグランジュ方程式

11.1 節でみたように、変分原理による運動法則の定式化の大きな利点は、出発点としたデカルト座標系とは異なる任意の座標系（一般座標系）への変換が容易にできる点である。そこで、本節では、一般座標で表されたラグランジュ関数に対する運動方程式を導き、いくつかの例でその有用性をみることにする。

一般座標系を $q = (q^i)$ として、ラグランジュ関数 L が q、その時間微分 $\dot{q} = (\dot{q}^i)$ および時間 t の一般的な関数 $L(q, \dot{q}, t)$ であるとする。このとき、座標の時間変化の仮想変位 $\delta q(t)$ に対する作用積分の変分は

$$\begin{aligned}
\delta S &= \delta \int_{t_1}^{t_2} dt L(q, \dot{q}, t) \\
&= \int_{t_1}^{t_2} dt \sum_{i=1}^{N} \left\{ \frac{\partial L}{\partial q^i} \delta q^i(t) + \frac{\partial L}{\partial \dot{q}^i} \delta \dot{q}^i(t) \right\} \\
&= \int_{t_1}^{t_2} dt \sum_{i=1}^{N} \left[\frac{\partial L}{\partial q^i} - \frac{d}{dt}\left(\frac{\partial L}{\partial \dot{q}^i} \right) \right] \delta q^i(t) + \sum_{i=1}^{N} \left[\frac{\partial L}{\partial \dot{q}^i} \delta q^i(t) \right]_{t_1}^{t_2}
\end{aligned} \tag{11.23}$$

ここで、始点 $t = t_1$ と終点 $t = t_2$ の位置を固定すると最後の境界項はゼロとなる。したがって、この境界条件を満たす任意の仮想変位 $\delta q(t)$ に対して $\delta S = 0$ となる条件は

$$\frac{d}{dt}\left(\frac{\partial L}{\partial \dot{q}^i}\right) = \frac{\partial L}{\partial q^i} \tag{11.24}$$

で与えられる。この方程式は**オイラー − ラグランジュ方程式**と呼ばれる。

11.2.4　2 次元球対称ポテンシャル中の粒子

2 次元平面において、原点 O からの距離 $r = |\boldsymbol{r}|$ のみに依存するポテンシャル $V = V(r)$ による力を受けて運動する質量 m の粒子を考える。この粒子のラグランジュ関数は,　直交座標系 $\boldsymbol{r} = (x, y)$ において、

$$L = \frac{m}{2}(\dot{x}^2 + \dot{y}^2) - V(r) \tag{11.25}$$

で与えられる。対応するオイラー – ラグランジュ方程式方程式は

$$m\ddot{x} = -V'(r)\frac{x}{r}, \quad m\ddot{y} = -V'(r)\frac{y}{r} \tag{11.26}$$

となる。この運動方程式は、x 成分と y 成分がポテンシャルを通して結合しており、一見、解くのが難しそうにみえる。しかし、極座標 (r, ϕ) を $(x, y) = (r\cos\phi, r\sin\phi)$ により導入すると、$|\boldsymbol{v}|^2 = \dot{r}^2 + r^2\dot{\phi}^2$ となるので、ラグランジュ関数は

$$L = \frac{m}{2}(\dot{r}^2 + r^2\dot{\phi}^2) - V(r) \tag{11.27}$$

対応するオイラー方程式は

$$\theta \text{ 方向} \quad : \quad \frac{d}{dt}(mr^2\dot{\phi}) = 0 \tag{11.28a}$$

$$r \text{ 方向} \quad : \quad \frac{d}{dt}(m\dot{r}) = -V'(r) + mr\dot{\phi}^2 \tag{11.28b}$$

で与えらえる。第 1 式は角運動量保存則 $mr^2\dot{\phi} = J(=$ 一定$)$ を与える。一方、第 2 式は、この保存則を用いると

$$m\ddot{r} = -V'(r) + \frac{J^2}{mr^3} = -\frac{d}{dr}\left(V(r) + \frac{J^2}{2mr^2}\right) \tag{11.29}$$

となり、r についての閉じた運動方程式を与える。この方程式は、有効ポテンシャル $\tilde{V} = V(r) + \frac{J^2}{2mr^2}$ に対応するポテンシャル力を受け直線上を運動する粒子の運動方程式と一致するので、エネルギー保存則

$$\frac{m}{2}\dot{r}^2 + V(r) + \frac{J^2}{2mr^2} = E \tag{11.30}$$

が成り立つ。したがって、求積可能である。

11.2.5 円錐振り子

単振り子では振動面を 2 次元面に限定したが、この拘束を外し、おもりが支点から一定距離を保って自由に運動するとすると、より豊かな運動パターンがあらわれる。図 11-3 に示したように、この振り子のおもりの位置はひもの振れ角 θ および支点を通る鉛直線 (z 軸) を回転軸とする方位角 ϕ で記述される。ラグランジュ関数は

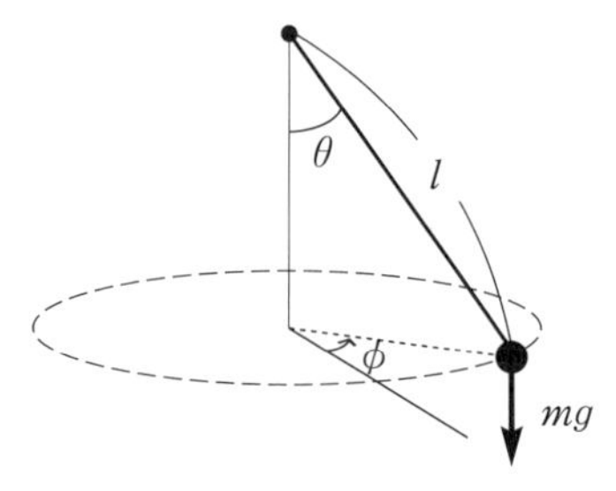

図 11-3 円錐振り子

$$L = \frac{m}{2}l^2(\dot{\theta}^2 + \dot{\phi}^2 \sin^2\theta) + mgl\cos\theta \tag{11.31}$$

で与えられるので、オイラー方程式は

$$\phi \text{ 方向} \quad : \quad \frac{d}{dt}(ml^2 \sin^2\theta\,\dot{\phi}) = 0 \tag{11.32a}$$

$$\theta \text{ 方向} \quad : \quad \frac{d}{dt}(ml^2\dot{\theta}) = \frac{m}{2}l^2\sin(2\theta)\dot{\phi}^2 - mgl\sin\theta \tag{11.32b}$$

となる。第 1 式は z 軸のまわりの角運動量保存則 $ml^2\dot{\phi}\sin^2\theta = J$ (一定) を与える。この保存則を用いると、第 2 式は θ についての閉じた運動方程式

$$\ddot{\theta} + \frac{g}{l}\sin\theta = \frac{J^2}{m^2l^4}\frac{\cos\theta}{\sin^3\theta} \tag{11.33}$$

を与える。この式に $\dot{\theta}$ をかけて時間について積分すると、エネルギー保存則

$$E = \frac{1}{2}m|\boldsymbol{v}|^2 - mgl\cos\theta = \frac{1}{2}ml^2\dot{\theta}^2 + \frac{J^2}{2ml^2\sin^2\theta} - mgl\cos\theta = \text{一定} \tag{11.34}$$

を得る。したがって、11.2.4 の例と同様に、求積法で一般解を求めることができる。

この 3 次元振り子で、$J = 0$ とすると、単振り子が得られる。一方、$J \neq 0$ なら、$\theta =$ 一定となる解が存在する。実際、(11.33) において、$\theta =$ 一定とすると、

$$\frac{\sin^4\theta}{\cos\theta} = \frac{J^2}{m^2l^3g} \quad \Leftrightarrow \quad \dot{\phi}^2 = \frac{g}{l\cos\theta} \tag{11.35}$$

を得る。したがって、回転角速度 $\dot{\phi}$ を指定すると、θ が決まる。このような運動をする振り子は**円錐振り子**と呼ばれる。

11.3　回転座標系

11.3.1　回転系における見かけの力

慣性座標系 $\boldsymbol{r}$ に対して一定の角速度 Ω で回転する座標系 $\boldsymbol{r}'$ からみると、粒子の運動方程式がどのように変化するかをみてみよう。単位ベクトル $\boldsymbol{n}$ を軸とする角度 θ の回転を表す直交行列を $R(\theta)$ とする。このとき、慣性座標系 $\boldsymbol{r}$ と回転座標系 $\boldsymbol{r}'$ の関係は

$$\boldsymbol{r} = R(\Omega t)\boldsymbol{r}' \tag{11.36}$$

と表される。一般に、任意の定ベクトル $\boldsymbol{X}$ と微小量 $d\theta$ に対して、

$$R(\theta + d\theta)\boldsymbol{X} = R(\theta)R(d\theta)\boldsymbol{X} = R(\theta)\left[\boldsymbol{X} + d\theta\boldsymbol{n} \times \boldsymbol{X} + \mathrm{O}\left(d\theta^2\right)\right] \tag{11.37}$$

が成り立つので、

$$\frac{d}{d\theta}R(\theta)\boldsymbol{X} = R(\theta)(\,\boldsymbol{n}\times\boldsymbol{X}) \tag{11.38}$$

となる。上記の座標変換式を時間微分してこの公式を用いると、それぞれの座標系での速度ベクトル $\boldsymbol{v}$ および $\boldsymbol{v}'$ の関係式

$$\boldsymbol{v} = R(\Omega t)\,(\boldsymbol{v}' + \boldsymbol{\Omega}\times\boldsymbol{r}') \tag{11.39}$$

を得る。ここで、$\boldsymbol{\Omega} = \Omega\boldsymbol{n}$ は回転角速度ベクトルである。

もとの慣性系でポテンシャル $V(\boldsymbol{r})$ 内を運動する質量 m の粒子を考えると、

$$|\boldsymbol{v}|^2 = |\boldsymbol{v}' + \boldsymbol{\Omega}\times\boldsymbol{r}'|^2 = |\boldsymbol{v}'|^2 + |\boldsymbol{\Omega}\times\boldsymbol{r}'|^2 + 2\boldsymbol{\Omega}\cdot(\boldsymbol{r}'\times\boldsymbol{v}') \tag{11.40}$$

より、回転座標系での系のラグランジュ関数は

$$L = \frac{m}{2}|\boldsymbol{v}'|^2 + m\boldsymbol{\Omega}\cdot(\boldsymbol{r}'\times\boldsymbol{v}') + \frac{m}{2}\Omega^2\left\{|\boldsymbol{r}'|^2 - (\boldsymbol{n}\cdot\boldsymbol{r}')^2\right\} - V(R(\Omega t)\boldsymbol{r}') \tag{11.41}$$

となる。このラグランジュ関数は通常の場合と異なり、速度について1次の項を含んでいる。オイラー－ラグランジュ方程式を求めると

$$\frac{d}{dt}(m\boldsymbol{v}' + m\boldsymbol{\Omega}\times\boldsymbol{r}') = -m\boldsymbol{\Omega}\times\boldsymbol{v}' - {}^{T}R(\Omega t)\nabla V + m\Omega^2\{\boldsymbol{r}' - (\boldsymbol{n}\cdot\boldsymbol{r}')\boldsymbol{n}\} \tag{11.42}$$

整理すると、

$$m\boldsymbol{a}' = -2m\boldsymbol{\Omega}\times\boldsymbol{v}' + m\Omega^2\{\boldsymbol{r}' - (\boldsymbol{n}\cdot\boldsymbol{r}')\boldsymbol{n}\} + R(-\Omega t)\boldsymbol{F}(R(\Omega t)\boldsymbol{r}') \tag{11.43}$$

を得る。ここで、$\boldsymbol{F}(\boldsymbol{r}) = -\nabla V(\boldsymbol{r})$ はポテンシャル力である。この運動方程式は、(11.39) を時間で微分することによって導くこともできる。

$$\boldsymbol{a} \equiv R(\Omega t)(\boldsymbol{a}' + \boldsymbol{\Omega}\times\boldsymbol{v}') + R(\Omega t)\boldsymbol{\Omega}\times(\boldsymbol{v}' + \boldsymbol{\Omega}\times\boldsymbol{r}') = \frac{1}{m}\boldsymbol{F}(\boldsymbol{r}) \tag{11.44}$$

運動方程式 (11.43) の右辺の最初の 2 項は、回転座標系からみることによって生じる見かけの力である。その第 2 項は、回転角速度ベクトルに垂直な面に沿って外向きに放射状に働く力で、**遠心力**と呼ばれる。その大きさは、回転軸からの距離 $r'_\perp$ と粒子の角運動量の回転軸方向成分 $J = m\Omega(r'_\perp)^2$ を用いて、$J^2/(m(r'_\perp)^3)$ と表され、11.2.4 で求めた動径方向の運動方程式 (11.29) の右辺の第 2 項と対応する。また、11.2.5 の円錐振り子解は、一定速度 $\dot{\phi}$ で回転する系からみると、振り子が触れ角 θ の位置で止まっているようにみえることになるが、これは重力と遠心力およびひもの応力の釣り合いとして理解できる。実際、平衡条件 (11.35) より、遠心力：重力 $= ml\sin\theta\dot{\phi}^2 : mg = \sin\theta : \cos\theta$ が成り立つ。

一方、第 1 項は粒子の速度に比例し、方向は速度と回転角速度ベクトルの双方に垂直となり、速度の方向を回転させる作用を持つ。この見かけの力は**コリオリ力**と呼ばれ、気象現象で重要な役割を果たす。これは、地球の自転のため、地球に対する大気の運動がコリオリ力を受けるためである。これをみるために、緯度 γ の地点で、運動が地平面に平行であるとすると、正規直交基底ベクトル $\boldsymbol{e}_i (i = 1, 2, 3)$ を、$\boldsymbol{e}_1$ を東向き、$\boldsymbol{e}_2$ を北向き、$\boldsymbol{e}_3$ を鉛直方向上向きにとると、$\boldsymbol{\Omega} = \Omega\cos\gamma\boldsymbol{e}_2 + \Omega\sin\gamma\boldsymbol{e}_3$ なので、コリオリ力は

$$-2m\boldsymbol{\Omega}\times\boldsymbol{v}' = -2m\Omega\sin\gamma(-v'_2\boldsymbol{e}_1 + v'_1\boldsymbol{e}_2) + 2m\Omega\cos\gamma v'_1\boldsymbol{e}_3 \quad (11.45)$$

したがって、

$$\frac{d}{dt}\begin{pmatrix} v'_1 \\ v'_2 \end{pmatrix} = -2\Omega\sin\gamma J\begin{pmatrix} v'_1 \\ v'_2 \end{pmatrix} + \cdots, \quad J = \begin{pmatrix} 0 & -1 \\ 1 & 0 \end{pmatrix} \quad (11.46)$$

となる。行列 J は 2 次元での無限小回転 $R(d\theta) = I_2 + d\theta J + \mathrm{O}\left(d\theta^2\right)$ を表すので、この式は、コリオリ力が回転角速度 $2\Omega\sin\gamma$ で物体の速度ベクトルを時計回りに回転させる作用を持つことを示している。例えば、北半球では

$\sin\gamma > 0$ なので、大気の流れは圧力勾配方向から右に振られることになる。このため、図 11-4 に示したように低気圧や台風に対して風は左巻きに流れ込み、赤道の北側の貿易風は南西向きに吹くことになる。$\sin\gamma < 0$ となる南半球では振れ方は逆になる。

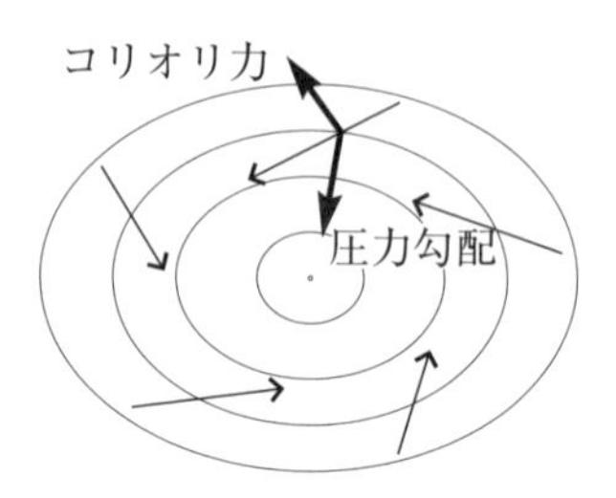

図 11-4　低気圧における風の流れに対するコリオリ力の作用

11.3.2　フーコーの振り子

地球の自転によるコリオリ力を実験的に検証する最も有名な実験として、フーコーの振り子がある。この実験を理解するには、地上の固定された支点からつるされた振り子の運動方程式を求める必要がある。そのために、まず、地上の緯度 γ の 1 点 P において地球に固定された局所的な直交座標系 (x, y, z) を導入する。座標軸を定義する正規直交基底 $(\boldsymbol{e}_1, \boldsymbol{e}_2, \boldsymbol{e}_3)$ としては、まず $\boldsymbol{e}_1$ は 11.3.1 と同様に東向きの単位ベクトルにとるが、$\boldsymbol{e}_3$ は鉛直上方から角度 β だけ北向きにずれた方向の単位ベクトルにとる（図 11.3.2)。これは、$\boldsymbol{e}_3$ を重力と遠心力を加えた有効重力の鉛直方向に一致させるためである。β の値は後ほど決定する。残りの $\boldsymbol{e}_2$ はこれらに直交する単位ベクトルにとる。向きはこの基底が右手系となるように選ぶ。このとき、11.3.1 で導入した地球に対する静止系での位置ベクトル

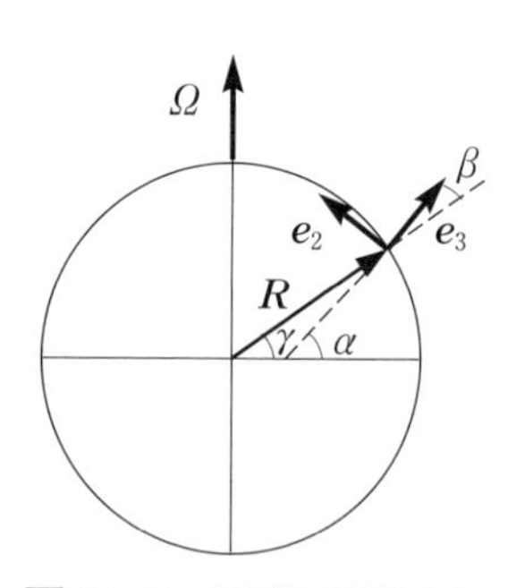

図 11-5　地球に固定された局所座標系

トル $\boldsymbol{v}'$ は、

$$\boldsymbol{r}' = \boldsymbol{R} + x\boldsymbol{e}_1 + y\boldsymbol{e}_2 + z\boldsymbol{e}_3 \tag{11.47a}$$

$$\boldsymbol{v}' = \dot{x}\boldsymbol{e}_1 + \dot{y}\boldsymbol{e}_2 + \dot{z}\boldsymbol{e}_3 \tag{11.47b}$$

と表される。ここで、$\boldsymbol{R}$ は点 P の位置ベクトルで、$\boldsymbol{e}_2, \boldsymbol{e}_3$ を用いて

$$\boldsymbol{R} = -R\sin\beta\boldsymbol{e}_2 + R\cos\beta\boldsymbol{e}_3 \tag{11.48}$$

と表される。また、地球の自転を表す回転角速度ベクトル $\boldsymbol{\Omega}$ は、$\boldsymbol{e}_2$ とのなす角を α として、

$$\boldsymbol{\Omega} = \Omega(\cos\alpha\boldsymbol{e}_2 + \sin\alpha\boldsymbol{e}_3) \tag{11.49}$$

緯度 γ は α と β を用いて $\gamma = \alpha - \beta$ と表される。

この局所直交系において、図 11-3 と同じ円錐振り子を考えると、座標 (x, y, z) は 2 つの角度座標 (θ, ϕ) を用いて

$$x = l\sin\theta\cos\phi, \quad y = l\sin\theta\sin\phi, \quad z = -l\cos\theta \tag{11.50}$$

と表される。以上の式を用いて、(11.41) の最初の 3 項を書き直すと

$$|\boldsymbol{v}'|^2 = l^2(\dot{\theta}^2 + \sin^2\theta\dot{\phi}^2) \tag{11.51a}$$

$$\begin{aligned}\boldsymbol{\Omega}\cdot(\boldsymbol{r}'\times\boldsymbol{v}') &= \Omega l^2\sin\theta(\cos\alpha\cos\theta\sin\phi + \sin\theta\sin\alpha)\dot{\phi} \\ &\quad -\Omega l^2\cos\alpha\cos\phi\dot{\theta} + lR\Omega\cos\gamma\frac{d}{dt}(\sin\theta\cos\phi)\end{aligned} \tag{11.51b}$$

$$\begin{aligned}(r')^2 - (\boldsymbol{n}\cdot\boldsymbol{r}')^2 &= -2lR\cos\gamma\sin\alpha\sin\theta\sin\phi - 2lR\cos\gamma\cos\alpha\cos\theta \\ &\quad +R^2\cos^2\gamma + \mathrm{O}\left(l^2\right)\end{aligned} \tag{11.51c}$$

を得る。一方、ポテンシャル項 $V = -GmM/r$ は、l/R について 1 次まで近似すると

$$\begin{aligned}-V = &\ mgl\sin\beta\sin\theta\sin\phi + mgl\cos\beta\cos\theta \\ &+mgR + mgl\mathrm{O}\left(l/R\right)\end{aligned} \tag{11.52}$$

となる。ここで、$g = GM/R^2$ は地表の重力加速度である。

以上の4項(11.51a)〜(11.51c), (11.52)を足したものが系のラグランジュ関数となる。遠心力ポテンシャル(11.51c)と重力ポテンシャル(11.52)は、振り子の振れ角 θ だけでなく方位角 ϕ にも依存するが、β を以下のように選ぶとラグランジュ関数の ϕ への依存性をなくすことができる。

$$mgl\sin\beta = m\Omega^2 lR\sin\alpha\cos\gamma \quad \Leftrightarrow \quad \sin\beta \fallingdotseq \frac{\Omega^2 R}{2g}\sin(2\gamma) \tag{11.53}$$

実際の β の値は

$$\beta \fallingdotseq 1.7\times 10^{-3}\sin(2\gamma) \tag{11.54}$$

と非常に小さい。

すでに触れたように、この β の値は、本来の重力と遠心力の和である有効重力の方向に $\boldsymbol{e}_3$ をとることに相当する。このとき、ラグランジュ関数はよい精度で次の式で近似できる。

$$\begin{aligned} L \fallingdotseq\ & \frac{m}{2}l^2(\dot{\theta}^2 + \sin^2\theta\dot{\phi}^2) + ml^2\Omega\sin\theta(\cos\gamma\cos\theta\sin\phi + \sin\gamma\sin\theta)\dot{\phi} \\ & -m\Omega l^2\cos\gamma\cos\phi\dot{\theta} + mgl\cos\theta \end{aligned} \tag{11.55}$$

これより、ϕ 方向のオイラー–ラグランジュ方程式は

$$\frac{d}{dt}\left[\sin^2\theta(\dot{\phi} + \Omega\sin\gamma)\right] \fallingdotseq 2\Omega\dot{\theta}\cos\gamma\sin\phi\sin^2\theta \tag{11.56}$$

となる。この式の左辺は θ^2 程度、右辺は θ^3 程度となるので、振り子の振れ角 θ が小さいと仮定すると、右辺をゼロとおくことができ、結局

$$\sin^2\theta(\dot{\phi} + \Omega\sin\gamma) \fallingdotseq C(= 一定) \tag{11.57}$$

を得る。これは、慣性系における3次元振り子に対する角運動量保存則に対応し、C は振り子の角運動量に応じてさまざまな値をとるが、$\theta = 0$

の位置から運動を始めることを要請すると、$C=0$ となる。したがって、

$$\dot{\phi} = -\Omega \sin\gamma \tag{11.58}$$

このとき、θ 方向の運動は近似的に単振り子と一致する。実際、θ 方向のオイラー – ラグランジュ方程式は

$$\ddot{\theta} + \frac{g}{l}\sin\theta \fallingdotseq \frac{1}{2}\sin(2\theta)\dot{\phi}^2 + \Omega\dot{\phi}\left(\sin\gamma\sin(2\theta) - 2\sin^2\theta\sin\phi\right) \tag{11.59}$$

となるが、$\dot{\phi}$ が (11.58) で与えられるとき、この式の右辺は $\Omega^2\sin\theta$ 程度の大きさとなり、ω を振り子の角振動数として $\omega^2\sin\theta$ 程度となる左辺第 2 項に比べると無視できる。したがって、θ の振る舞いは通常の単振り子と一致する。このとき、(11.58) は単振り子の振動面が角速度 $-\Omega\sin\gamma$ でゆっくり回転することを意味する。したがって、$\Omega = 2\pi/(24\,\text{時間})$ なので、振り子の振動面が一日で $-360^\circ \times \sin\gamma$ 回転することになる (図 11-6)。

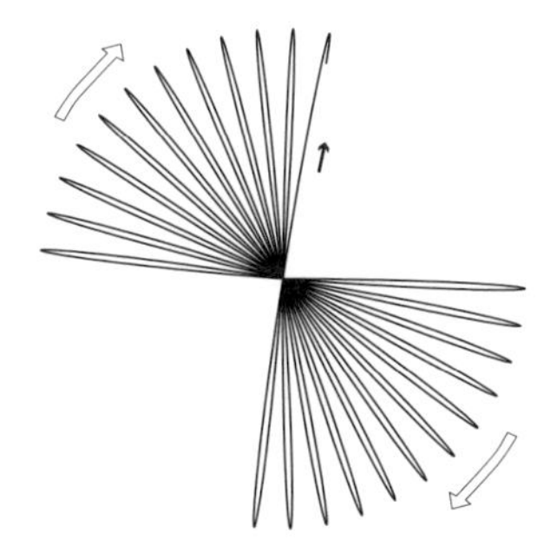

図 11-6　フーコーの振り子の (x, y) 平面での振る舞い　緯度は 35 度、振り子の周期は 1 時間とした場合の、11 時間 50 分間でのおもりの軌道。

12 ラグランジュ形式の応用

小玉英雄

《目標&ポイント》 本章では、ラグランジュ形式の応用として、系の対称性と保存則の対応についてネターの公式を中心として説明し、いくつかの応用例を紹介する。また、ラグランジュ法を用いて3次元的な非調和振動子の振る舞いを調べる。さらに、拘束条件がある系への変分原理の拡張処方であるラグランジュ未定係数法について解説する。

《キーワード》 保存則、サイクリック座標、ネターの公式、ジャイロ運動、未定係数法

12.1 対称性と保存則

12.1.1 サイクリック座標と保存則

前章の11.2.4、11.2.5で取り上げた例では、ラグランジュ関数がϕ座標に依存せず、その結果として角運動量保存則が得られることをみた。これらの例のように、ラグランジュ関数が$\dot{q}$には依存するがqには依存しない座標qが存在するとき、qは**サイクリック座標**であるという。サイクリック座標に対しては、オイラー–ラグランジュ方程式より、常に対応する運動量$p = \partial L/\partial \dot{q}$が保存する。

$$\frac{d}{dt} \cdot \frac{\partial L}{\partial \dot{q}} = \frac{\partial L}{\partial q} = 0 \quad \Rightarrow \quad p \equiv \frac{\partial L}{\partial \dot{q}} = \text{一定} \tag{12.1}$$

もちろん、サイクリック座標が複数存在すれば、その数だけ独立な保存則が得られる。

例えば、3次元空間でx座標のみに依存するポテンシャル$V(x)$のも

とで運動する粒子に対しては、y と z はサイクリック座標となるので、$p_y \equiv \partial L/\partial \dot{y}$ と $p_z \equiv \partial L/\partial \dot{z}$ が保存される。また、11.2.5 で取り上げた円錐振り子の例では、方位角 ϕ がサイクリック座標となり、角運動量保存則 $p_\phi \equiv \partial L/\partial \dot{\phi} = ml^2 \dot{\phi} \sin^2 \theta =$ 一定が得られる。

12.1.2　エネルギー保存則

ラグランジュ形式を用いると、ラグランジュ関数が直接時間に依存しない系では常にエネルギー保存則が成り立つことを示すことができる。まず、時間座標を一定値だけずらす変換 $t' = t + \epsilon$ を考える。このとき、対応して一般座標の変換 $q(t) \to q'(t') = q(t)$ を行うと、$L(q(t), \dot{q}(t)) = L(q'(t'), \dot{q}'(t'))$ より、

$$\int_{t_1}^{t_2} dt L(q(t), \dot{q}(t)) = \int_{t_1'}^{t_2'} dt' L(q'(t'), \dot{q}'(t')) = \int_{t_1'}^{t_2'} dt L(q'(t), \dot{q}'(t))$$
$$= \int_{t_1+\epsilon}^{t_2+\epsilon} dt L(q(t-\epsilon), \dot{q}(t-\epsilon)) \equiv S(\epsilon) \tag{12.2}$$

これより、ϵ が無限小として、

$$0 = \frac{d}{d\epsilon} S(\epsilon) \equiv \int_{t_1}^{t_2} dt \sum_i \left\{ \frac{\partial L}{\partial q^i}(-\dot{q}^i) + \frac{\partial L}{\partial \dot{q}^i} \frac{d}{dt}(-\dot{q}^i) \right\} + [L(q, \dot{q})]_{t_1}^{t_2}$$
$$= \int_{t_1}^{t_2} dt \sum_i \left(\frac{\partial L}{\partial q^i} - \frac{d}{dt}\left(\frac{\partial L}{\partial \dot{q}^i} \right) \right) (-\dot{q}^i) + \left[-\sum_i \frac{\partial L}{\partial \dot{q}^i} \dot{q}^i + L \right]_{t_1}^{t_2} \tag{12.3}$$

最後の式において、オイラー - ラグランジュ方程式が成り立つと最初の積分項はゼロとなる。したがって、$q(t)$ が運動方程式の解のとき、

$$H(t_1) = H(t_2), \quad H = \sum_i \frac{\partial L}{\partial \dot{q}^i} \dot{q}^i - L \tag{12.4}$$

が任意の時刻 t_1, t_2 に対して成り立つ。すなわち、H は保存量となる。$L = T - V$ で、T が速度 $\dot{q}$ の同次 2 次式、V が q のみの関数となる標準的な場合には、

$$H = 2T - (T - V) = T + V \tag{12.5}$$

となり、通常のエネルギーと一致する。したがって、H は通常のエネルギーの一般化を与える。

12.1.3 ネターの公式

これまで、サイクリック座標には保存則が対応することをみたが、例えば q^1 がサイクリックであるということは、$q^1 \to q'^1 = q^1 + \epsilon$ という座標の変換でラグランジュ関数が不変であることと同等である。このこととエネルギー保存則が時間推進変換 $t \to t' = t + \epsilon$ に対して不変であることの結果であることを思い起こすと、ラグランジュ関数の不変性と保存則が対応していることが予想される。実はこの予想が正しいことがエミー・ネターにより一般的な形で示されている。

最も一般的な変換に対する不変性を考えると議論が複雑になるので、ここでは、配位変数 $q = (q^i)$ の時間に依存しない無限小変換に対して不変である場合について、ネターの公式を証明する。すなわち、ϵ が無限小の極限をとることを前提として、ラグランジュ関数が変換 $q \to q' = q + \delta q : \delta q = f(q)\epsilon$ に対して不変だとする。この不変性は

$$\frac{d}{d\epsilon} L(q', \dot{q}', t) = 0 \tag{12.6}$$

と表される。この式を時間 t で $t = t_1$ から $t = t_2$ まで積分すると、エネルギー保存則を得た場合と同様の部分積分を用いた変形により

$$
\begin{aligned}
0 &= \int_{t_1}^{t_2} dt \sum_i \left(\frac{\partial L}{\partial q^i} \delta q^i(t) + \frac{\partial L}{\partial \dot{q}^i} \delta \dot{q}^i \right) \\
&= \int_{t_1}^{t_2} dt \sum_i \left(\frac{\partial L}{\partial q^i} - \frac{d}{dt} \left(\frac{\partial L}{\partial \dot{q}^i} \right) \right) \delta q^i(t) + \left[\sum_i \frac{\partial L}{\partial \dot{q}^i} \delta q^i(t) \right]_{t_1}^{t_2}
\end{aligned} \tag{12.7}
$$

を得る。運動方程式の解に対しては、最後の式の第 1 項はゼロとなるので、次の保存則が得られる（ネターの公式)。

$$
\delta q = \epsilon f(q) \quad \Rightarrow \quad Q(t_2) = Q(t_1), \quad Q \equiv \sum_i \frac{\partial L}{\partial \dot{q}^i} f^i(q) \tag{12.8}
$$

以上の議論で、ラグランジュ関数の不変性に対する条件は、次のように緩めることができる。

$$
\frac{d}{d\epsilon} L(q', \dot{q}', t) = \frac{d}{dt} \lambda(q) \tag{12.9}
$$

すなわち、ラグランジュ関数が厳密に不変ではないが、変換による変化は q の関数の時間微分で書けるとする。すると、この右辺の時間積分は両端の時刻での $\lambda(q)$ の値の差となるので、ここまでの議論と同様の計算をすると、運動方程式の解に対して、

$$
\left[\sum_i \frac{\partial L}{\partial \dot{q}^i} \delta q^i(t) - \epsilon \lambda(q) \right]_{t_1}^{t_2} = 0 \tag{12.10}
$$

を得る。したがって、(12.8) で定義した Q は保存しないが、

$$
\tilde{Q} \equiv \sum_i \frac{\partial L}{\partial \dot{q}^i} f^i(q) - \lambda(q) \tag{12.11}
$$

が保存量となる。

12.1.4　並進運動量と角運動量の保存則

$L = \sum_i m_i |\boldsymbol{v}_i|^2/2 - V(\boldsymbol{r}_1, \cdots, \boldsymbol{r}_N)$ をラグランジュ関数とする粒子系に対して、V が空間並進 $\boldsymbol{r_i} \to \boldsymbol{r_i} + \boldsymbol{a}$($\boldsymbol{a}$ は任意の定ベクトル) に対して不変だとする。例えば、V が粒子の相対座標 $\boldsymbol{r}_i - \boldsymbol{r}_j$ のみに依存する場合にはこの条件が満たされる。このとき、ネターの公式より $\sum_i \boldsymbol{p}_i \cdot \boldsymbol{a}$ が任意の $\boldsymbol{a}$ に対し保存されるので、全運動量 $\boldsymbol{P} = \sum_i \boldsymbol{p}_i$ の保存則が得られる。

また、単位ベクトル $\boldsymbol{n}$ を軸とする微小角度 ϵ の回転による空間座標 $\boldsymbol{r}$ の変化は

$$\delta \boldsymbol{r} = \epsilon \boldsymbol{n} \times \boldsymbol{r} \tag{12.12}$$

で与えられるので、ポテンシャル V が空間回転で不変なら

$$J(\boldsymbol{n}) \equiv \sum_i \frac{\partial L}{\partial \boldsymbol{v}_i} \cdot (\boldsymbol{n} \times \boldsymbol{r}_i) = \boldsymbol{n} \cdot \left(\sum_i m_i \boldsymbol{r}_i \times \boldsymbol{v}_i \right) \tag{12.13}$$

が任意の $\boldsymbol{n}$ に対して保存される。これより、全角運動量

$$\boldsymbol{J} = \sum_i m_i \boldsymbol{r}_i \times \boldsymbol{v}_i \tag{12.14}$$

の保存則が得られる。

12.1.5　電磁場中の相対論的粒子の運動

(1)　ラグランジュ関数と運動方程式

静電ポテンシャル $\phi(\boldsymbol{r}, t)$、ベクトルポテンシャル $\boldsymbol{A}(\boldsymbol{r}, t)$ の中を運動する電荷 q の荷電粒子のラグランジュ関数は、特殊相対性理論に従うと

$$L = -m_0 c^2 \sqrt{1 - v^2/c^2} + q(-\phi + \boldsymbol{v} \cdot \boldsymbol{A}) \tag{12.15}$$

で与えられる。ここで、c は光速、m_0 は静止質量と呼ばれる粒子の質量パラメータである。また、電場 $\boldsymbol{E}$ と磁場 $\boldsymbol{B}$ は、電磁ポテンシャル $(\phi/c, \boldsymbol{A})$

を用いて

$$\boldsymbol{E} = -\nabla\phi - \partial_t \boldsymbol{A}, \quad \boldsymbol{B} = \nabla \times \boldsymbol{A} \tag{12.16}$$

と表される。実は、$\boldsymbol{E}$ と $\boldsymbol{B}$ を指定しても、ϕ と $\boldsymbol{A}$ は一意的に定まらず、時間と空間座標の任意関数 $\lambda = \lambda(\boldsymbol{r}, t)$ をパラメータとする次の変換で表される不定性が残される。

$$\phi \to \phi - \partial_t \lambda, \quad \boldsymbol{A} \to \boldsymbol{A} + \nabla\lambda \tag{12.17}$$

この不定性は電磁ポテンシャルのゲージ自由度と呼ばれるが、この変換のラグランジュ関数への作用は

$$L \to L + q\frac{d}{dt}\lambda \tag{12.18}$$

と関数の時間微分を加えるだけなので、運動方程式には影響しない。したがって、このゲージ自由度は最も都合のよいものに固定して議論することが許される。

このラグランジュ関数から定義される粒子の並進運動量は

$$\boldsymbol{P} \equiv \frac{\partial L}{\partial \boldsymbol{v}} = \boldsymbol{p} + q\boldsymbol{A} \tag{12.19}$$

$$\boldsymbol{p} = m\boldsymbol{v}, \quad m = m_0\gamma, \quad \gamma = \left(1 - \frac{v^2}{c^2}\right)^{-1/2} \tag{12.20}$$

で与えられる。ここで、$\boldsymbol{p}$ は自由粒子に対する運動量で、その表式はニュートン理論と見かけ上同じであるが、質量 m の値が速度に依存する点が特殊相対性理論での重要な違いである。もちろん、電磁ポテンシャルがゼロでないと、一般には L は並進変換で不変でないため、並進運動量 $\boldsymbol{P}$ は保存されない。実際、オイラー–ラグランジュ方程式は

$$\frac{d}{dt}\boldsymbol{P} = q(-\nabla\phi + \sum_{i=1}^{3} v^i \nabla A_i) \tag{12.21}$$

となる。この運動方程式は、次の標準的な形に書き換えることができる。

$$\dot{\boldsymbol{p}} = q(\boldsymbol{E} + \boldsymbol{v} \times \boldsymbol{B}) \tag{12.22}$$

同様に、時間並進に対する保存量であるエネルギーは

$$\mathscr{E} \equiv \boldsymbol{v} \cdot \frac{\partial L}{\partial \boldsymbol{v}} - L = mc^2 + q\phi \tag{12.23}$$

となるが、

$$\frac{d}{dt}\mathscr{E} = q(\partial_t \phi - \boldsymbol{v} \cdot \partial_t \boldsymbol{A}) \tag{12.24}$$

より、電磁ポテンシャルが時間に依存しないときにのみ $\mathscr{E}$ は保存される。

次に、角運動量は

$$\boldsymbol{J} \equiv \boldsymbol{r} \times \frac{\partial L}{\partial \boldsymbol{v}} = \boldsymbol{r} \times (\boldsymbol{p} + q\boldsymbol{A}) \tag{12.25}$$

で定義されるが、その時間変化は

$$\frac{d}{dt}\boldsymbol{J} = q\left\{\boldsymbol{v} \times \boldsymbol{A} + \boldsymbol{r} \times \nabla(\boldsymbol{v} \cdot \boldsymbol{A} - \phi)\right\} \tag{12.26}$$

となる。この右辺は、無限小回転に対する $\boldsymbol{v} \cdot \boldsymbol{A} - \phi$ の変化と一致する。

(2)　一様な磁場中での運動

このように、一般の定常電磁場中では並進運動量や角運動量は保存しないが、電磁場の配位が対称性を持つとそれらの一部が保存されるようになる。ここでは、例として一様な磁場 $\boldsymbol{B}$ の中で運動する荷電粒子を考える。電磁ポテンシャルは、$\nabla \times (\boldsymbol{B} \times \boldsymbol{r}) = (\nabla \cdot \boldsymbol{r})\boldsymbol{B} - \boldsymbol{B} \cdot \nabla \boldsymbol{r} = 3\boldsymbol{B} - \boldsymbol{B} = 2\boldsymbol{B}$ より、

$$\phi = 0, \quad \boldsymbol{A} = \frac{1}{2}\boldsymbol{B} \times \boldsymbol{r} \tag{12.27}$$

と選ぶことができる。以下、z 軸を $\boldsymbol{B}$ の方向にとり、z 軸方向の基底ベクトル $\boldsymbol{e}_3$ を用いて、$\boldsymbol{B} = B\boldsymbol{e}_3$($B$ は定数) と表されるとする。まず、場が時間変化しないので、エネルギーが保存される。

$$\mathscr{E} = mc^2 = m_0c^2\gamma = 一定 \tag{12.28}$$

これは、粒子の速度の大きさ $v = |\boldsymbol{v}|$ が一定であることを意味する。次に、z 軸方向の併進 $z \to z + \epsilon$ に対して、$\boldsymbol{B} \times (\boldsymbol{r} + \epsilon\boldsymbol{e}_3) = \boldsymbol{B} \times \boldsymbol{r}$ より、z 軸方向の並進運動量が保存される。

$$P_z = p_z = mv_z = 一定 \quad \Rightarrow \quad z = v_zt + c \tag{12.29}$$

これは「$v_z = 一定$」を意味するので、エネルギー保存則より、速度の z 軸に垂直な成分 $\boldsymbol{v}_\perp$ の大きさ $v_\perp = |\boldsymbol{v}_\perp|$ も一定となる。

$\boldsymbol{v}_\perp$ の方向の時間変化を決定するひとつの方法は、運動方程式

$$m\frac{d}{dt}\boldsymbol{v}_\perp = qB\boldsymbol{e}_3 \times \boldsymbol{v}_\perp \tag{12.30}$$

を直接解くアプローチであるが、ここでは 12.1.3 の最後に説明した、拡張されたネターの公式を用いる方法を紹介する。まず、いまの電磁ポテンシャルについて、並進 $\delta\boldsymbol{r} = \boldsymbol{\epsilon}$ に対するラグランジュ関数の変化を計算すると、

$$\delta L = \frac{d}{dt}\left(-\frac{q}{2}\boldsymbol{\epsilon}\cdot(\boldsymbol{B} \times \boldsymbol{r})\right) \tag{12.31}$$

と $\boldsymbol{r}$ の関数の時間微分となる。したがって、$\boldsymbol{P}$ は保存しないが、

$$\tilde{\boldsymbol{P}} \equiv \boldsymbol{p} + q\boldsymbol{A} + \frac{q}{2}\boldsymbol{B} \times \boldsymbol{r} = \boldsymbol{p} + q\boldsymbol{B} \times \boldsymbol{r} \tag{12.32}$$

は保存されることがわかる。したがって、適当な定数ベクトル $\boldsymbol{a} = (a, b, 0)$

を用いて

$$\tilde{\boldsymbol{P}}_\perp = m\boldsymbol{v}_\perp + q\boldsymbol{B}\times\boldsymbol{r}_\perp = q\boldsymbol{B}\times\boldsymbol{a} \tag{12.33}$$

が成り立つ。これを

$$\frac{d}{dt}(\boldsymbol{r}_\perp - \boldsymbol{a}) = -\frac{qB}{m}\boldsymbol{e}_3\times(\boldsymbol{r}_\perp - \boldsymbol{a}) \tag{12.34}$$

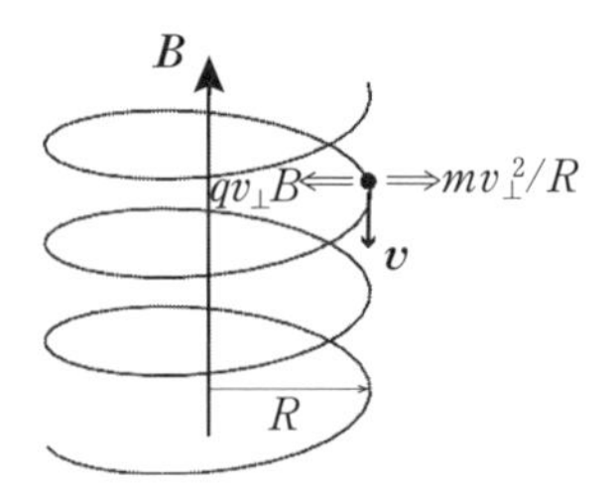

図 12-1 一様磁場中での荷電粒子のジャイロ運動

と書き換えると、$\boldsymbol{r}_\perp - \boldsymbol{a}$ が角速度 $\omega = qB/m$ で円運動することが直ちにわかる。これより、運動方程式の一般解は

$$x = a + R\cos(\omega t+\delta), \quad y = b - R\sin(\omega t+\delta), \quad z = c + v_z t \tag{12.35}$$

となる。これは、x, y 方向に角速度 ω で一定半径 $R = v_\perp/\omega$ の円運動をしながら、z 軸方向に一定の速度で運動するらせん運動を表し、**ジャイロ運動**と呼ばれる (図 (2))。物理的には、x, y 方向の振る舞いは、遠心力 $mR\omega^2 = mv_\perp^2/R$ と磁気力による向心力 $qv_\perp B$ の釣り合いによる円運動として理解できる。

12.2 複雑な振動系

図 12.2 に示したような、xy 平面で一端の固定された 3 本のバネにつながれた質量 m のおもりがどのような運動をするか調べよう。バネの固定端点は $(l, 0)$, $(-l/2, \sqrt{3}l/2)$, $(-l/2, -\sqrt{3}l/2)$ の位置にあり、バネはすべて同じバネ定数 k を持つとする。おもりの運動が x, y 平面に拘束されているとすると、おもりの座標を

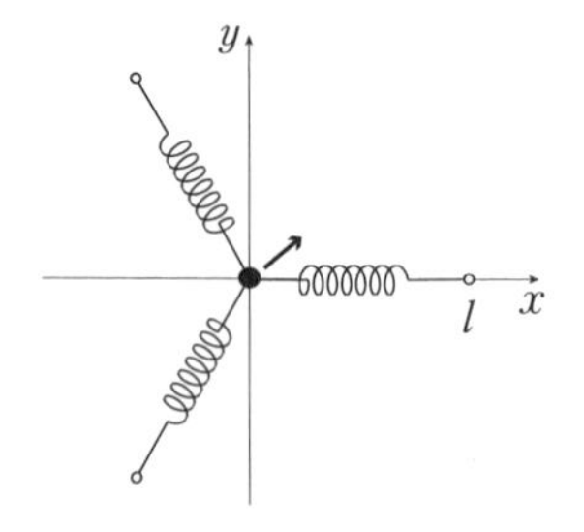

図 12-2 3 本のバネにつながれたおもり

(x,y) として、運動エネルギーとポテンシャルエネルギーは

$$T = \frac{m}{2}(\dot{x}^2+\dot{y}^2) \tag{12.36a}$$

$$V = \frac{k}{2}\left[\left(\sqrt{(x-l)^2+y^2}-l\right)^2+\left(\sqrt{(x+l/2)^2+(y-\sqrt{3}l/2)^2}-l\right)^2 + \left(\sqrt{(x+l/2)^2+(y+\sqrt{3}l/2)^2}-l\right)^2\right] \tag{12.36b}$$

で与えられる。$|x|,|y|$ が l に比べて十分小さいとき、x,y について 2 次までとると、ポテンシャルは

$$V \fallingdotseq \frac{3}{4}k(x^2+y^2) \tag{12.37}$$

で近似される。この近似のもとで、ラグランジュ関数は

$$L = \frac{m}{2}(\dot{x}^2+\dot{y}^2) - \frac{3}{4}k(x^2+y^2) \tag{12.38}$$

となる。したがって、x 座標と y 座標はそれぞれ独立に角振動数 $\omega = \sqrt{3k/(2m)}$ の調和振動をすることになる。

$$x = a\cos(\omega t)+b\sin(\omega t), \quad y = c\cos(\omega t)+d\sin(\omega t) \tag{12.39}$$

$(a,b) \propto (c,d)$ のとき、おもりの軌道は直線となるが、一般には軌道は楕円となる。実際、

$$\begin{pmatrix} x \\ y \end{pmatrix} = A\begin{pmatrix} \cos(\omega t) \\ \sin(\omega t) \end{pmatrix}, \quad A = \begin{pmatrix} a & b \\ c & d \end{pmatrix} \tag{12.40}$$

において、任意の正方行列 A は常に、適当な直交行列 O_1, O_2 と定数 p,q を用いて

$$A = O_1\begin{pmatrix} p & 0 \\ 0 & q \end{pmatrix}O_2 \tag{12.41}$$

と表されるので、O_1 による回転で定義される座標系

$$\begin{pmatrix} x' \\ y' \end{pmatrix} = {}^T\!O_1 \begin{pmatrix} x \\ y \end{pmatrix} \tag{12.42}$$

では、軌道の方程式は

$$\frac{(x')^2}{p^2} + \frac{(y')^2}{q^2} = \cos^2(\omega t) + \sin^2(\omega t) = 1 \tag{12.43}$$

と表される。ここで、O_1 と p, q は、

$$A\ {}^T\!A = O_1 \begin{pmatrix} p^2 & 0 \\ 0 & q^2 \end{pmatrix} {}^T\!O_1 \tag{12.44}$$

より、対称行列 $A\ {}^T\!A$ に対する固有値問題を解くことにより容易に求まる。

これまで、おもりが xy 平面内を運動する場合を考えてきたが、今度は、この面に垂直な方向に運動する場合をみてみよう。簡単のため、運動は z 軸 $(x = y = 0)$ に沿った 1 次元運動であるとする。すると、運動エネルギーとポテンシャルエネルギーは

$$T = \frac{m}{2}\dot{z}^2, \quad V = \frac{3k}{2}\left(\sqrt{z^2 + l^2} - l\right)^2 \tag{12.45}$$

で与えられる。これまでと同様に、まず、$|z| \ll l$ となる微小振動を考えると、V を z について展開して

$$V = \frac{3k}{8} l^2 z^4 + \mathrm{O}\left(z^6\right) \tag{12.46}$$

を得る。したがって、z 軸方向の運動は微小振動でも調和振動とはならない。

しかし、依然として運動は周期運動となる。実際、この系ではエネル

ギー保存則

$$\frac{m}{2}\dot{z}^2+\frac{3k}{2}\left(\sqrt{z^2+l^2}-l\right)^2=E(=\text{一定}) \tag{12.47}$$

が成り立つ。この式を無次元量で表すために、$\omega=\sqrt{k/m}$, $v=\dot{z}/(\omega l)$, $q=z/l$, $\epsilon^2=2E/(ml^2\omega)$ とおくと、

$$v^2+3\left(\sqrt{q^2+1}-1\right)^2=\epsilon^2 \tag{12.48}$$

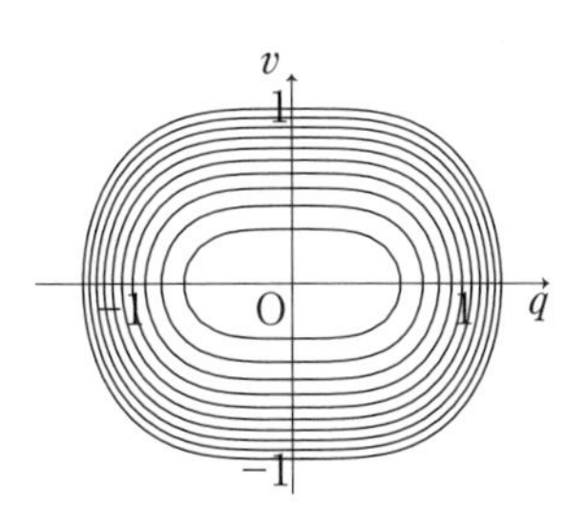

図 12-3　(q,v) 平面での定エネルギー軌道

となる。この等エネルギー条件は、図 12-3 に示したように、(q,v) 平面ではすべて閉曲線となり、おもりの位置と速度はこの閉曲線を周期的に運動することになる。ただし、調和振動子と異なり、$z=0$ の平面 $(q=0)$ の近傍では、おもりはほぼ等速運動をする。また、振動の周期 P は振幅（あるいはエネルギー）に依存し、$\omega dt=dq/v$ より、

$$\omega P=4\int_0^{q_{\max}}\frac{dq}{\sqrt{\epsilon^2-3(\sqrt{q^2+1}-1)^2}}=\frac{4\{2\Pi(c,\kappa)-K(\kappa)\}}{\sqrt{\epsilon}\sqrt{2\sqrt{3}+\epsilon}} \tag{12.49}$$

と表される。ここで、κ と c は ϵ の関数

$$\kappa=\sqrt{\frac{\epsilon-2\sqrt{3}}{\epsilon+2\sqrt{3}}},\quad c=\frac{\epsilon}{\epsilon+2\sqrt{3}} \tag{12.50}$$

である。また、$K(\kappa)$ と $\Pi(c,\kappa)$ は楕円積分

$$K(\kappa)=\int_0^1\frac{dz}{\sqrt{(1-z^2)(1-\kappa^2z^2)}} \tag{12.51a}$$

$$\Pi(c,\kappa)=\int_0^1\frac{dz}{(1-cz^2)\sqrt{(1-z^2)(1-\kappa^2z^2)}} \tag{12.51b}$$

である。これより、$E \to 0$ で周期は無限大となる。

$$\omega P \to \frac{4K(\sqrt{-1})}{\sqrt{2\epsilon\sqrt{3}}} = \frac{2.81\cdots}{\sqrt{\epsilon}} \tag{12.52}$$

一方、E が大きくなり振幅が l より十分大きくなると、大振幅ではラグランジュ関数が調和振動子の形に近づくので、周期も角振動数 $\sqrt{3}\omega$ の調和振動子の値に漸近すること $(\sqrt{3}\omega P \to 2\pi)$ が示される。

12.3 拘束系

12.3.1 ラグランジュの未定係数法

一般に、運動を曲線や曲面などに制限するためには拘束力と呼ばれる余分な外力が必要となる。例えば、z 座標を鉛直方向上方向きにとるとき、重力加速度 g の一様な重力場での質量 m の自由粒子のラグランジュ関数は

$$L = L_0 \equiv \frac{m}{2}(\dot{x}^2 + \dot{y}^2 + \dot{z}^2) - mgz \tag{12.53}$$

で与えられ、運動方程式は

$$m\ddot{x} = 0, \quad m\ddot{y} = 0, \quad m\ddot{z} = -mg \tag{12.54}$$

で与えられる。$z = 0$ はこの運動を満たさないので、この粒子の運動を xy 平面内に拘束するには、拘束力

$$F_x = 0, \quad F_y = 0, \quad F_z = \lambda \tag{12.55}$$

が必要となる。この拘束力はポテンシャル力の形をしていて、$\boldsymbol{F} = \lambda \nabla z$ という構造を持っているので、ラグランジュ関数を

$$L = L_0 + \lambda z \tag{12.56}$$

と変更すれば、変分原理の枠内で拘束力が取り入れられたことになる。もちろん、λ の値は、運動方程式と拘束条件 $z=0$ の整合性により $\lambda=mg$ と定まる。この定式化において、未定な係数 λ を x,y,z と同等の力学変数 $\lambda(t)$ と見なすことにすると、それに対する変分方程式より拘束条件 $z=0$ が自動的に得られる。したがって、変分原理の観点からは、この力学変数としての未定係数を含むラグランジュ関数から得られる運動は、L_0 において拘束条件 $z=0$ を用いて z を消去して得られるラグランジュ関数から得られる運動と一致する。

この例で用いた手法は、次のように一般化される。まず、拘束がないときの系のラグランジュ関数を $L_0(q,\dot{q})$ とする。この系に拘束条件 $C(q)=0$ を課すとき、そのために必要となる拘束力が仕事をしないとすると（保存的拘束力）、運動方程式の解は、拘束条件を満たす経路 $q(t)$ の全体における作用積分 $S_0=\int dtL_0$ の臨界点として与えられる。一方、もとのラグランジュ関数に拘束条件と未定係数に対応する変数 λ の積を加えて得られる作用積分

$$S=\int dtL, \quad L=L_0+\lambda C(q) \tag{12.57}$$

に対して、$\lambda(t)$ と $q(t)$ を自由に変分して得られる臨界点は、λ の変分より拘束条件 $C(q)=0$ が導かれるので自動的に拘束条件を満たし、拘束条件のもとで求めた上記の S_0 の臨界点に含まれる。さらに、S の変分において、$C=0$ を満たさない変分 $\delta C=\delta\boldsymbol{q}\cdot\nabla C\neq 0$ に対する変分方程式

$$0=\sum_{i=1}^{N}\left[-\frac{d}{dt}\cdot\frac{\partial L_0}{\partial\dot{q}^i}+\frac{\partial L_0}{\partial q^i}\right]\delta q^i+\lambda\delta C \tag{12.58}$$

は、ちょうど λ を決める方程式となり、臨界点 $q(t)$ に対する新たな条件を与えない。したがって、拘束条件のもとで求めた上記の S_0 の臨界点をすべて含んでいる。すなわち、拘束条件のもとでの S_0 に対する変分問

題と、拘束条件なしでの作用積分 S に対する変分問題は同等となる。また、この作用積分から得られるオイラー–ラグランジュ方程式

$$\frac{d}{dt}\left(\frac{\partial L_0}{\partial \dot{q}^i}\right) = \frac{\partial L_0}{\partial q^i} + F_i, \quad F_i = \lambda \frac{\partial C}{\partial q^i} \tag{12.59}$$

より、λ の値を決めると、拘束条件を満たすのに必要な拘束力 F_i を決定することもできる。

以上で紹介した拘束条件をラグランジュ関数に取り込む方法は、**ラグランジュの未定係数法**と呼ばれ、非常に広い応用範囲を持つ。また、この方法は、複数の拘束条件 C_α が存在する場合にも

$$L = L_0 + \sum_\alpha \lambda^\alpha C_\alpha \tag{12.60}$$

と複数の未定係数を導入することにより拡張できる。さらに、拘束条件付きの変分問題という観点からは、拘束関数 C が位置座標だけでなく速度座標に依存する場合にも適用できる。

12.3.2 懸垂曲線

ラグランジュ未定係数法を利用して、送電線の形状を求める問題を解いてみよう。水平方向 x、鉛直方向 y の 2 次元面内で、2 点 (x_1, y_1) と (x_2, y_2) を長さ l の伸び縮みしない電線でつなぐものとする。静力学平衡を考えているので、問題は電線の重力ポテンシャルエネルギーが極小となる電線の形状 $y = y(x)$ を求めることになる。電線の微小要素の長さ ds はその部分の x 座標の変位 dx により $ds = (dx^2 + dy^2)^{1/2} = (1 + (dy/dx)^2)^{1/2} dx$ と表され、その部分のポテンシャルエネルギーは、重力加速度を g, 電線の線密度を ρ として、$dV = g\rho y ds$ で与えられるので、結局

$$V = \rho g \int_{x_1}^{x_2} y\sqrt{1 + (dy/dx)^2} dx, \quad y(x_1) = y_1,\ y(x_2) = y_2 \tag{12.61}$$

となる。ただし、このポテンシャルの変分問題で、$y = y(x)$ を勝手に変分すると、電線の長さが変化してしまう。したがって、電線の長さが一定値 l であるという拘束条件のもとで、ポテンシャルの極点を求めないといけない。この問題は、前項で説明したように、ラグランジュの未定係数法を用いて解くことができる。まず、変分関数を V から

$$\begin{aligned} S &= V + g\rho\lambda\left[\int_{x_1}^{x_2}\sqrt{1+(dy/dx)^2}dx - l\right] \\ &= g\rho\int_{x_1}^{x_2}dx\,(y+\lambda)\sqrt{1+(dy/dx)^2} - g\rho l\lambda \end{aligned} \tag{12.62}$$

に変更する。ここで、λ は x に依存しない未定係数である。この汎関数から得られる $y(x)$ に対するオイラー－ラグランジュ方程式は

$$\frac{d}{dx}\left(\frac{(y+\lambda)dy/dx}{\sqrt{1+(dy/dx)^2}}\right) = \sqrt{1+(dy/dx)^2} \tag{12.63}$$

展開して整理すると、

$$\frac{y''}{1+(y')^2} = \frac{1}{y+\lambda} \tag{12.64}$$

両辺に y' をかけると積分でき、p を積分定数として

$$(y')^2 + 1 = p^2(y+\lambda)^2 \quad \Leftrightarrow \quad dx = \frac{dy}{\sqrt{p^2(y+\lambda)^2 - 1}} \tag{12.65}$$

を得る（これは、ラグランジュ関数が x の並進で不変であることに伴う保存則である）。この 1 階常微分方程式を積分すると、結局

$$y = \frac{1}{p}\cosh(px+q) - \lambda \tag{12.66}$$

を得る。q は積分定数である。この双曲線関数で表される曲線は**懸垂曲線**と呼ばれる。

この一般解において、積分定数と λ の値は、両端の y 座標の値および電線の長さを指定すると決まる。例えば、$y_1 = y_2 = 0, x_1 = -a, x_2 = a$ のとき、解は次式で与えられる。

$$y = \frac{1}{p}\{\cosh(px) - \cosh(pa)\} \tag{12.67}$$

$$\frac{2}{p}\sinh(ap) = l, \quad q = 0, \quad \lambda = \frac{1}{p}\cosh(ap) \tag{12.68}$$

13 連続体と波動

小玉英雄

《目標＆ポイント》 通常の物質は分子、原子、イオンと電子からなり、厳密には粒子の集団として取り扱う必要がある。しかし、構成粒子系の局所的な状態が安定な平衡状態にある場合には、構成粒子の平均間隔に比べてずっと大きなスケールで平均した密度や速度などのマクロな力学量は、空間と時間の滑らかな関数として取り扱うことが可能で、閉じた微分方程式に従うことが多い。本章では、固体および流体という2つのタイプの連続体について、その運動を支配する方程式を微視的粒子系の巨視的平均操作により導出し、それらが共通して持つ波動解について詳しく調べる。

《キーワード》 弾性体、音波、地震波、波動方程式、流体、オイラー方程式、ナビエ–ストークス方程式、ベルヌーイの定理、粘性、乱流

13.1　1次元弾性体

13.1.1　1次元連成系の連続極限

まず、最も簡単な1次元の系から始める。図13-1のような N 個の粒子からなる1次元の連成振動子系を考える。i 番目の粒子の質量を m_i とし、i 番目のバネのバネ定数を k_i とすると、静的平衡状態で位置 $x = x_i$ にある振動子の変位 $u_i(t)$ に対するラグランジュ関数は

$$L = \sum_{i=1}^{N} \frac{1}{2} m_i \dot{u}_i^2 - \sum_{j=1}^{N-1} \frac{1}{2} k_j (u_{j+1} - u_j)^2 \tag{13.1}$$

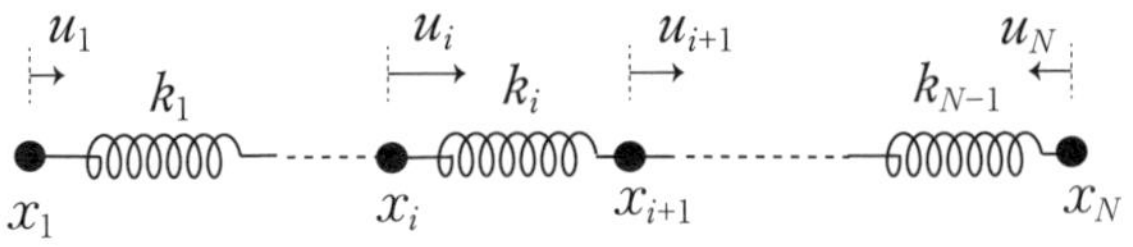

図 13-1　1 次元連成振動系

で与えられる。この振動子系の変数系 (u_i) とパラメータ系 (m_i, k_j) を、座標 x の滑らかな関数 $u(t,x)$, $\mu(x)$, $\kappa(x)$ を用いて

$$u_i(t) = u(t, x_i), \quad m_i = \mu(x_i)\delta_i, \quad k_j = \kappa(y_j)\frac{2}{\delta_j + \delta_{j+1}} \tag{13.2}$$

と表す。ここで、δ_i は各振動子に割りふられた長さで、$x_{j+1} - x_j = (\delta_j + \delta_{j+1})/2$ を満たすようにとる。また、$y_i = (x_i + x_{i+1})/2$ である。

いま、このように定義された関数 $u(t,x)$ の x 依存性がなだらかで、その変化のスケール λ が $\delta_i = \mathrm{O}(\delta)$ に比べて十分大きい運動に対して、

$$u(t, x_{i+1}) - u(t, x_i) = (x_{i+1} - x_i)\partial_x u(t, y_i)\left(1 + \mathrm{O}(\delta/\lambda)\right) \tag{13.3}$$

が成り立つ。したがって、$\delta/\lambda \ll 1$ のとき、

$$L = \sum_{i=1}^{N} \frac{1}{2}\delta_i \mu(x_i)\left(\partial_t u(t, x_i)\right)^2 - \sum_{j=1}^{N-1} \frac{1}{2}(x_{j+1} - x_j)\kappa(y_j)\left(\partial_x u(t, y_j)\right)^2 \tag{13.4}$$

この右辺は、δN を一定に保って $N \to \infty$ の極限をとると、積分で表される。

$$L = \int dx \frac{1}{2}\left[\mu(x)\left(\partial_t u(t,x)\right)^2 - \kappa(x)\left(\partial_x u(t,x)\right)^2\right] \tag{13.5}$$

このように、ミクロな振動子からなる連成振動子系の長波長の振動は、連続的な媒質の各点での変位 $u(t,x)$ を表す場を用いて記述することがで

きる。もちろん、もとの系の力学自由度が有限個であるのに対して、連続的な変位場は無限個の力学自由度を持つため、この連続媒質近似は余分な力学自由度を含んでいる。実際、もとの離散系では粒子間間隔 δ より短いスケールでの変位場の変動はあり得ない。また、以上の導出から明らかなように、場が変化する長さのスケール λ がもとのミクロな粒子間隔 δ に近づくと、連続場による近似はわるくなる。したがって、13.1.2 で具体的にみるように、λ が δ より大きくなる解のみがもとの離散系の振動と対応する。

次に、連続変位場 $u(t,x)$ が従う方程式を求めよう。この方程式は、ラグランジュ関数 (13.5) が与えられているので、作用積分 $S=\int dtL$ に対する変分原理より得られ、形式的には一般論で求めたオイラー－ラグランジュ方程式と一致する。ただし、これまでの系と異なり、配位変数が離散的でなく、x の関数となっているので、その導出過程を具体的に説明しよう。まず、$u(t,x)$ の仮想変位 $\delta u(t,x)$ に対して、作用積分は

$$\delta S=\int_{t_1}^{t_2}dt\int_0^l dx\left[\mu\partial_t u\partial_t\delta u-\kappa\partial_x u\partial_x\delta u\right] \tag{13.6}$$

と変化する。この 2 重積分で、$\mu\partial_t u\partial_t\delta u=\partial_t(\mu\partial_t\delta u)-\mu\partial_t^2 u\delta u$, $\kappa\partial_x u\partial_x\delta u=\partial_x(\kappa\partial_x u\delta u)-\partial_x(\kappa\partial_x u)\delta u$ を用いて、部分積分により δu の偏微分項をなくすと、

$$\begin{aligned}\delta S &= \int_{t_1}^{t_2}dt\int_0^l\left[-\mu\partial_t^2 u+\partial_x(\kappa\partial_x u)\right]\delta u\\ &\quad+\left[\int_0^l dx\mu\partial_t u\delta u\right]_{t=t_1}^{t=t_2}-\left[\int_{t_1}^{t_2}dt\kappa\partial_x u\delta u\right]_{x=0}^{x=l}\end{aligned} \tag{13.7}$$

を得る。最後の 2 項のうち、最初の境界項は、$\delta u(t_1,x)=\delta u(t_2.x)=0$ という変分に対する境界条件によりゼロとなる。これに対して、最後の

項は、変位場が 1 次元弾性体の境界でどのように振る舞うかという境界条件を指定して初めて決まる。よく使われる境界条件としては、両端を固定するディリクレ境界条件 $u(t,0)=u(t,l)=0$ と両端で自由に振動できることを表すノイマン条件 $\partial_x u(t,0)=\partial_x u(t,l)=0$ があるが、これらに対しては最後の項もゼロとなる。したがって、これらの境界条件に対しては、変分原理は第 1 項の 2 重積分が境界条件を満たす任意の仮想変位 $\delta u(t,x)$ に対してゼロとなることを要求するので、結局

$$\mu\partial_t^2 u-\partial_x(\kappa\partial_x u)=0 \tag{13.8}$$

という線形の偏微分方程式を得る。

13.1.2 応力と弾性エネルギー

以上、変分原理を出発点として導かれた結果を、運動方程式の観点から見直してみよう。まず、以上の議論では、空間座標 x は、1 次元弾性体の各要素が静的平衡にあるときの位置を表し、各要素が運動しても一定に保たれる。このような空間座標のとり方は、**ラグランジュ座標**と呼ばれる。この座標系では、物理量 Q の時間に関する偏微分は、各要素の位置での Q の値の時間変化を表す。このことを考慮すると、座標区間 $[x,x+dx]$ に含まれる弾性体の要素の運動量 $dx\mu\partial_t u$ の時間変化は、(13.8) を考慮すると

$$\frac{d}{dt}(dx\mu\partial_t u)=\partial_t(dx\mu\partial_t u)=dx\mu\partial_t^2 u=dx\partial_x(\kappa\partial_x u)=d(\kappa\partial_x u) \tag{13.9}$$

となる。すなわち、この要素に働く力 fdx は

$$fdx=\tau(t,x+dx)-\tau(t,x),\quad \tau(t,x)=\kappa\partial_x u \tag{13.10}$$

と表される。これは、この要素の右端 $x+dx$ には右向きに引っ張る力 $\tau(t,x+dx)$ が、左端 x には左向きに引っ張る力 $\tau(t,x)$ が働いているこ

とを表す。すなわち、弾性体では、各点で仮想的に切断してみると、切断面の両側が互いに引き合う（または互いに押し合う）力が働くことになる。この力は**応力**と呼ばれる。すべての点が平行移動した場合には応力は発生しないので、応力 τ は u の空間微分にしか依存しない。このため、u の空間変動のスケールが微視的スケールに比べて十分大きいとき、τ は一般に、$\partial_x u$ に比例することになる。弾性体が伸び縮みすると、この応力は仕事をし、この仕事に対応するポテンシャルエネルギー (**弾性エネルギー**) がラグランジュ関数 (13.5) のポテンシャル項

$$V = \int_0^l dx \frac{1}{2}\kappa(\partial_x u)^2 \tag{13.11}$$

と一致する。実際、u の仮想変位に対して

$$\delta V = \int_0^l dx \kappa \partial_x u \partial_x \delta u = -\int_0^l dx \partial_x \tau \delta u = -\int_0^l dx f \delta u \tag{13.12}$$

13.1.3　波動解

方程式 (13.8) の解は、一般に弾性体の粗密波を表す。このことを μ と κ が定数となる場合についてみてみよう。この場合、

$$c_s = \sqrt{\kappa/\mu} \tag{13.13}$$

とおくと、方程式 (13.8) は

$$\partial_t^2 u - c_s^2 \partial_x^2 u = 0 \tag{13.14}$$

となる。まず、ディリクレ境界条件を課した場合を扱う。この場合、$u(t,x)(0 \leqq x \leqq l)$ を $u(t,x) = -u(t,-x)$ により $-l \leqq x \leqq 0$ に拡張すると、u は $-l \leqq x \leqq l$ における周期奇関数となる。この周期関数のフーリ

エ展開により、$u(t,x)$ は時間のみの関数 $u_n(t)(n=1,2,\cdots)$ を用いて

$$u(t,x)=\sum_{n=1}^{\infty}u_n(t)\sin\left(n\pi\frac{x}{l}\right) \tag{13.15}$$

と表される。これを (13.14) に代入し、各 $\sin(n\pi x/l)$ の係数がゼロとならなければならないことを用いると、

$$\ddot{u}_n+\omega_n^2u_n=0, \quad \omega_n=\frac{n\pi}{l}c_s \tag{13.16}$$

を得る。この一般解は $u_n=A_n\cos(\omega_n t)+B_n\sin(\omega_n t)$ で与えられるので、結局、u は

$$u=\sum_n C_n\left[\sin(\omega_n t+k_n x-\delta_n)-\sin(\omega_n t-k_n x-\delta_n)\right] \tag{13.17}$$

と表される。ここで、$k_n=n\pi/l, C_n=(1/2)\sqrt{A_n^2+B_n^2}, (\cos\delta_n,\sin\delta_n)=(A_n/(2C_n),B_n/(2C_n))$ である。

$u=\phi(\omega t-kx)$ は、時間とともに一定速度 $v=dx/dt=\omega/k$ で移動する点での値が一定となるので、x の増加する方向（以下、右向きと呼ぶ）に速度 v で伝播する波を表す。同様に $u=\phi(\omega t+kx)$ は、速度 v で左向きに伝播（でんぱ）する波を表す。したがって、いま求めた u の解は、速度 $v=\omega_n/k_n=c_s$ で右向きおよび左向きに伝播する同振幅の 2 つの波の重ね合わせとなっている。これら 2 つの波は、境界で反射することにより互いに入れ代わる。図 13-2 に示したように、ディリクレ境界条件では、この境界での反射の際に振幅の符号が反転する。この図では、実線が定在波、破線が右向きに伝わる波、一点鎖線が左向きに伝わる波の振幅を表す。

いま求めた波動解の振動スペクトル $\omega_n(n=0,\cdots,N-1)$ は、n が小さいとき、第 7 章で求めた 1 次元連成振動系の固有振動数スペクトルと境界

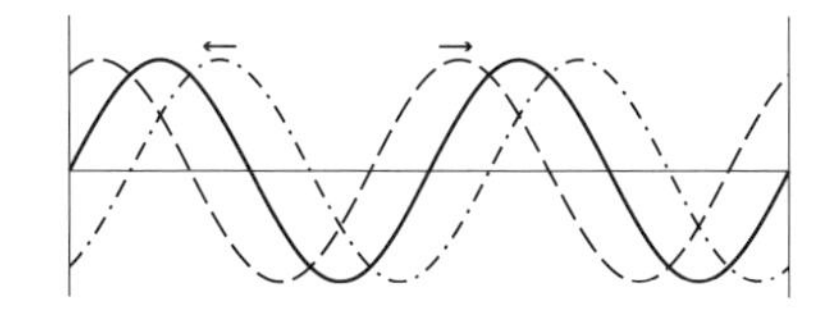
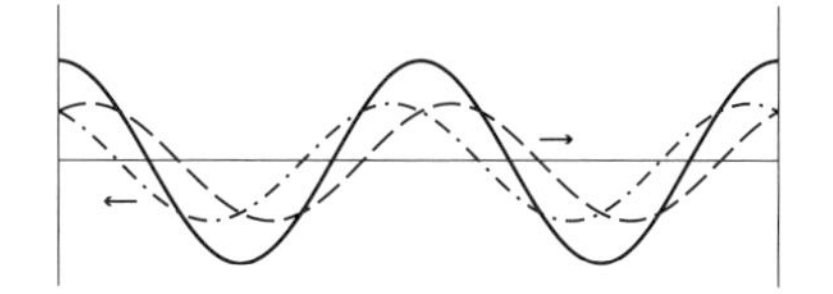

図 13-2　境界での波の反射　左がディリクレ境界条件、右がノイマン境界条件。

条件の違いによる微妙なずれを除いて一致する。実際、連続極限をとる前のパラメータで表すと、$c_s = \sqrt{kl/(m/l)} = \omega_0 l$ より、$\omega_n = (n\pi/l)(l\omega_0) = \omega_0 n\pi/N$ となる（$\omega_0 = \sqrt{k/m}, N = l/\delta$）。一方、$n' \ll N/2$ のとき、周期境界条件のもとで第 7 章で求めた固有値 $\omega_{n'} = 2\omega_0 \sin(n'\pi/N)(n' = 0, \cdots, [N/2])$ は、$n' = 0, N/2$ 以外で重複度が 2 であることを考慮して $n' \fallingdotseq n/2$ とおくと、$\omega_{n'} \fallingdotseq \omega_0 n\pi/N$ となる。第 7 章での取り扱いをディリクレ境界条件で行った場合は、$\omega_n = 2\omega_0 \sin(n\pi/(2N))(n = 0, \cdots, N-1)$ となるので、連続極限との対応はよりよくなる。

次に、ノイマン境界条件を課した場合をみてみよう。この場合、$\partial_x u$ がディリクレ境界条件を満たすので、u は

$$u = \sum_{n=0}^{\infty} u_n(t) \cos(k_n x) \tag{13.18}$$

とフーリエ展開される。係数関数 $u_n(t)$ は、ディリクレ条件の場合と同じ方程式を満たし、振動数も一致する。(13.15) と同様に、$u_n(t)$ の一般解を代入して変形すると

$$u = \sum_n C_n \left[\cos(\omega_n t + k_n x + \delta_n) + \cos(\omega_n t - k_n x + \delta_n)\right] \tag{13.19}$$

を得る。したがって、再び解は同じ大きさの振幅を持ち、それぞれ左右に伝播する波の重ね合わせとなるが、今度はこれらの波が境界で反射するときに振幅の符号を変化させないことがわかる。

13.2　3 次元弾性体

13.2.1　応力テンソルと弾性エネルギー

3 次元的な広がりを持つ弾性体の変形・運動は、ラグランジュ座標系 $\boldsymbol{r} = (x, y, z) = (x_1, x_2, x_3)$ と時間 t の関数である 3 次元変位場 $\boldsymbol{u}(t, \boldsymbol{r}) = (u_i(t, \boldsymbol{r}))(i = 1, 2, 3)$ により記述される。弾性体の各点の速度は $\partial_t \boldsymbol{u}$ なので、質量密度を $\mu(\boldsymbol{r})$ として、運動エネルギーは

$$T = \int_D d^3\boldsymbol{r} \frac{1}{2} \mu(\boldsymbol{r}) |\partial_t \boldsymbol{u}|^2 \tag{13.20}$$

と表される。ここで、$d^3\boldsymbol{r} = dxdydz = dx_1 dx_2 dx_3$ である。また、D はラグランジュ座標において弾性体が占める領域である。

次に、13. 1. 2 でみたように、弾性体では各仮想断面に応力が発生し、変位場 u の 1 階微係数に比例する。3 次元弾性体の場合、この断面は 2 次元面となり、その両側の領域に働く応力 $d\boldsymbol{f} = (df_i)$ は、断面の向きに依存する。この依存性は次のようにして決定される。まず、図 13-3 に示したように、xy 平面 Π_3、yz 平面 Π_1、zx 平面 Π_2 と一般の平面 Π で切り取られる微小体積素片 dV を考える。この体積素片の各面を通して dV に働く力の和は、体積力となるので dV の体積に比例しなければならない。また、Π_i に平行な dV の切片の面積を $d\Sigma_i$、Π に平行な切片の面積を $d\Sigma$、その外向きの単位法ベクトルを $\boldsymbol{n}$ と表記すると、$d\Sigma_i = d\Sigma n_i$ が成り立つ。したがって、面積素片 $d\Sigma_i$ を通して dV に働く応力ベクトルを $-d\Sigma_i(\tau_{1i}, \tau_{2i}, \tau_{3i})$ と表すと、切片 $d\Sigma$ を通して dV に働く応力 $d\boldsymbol{f}$ は,

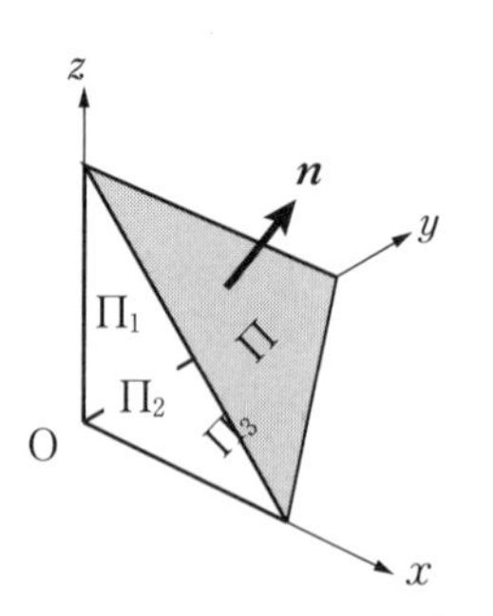

図 13-3　微小三角形に働く応力

$$df_i = d\Sigma \sum_{j=1}^{3} \tau_{ij} n_j \quad (i = 1, 2, 3) \tag{13.21}$$

と表される。いま導入した 3 次の行列 τ_{ij} は**応力テンソル**と呼ばれる。弾性体の勝手な部分領域 D において、D を小さな部分領域に分割したとき、部分領域どうしが接する面での応力は作用反作用の法則より打ち消し合うので、D に働く応力の総和は D の表面での応力の和となる。

$$F_i = \int_{\partial D} d\Sigma \sum_j \tau_{ij} n^j = \int_D d^3\boldsymbol{r} \sum_j \partial_j \tau_{ij} \tag{13.22}$$

したがって、単位体積当たりに働く応力は、$\sum_j \partial_j \tau_{ij}$ と表される。応力テンソルは常に対称テンソルとなる、すなわち $\tau_{ij} = \tau_{ji}$ が満たされることを一般に示すことができる [参考文献 1)]。

以上の準備のもとに、2 次元弾性体の弾性エネルギー V に対する表式を求めよう。弾性体の占める領域を D として、D が境界 ∂D を持つときには、仮想変位に対して静的な平衡状態を保つために、応力による体積力 $dF_i = d^3\boldsymbol{r} \sum_j \partial_j \tau_{ij}$ と釣り合う外力だけでなく、弾性体の表面での応力と釣り合う表面外力 $df_i = d\Sigma \sum_j \tau_{ij} n^j$ が必要となる。このことを考慮すると、仮想変位 δu_i に対する V の変化（外力の仮想仕事）は

$$\begin{aligned} \delta V &= -\int_D \sum_i \delta u_i dF_i + \int_{\partial D} d\Sigma \sum_i \delta u_i df_i \\ &= -\int_D d^3\boldsymbol{r} \sum_{i,j} \delta u_i \partial_j \tau_{ij} + \int_{\partial D} d\Sigma \sum_{i,j} \delta u_i \tau_{ij} n^j \\ &= \int_D d^3\boldsymbol{r} \sum_{i,j} \tau_{ij} \partial_j \delta u_i \end{aligned} \tag{13.23}$$

と表される。さらに、13.2 節で説明したように、τ_{ij} は、変位場の空間変動が緩やかなとき、$\partial_i u_j$ の 1 次式で表されるので、結局、V は $\partial_i u_j$ の 2

次式となる。

$$V = \int_D d^3\boldsymbol{r}\frac{1}{2}\sum_{i,j,k,l}\kappa^{ij;kl}\partial_i u_j \partial_k u_l \tag{13.24}$$

ここで、係数テンソル $\kappa^{ij;kl}$ は、$\tau_{ij} = \tau_{ji}$ より、次の対称性を持つことが要請される。

$$\kappa^{ij;kl} = \kappa^{kl;ij} = \kappa^{(ij);(kl)} \tag{13.25}$$

したがって、一般には、波動方程式はかなり複雑な構造を持つ。しかし、静的平衡状態において弾性体の特性が空間的に一様等方であることを仮定すると、問題はかなり簡単化される。この仮定のもとでは、弾性体の質量密度 μ に加えて、係数テンソル $\kappa^{ij;kl}$ は定数となる。さらに、等方性より、このテンソルは空間回転で不変であることが要求される。この要請を満たすテンソルは数学で分類されており、3 次元では、V は 2 個の定数 κ_0 と κ_1 を用いて

$$V = \int_D d^3\boldsymbol{r}\frac{1}{2}\left(\kappa_0(\nabla\cdot\boldsymbol{u})^2 + \kappa_1\sum_{ij}\sigma_{ij}\sigma_{ij}\right) \tag{13.26}$$

と表されることが示される。ここで、σ_{ij} は

$$\sigma_{ij} = \frac{1}{2}\left(\partial_i u_j + \partial_j u_i - \frac{2}{3}\nabla\cdot\boldsymbol{u}\delta_{ij}\right) \tag{13.27}$$

により定義され、$\sum_i \sigma_{ii} = 0$ を満たす。

微小変形 $\boldsymbol{r} \to \boldsymbol{r}' = \boldsymbol{r} + \boldsymbol{u}$ に対して、弾性体の局所変形は行列 $u_{ij} = \partial_i u_j$ により、$dx'_i = dx_i + \sum_j u_{ij}dx_j$ と表されるが、この局所変形を $u_{ij} = u_{[ij]} + u_{(ij)}$ のように対称部分と反対称部分に分けると、反対称部分は回転的な変形を表す。一方、対称部分は非回転的な変形を表すが、微小領域の占める体積は

$$d^3\boldsymbol{r}' = \det(\partial x'_i/\partial x_j)d^3\boldsymbol{r} = \left(1 + \sum_i u_{ii}\right)d^3\boldsymbol{r} \tag{13.28}$$

となるので、$\nabla \cdot \boldsymbol{u}$ は変位 u_i による弾性体の体積の局所的な増大率を表す。これに対して、σ_{ij} は、$\sum_i \sigma_{ii} = 0$ なので、体積を保つ変形を表す。

13.2.2　ラグランジュ関数と波動方程式

以上より、3 次元弾性体に対する作用積分は

$$S = \int_{t_1}^{t_2} dt \int_D d^3\boldsymbol{r}\, \frac{1}{2} \left[\mu(\partial_t u)^2 - \tau_{ij}\partial_i u_j\right] \tag{13.29}$$

となる。この変分は、いつものように $\delta u_i(t_1) = \delta u_i(t_2) = 0$ を要請すると、

$$\begin{aligned} \delta S &= \int_{t_1}^{t_2} dt \int_D d^3\boldsymbol{r} \left[\mu \sum_i \partial_t u_i \partial_t \delta u_i - \sum_{i,j} \tau_{ij}\partial_i \delta u_j\right] \\ &= \int_{t_1}^{t_2} dt \int_D d^3\boldsymbol{r} \sum_i \left[-\mu\partial_t^2 u_i + \sum_j \partial_j \tau_{ij}\right] \delta u_i \\ &\quad - \int_{t_1}^{t_2} dt \int_{\partial D} d\Sigma \sum_{i,j} \tau_{ij} n^j \delta u_i \end{aligned} \tag{13.30}$$

最後の境界積分は、表面での応力がゼロ、ないし表面応力と釣り合う外力のする仕事がゼロである条件、

$$\sum_{i,j} \tau_{ij} n^j \delta u_i = 0 \tag{13.31}$$

を仮定するとゼロとなる。よって、この境界条件のもとで、変分方程式は

$$\mu\partial_t^2 u_i - \sum_j \partial_j \tau_{ij} = 0 \tag{13.32}$$

で与えられる。特に、一様等方な媒質では、

$$\tau_{ij} = \kappa_0(\nabla \cdot u)\delta_{ij} + \kappa_1\sigma_{ij} \tag{13.33}$$

より、変位場の従う波動方程式は

$$\mu\partial_t^2 u_i - \left(\kappa_0 + \frac{1}{6}\kappa_1\right)\partial_i(\nabla \cdot \boldsymbol{u}) - \frac{\kappa_1}{2}\Delta u_i = 0 \tag{13.34}$$

となる。

13.2.3 縦波と横波

方程式 (13.34) の解は、1 次元弾性体の場合と同様波動を表すが、3 次元では 1 次元では存在しない新たなタイプの波動モードがあらわれる。これをみるために、ベクトル場である変位場 u_i を次のように、関数 $\phi(t, \boldsymbol{r})$ の微分で表される部分と、それと直交し発散がゼロの部分 ψ_i に分解する。

$$u_i = \partial_i\phi + \psi_i, \quad \sum_i \partial_i\psi_i = \nabla \cdot \boldsymbol{\psi} = 0 \tag{13.35}$$

このとき、$\Delta\phi = \nabla \cdot \boldsymbol{u}$ となるので、ϕ は調和関数 $\chi(\Delta\chi = 0)$ を加える自由度 $\phi \to \phi + \chi$ を除いて一意的に定まり、ϕ が定まると $\boldsymbol{\psi} = \boldsymbol{u} - \nabla\phi$ により ψ_i も定まる。

この分解を上で求めた波動方程式 (13.34) に代入すると、

$$\partial_i\left\{\mu\partial_t^2\phi - \left(\kappa_0 + \frac{2\kappa_1}{3}\right)\Delta\phi\right\} + \mu\partial_t^2\psi_i - \frac{\kappa_1}{2}\Delta\psi_i = 0 \tag{13.36}$$

となる。上記の自由度 $\phi \to \phi + \chi(\Delta\chi = 0)$ を用いると、この方程式は ϕ と $\boldsymbol{\psi}$ に対する分離した波動方程式系

$$\partial_t^2\phi - c_l^2\triangle\phi = 0, \quad c_l^2 \equiv \frac{1}{\mu}\left(\kappa_0 + \frac{2\kappa_1}{3}\right) \tag{13.37a}$$

$$\partial_t^2\boldsymbol{\psi} - c_t^2\triangle\boldsymbol{\psi} = 0, \quad c_t^2 = \frac{\kappa_1}{2\mu} \tag{13.37b}$$

に分解される。

簡単のために、境界のない無限に広がった弾性体を考えると、これらの方程式は空間依存性が $\cos(\boldsymbol{k}\cdot\boldsymbol{r})$ と $\sin(\boldsymbol{k}\cdot\boldsymbol{r})$ の線形結合に比例する平面波解

$$\phi = \mathrm{Re}\left[\alpha_+ e^{i(-c_l kt+\boldsymbol{k}\cdot\boldsymbol{r})} + \alpha_- e^{i(c_l kt+\boldsymbol{k}\cdot\boldsymbol{r})}\right] \tag{13.38a}$$

$$\boldsymbol{\psi} = \mathrm{Re}\left[\boldsymbol{\epsilon}_+ e^{i(-c_t kt+\boldsymbol{k}\cdot\boldsymbol{r})} + \boldsymbol{\epsilon}_- e^{i(c_t kt+\boldsymbol{k}\cdot\boldsymbol{r})}\right] \tag{13.38b}$$

を持つ。ここで、$k = |\boldsymbol{k}|$ で、$\alpha_\pm$ は任意の複素数、$\boldsymbol{\epsilon}_\pm$ は複素ベクトルである。波動方程式の一般解は、異なる波数ベクトル $\boldsymbol{k}$ に対するこれらの平面波の重ね合わせで表される。

明らかに、ϕ の表式で第 1 項と第 2 項は、それぞれ、位相速度 $c_l\boldsymbol{k}/k$ および $-c_l\boldsymbol{k}/k$ で伝播する平面波を表す。13.2.2 で触れたように、ϕ は弾性体の局所的な膨張収縮すなわち粗密波を表し、変位 $\boldsymbol{u} = \nabla\phi$ が波の波数ベクトル $\boldsymbol{k}$ に平行となるので、**縦波**を表す。一方、$\boldsymbol{\psi}$ の表式は、位相速度 $\pm c_t\boldsymbol{k}/k$ で伝播する平面波の重ね合わせで、$\nabla\cdot\boldsymbol{\psi} = 0$ より、$\boldsymbol{k}\cdot\boldsymbol{\epsilon}_\pm = 0$、したがって $\boldsymbol{k}\cdot\boldsymbol{\psi} = 0$ となるので、波の変位は伝播方向に垂直となる。すなわち、$\boldsymbol{\psi}$ は**横波**を表す。縦波は常に横波より速い速度で伝わることがわかる。

$$c_l^2 > \frac{4}{3}c_t^2 \tag{13.39}$$

これは、地球の地震波の特徴を説明している。地震波の場合、縦波は P 波、横波は S 波と呼ばれるが、P 波の速度は 6 ∼ 7km/s で、S 波の速度 3.5km/s の倍程度ある。通常、P 波は S 波より微弱であるので、この速度の違いは、地震警報などで利用されている。

このように境界がない場合、弾性体の縦波と横波は全く独立に伝播するが、弾性体に境界が存在するとこれらは混合する。一般に、縦波が境界面で反射すると、縦波の反射波と同時に横波が生成される。同様にし

て、横波が境界面で反射すると、一般に横波の反射波とともに縦波が生成される [参考文献 1)]。

13.3 流体の運動

固体では、破壊されない限り、構成分子は平衡状態の規則的な格子状の配位から大きく変位しない。このため、連続体近似のもとでも、弾性体の運動の記述には各点の時間に依存しない座標であるラグランジュ座標を用いるのが便利である。これに対して、液体や気体などの流体では、一般には構成分子は特定の平衡位置を持たず、時間とともに大きく相対位置を変化させる。このため、流体の運動の記述では、空間座標として本来の慣性座標系に付随する座標を用いるのが自然となる。この座標系は、ラグランジュ座標系と区別するために、**オイラー的座標系**と呼ばれることもある。この節では、一貫して、このオイラー的座標系を用いる。対応して、流体の運動状態は、各流体要素の変位ではなく、各時空点における流体の速度 $\boldsymbol{v}(t,\boldsymbol{r})$ や質量密度 $\mu(t,\boldsymbol{r})$, 内部エネルギー密度 $\epsilon(t,\boldsymbol{r})$、温度 $T(t,\boldsymbol{r})$ により記述される。

13.3.1 基礎方程式

流体の運動状態を記述する場の時間・空間変化は、各流体要素に対する運動方程式より得られる。まず、準備として、質量密度 $\mu(t,\boldsymbol{r})$ の従う方程式を求めよう。ニュートン力学では、質量は保存されるので、流体とともに運動する領域 (**共動領域**) D_t、すなわち流体からみて一定の領域を勝手にとると、その質量 $M=\int_{D_t} d^3\boldsymbol{r}\mu$ は時間とともに変化しない。しかし、オイラー座標でみると、この領域 D_t は時間とともに移動変形していく。例えば、流体が広がる運動をしていると、この領域は増大し、μ が一定なら、M は増加してしまう。したがって、質量が保存するためには、この領域の変化による質量の増大をちょうど打ち消すだけ μ が減少しないといけない。このことを式で表現すると次のようになる。まず、領域の境界 ∂D_t の微小面積要素 $d^2\Sigma$ に着目すると、この面積要素は速度 $\boldsymbol{v}$ で運動するので、$\boldsymbol{n}$ を $d^2\Sigma$ の外向きの単位法ベクトルとするとき、微小時間 dt の間にこの面積要素が掃く領域の体積は $(\boldsymbol{n}\cdot\boldsymbol{v})dtd^2\Sigma$ で与えられる。したがって、質量の保存則は

$$0 = \frac{dM}{dt} = \int_{D_t} d^3\boldsymbol{r}\partial_t\mu + \int_{\partial D_t} d^2\Sigma(\boldsymbol{v}\cdot\boldsymbol{n})\mu \tag{13.40}$$

と表される。ここで第 2 項は、ガウスの公式より

$$\int_{\partial D_t} d^2\Sigma\boldsymbol{n}\cdot(\mu\boldsymbol{v}) = \int_{D_t} d^3\boldsymbol{r}\nabla\cdot(\mu\boldsymbol{v}) \tag{13.41}$$

と体積積分に書き換えられる。したがって、質量保存則が任意の領域で成り立つための必要十分条件は、被積分関数がゼロ、すなわち

$$\partial_t\mu + \nabla\cdot(\mu\boldsymbol{v}) = 0 \tag{13.42}$$

となる。

次に運動方程式を導くため、共動領域 D_t に含まれる流体の全運動量 $\boldsymbol{P} = \int_{D_t} d^3\boldsymbol{r}\mu\boldsymbol{v}$ に着目する。M の場合と同様に、$\boldsymbol{P}$ の変化は、被積分関数 $\mu\boldsymbol{v}$ の時間変化と、D_t の変形による表面積分の和となる。

$$\frac{d}{dt}\boldsymbol{P} = \int_{D_t} d^3\boldsymbol{r}\partial_t(\mu\boldsymbol{v}) + \int_{\partial D_t} d^2\Sigma(\boldsymbol{n}\cdot\boldsymbol{v})\mu\boldsymbol{v} \tag{13.43}$$

ここで、右辺の第 2 項は、成分表示では、ガウスの公式より

$$\int_{\partial D_t} d^2\Sigma(\boldsymbol{n}\cdot\boldsymbol{v})\mu v_i = \int_{D_t} d^3\boldsymbol{r}\sum_j \partial_j(\mu v_i v_j) = \int_{D_t} d^3\boldsymbol{r}\left\{v_i\nabla\cdot(\mu\boldsymbol{v}) + \mu\boldsymbol{v}\cdot\nabla v_i\right\} \tag{13.44}$$

と書き換えられる。一方、ニュートンの運動方程式より、$d\boldsymbol{P}/dt$ は領域 D_t 内の流体に働く外力と等しい。ここで、外力は、重力や電磁力などの外場に起因する体積力（＝各体積要素に働く力）と領域の表面 ∂D_t で作用する応力からなる。弾性体の場合と同様、この表面力は応力テンソル $\tau_{ij}=\tau_{ji}$ を用いて

$$\int_{\partial D_t} d^2\Sigma \sum_j n^j \tau_{ij} = \int_{D_t} \sum_j \partial_j \tau_{ij} \tag{13.45}$$

と表されるが、応力テンソルの構造は固体と流体では異なる。一般に流体速度の空間変化が緩やかなとき、流体に対する τ_{ij} は速度に依存しない等方成分である圧力 P と速度の 1 次式である粘性テンソル τ'_{ij} の和となる。

$$\tau_{ij} = -P\delta_{ij} + \tau'_{ij} \tag{13.46}$$

$$\tau'_{ij} = 2\eta\sigma_{ij} + \zeta\nabla\cdot\boldsymbol{v} \tag{13.47}$$

$$2\sigma_{ij} = \partial_i v_j + \partial_j v_i - \frac{2}{3}\boldsymbol{\nabla}\cdot\boldsymbol{v}\delta_{ij} \tag{13.48}$$

以上より、外場として重力のみを考えると、重力ポテンシャルを ϕ として、運動方程式は

$$\partial_t(\mu v_i)+v_i\nabla\cdot(\mu\boldsymbol{v})+\mu\boldsymbol{v}\cdot\nabla v_i = -\mu\partial_i\phi-\partial_i P+2\sum_j\partial_j(\eta\sigma_{ij})+\partial_i(\zeta\nabla\cdot\boldsymbol{v}) \tag{13.49}$$

となる。質量保存則を用いると左辺は簡単化され、

$$\mu(\partial_t v_i + \boldsymbol{v}\cdot\nabla v_i) = -\mu\partial_i\phi - \partial_i P + 2\sum_j \partial_j(\eta\sigma_{ij}) + \partial_i(\zeta\nabla\cdot\boldsymbol{v}) \tag{13.50}$$

を得る。

流体の運動を解くには、運動状態を表す速度場 $\boldsymbol{v}$ に加えて、質量密度 μ や圧力 P を決定する必要がある。したがって、すでに導いた質量保存則と運動方程式以外に P を決める方程式が必要となる。多くの状況では、流体は局所的に熱平衡状態にあり、圧力は密度 μ と温度 T を与えると定まる。一方、温度は流体の含む熱エネルギーの量を表すので、その変化はエネルギー保存則により決定される。ページ数の都合で、導出を省略して結果だけを書くと、この保存則は

$$\partial_t \epsilon = -\frac{\epsilon + P}{\mu} \nabla \cdot (\mu \boldsymbol{v}) - \mu T \boldsymbol{v} \cdot \nabla \left(\frac{s}{\mu} \right) + \nabla \cdot \boldsymbol{q} + \dot{\epsilon}_{\mathrm{vis}} \tag{13.51}$$

$$\dot{\epsilon}_{\mathrm{vis}} \equiv 2\eta \sum_{i,j} \sigma_{ij}^2 + \zeta (\nabla \cdot \boldsymbol{v})^2 \tag{13.52}$$

で与えられる。ここで、s はエントロピー密度、$\dot{\epsilon}_{\mathrm{vis}}$ は、粘性摩擦により単位体積・単位時間当たりに発生する熱量を表す。

以上で求めた 3 つの式 (13.42), (13.50), (13.51) が流体の基本方程式を与える。

13.3.2　粘性の効果

応力テンソルの中の圧力成分は、ミクロの観点からみると、分子の乱雑な熱運動によって、隣接する流体素片の間で運動量の輸送が起きることに起因する。このため、圧力成分は流体の運動速度とは無関係で、流体素片の境界面に垂直に作用する。これに対して、粘性項は、分子どうしが衝突するまでの平均走行距離（**平均自由行程**）が分子間平均距離より大きいため、速度の異なる離れた流体素片の間で交換される運動量にアンバランスが起きることにより生じる力を表し、速度が均一ならゼロとなる。粘性テンソルが速度の空間微分に依存しているのはそのためで、流体に特有の現象である。

現実の流体は、超流動体などの特殊なものを除いて、常に正の粘性を持つ。しかし、他の項に比べて実質的に粘性項が無視できる場合がある。例えば、粘性項と左辺の $\boldsymbol{v}\cdot\nabla\boldsymbol{v}$ の比は、V を速度場の大きさ、L を速度場が空間的に変化するスケールの代表値として、

$$\frac{\eta V/L^2}{\mu V^2/L} = \frac{\eta}{\mu LV} \equiv \frac{1}{R} \tag{13.53}$$

で与えられる。η は流体のミクロな性質（と温度や密度）のみで決まっているので、速度の変化するスケール L が大きくなると、この比 $1/R$ はどんどん小さくなり、粘性の寄与はどんどん小さくなる。このような場合には、粘性項をゼロとおいた理論がよい近似を与えると考えられる。この理論で記述される仮想的な流体は**理想流体**、粘性のある現実の流体は**粘性流体**と呼ばれる。また、粘性項の寄与の大きさを特徴付ける量 R は**レイノルズ数**と呼ばれる。例えば、水の場合、$\eta = 0.010\mathrm{g/cm/sec}$ より、$L = 1\mathrm{m}, V = 1\mathrm{m/s}$ に対して、R は $R = 10^6$ とかなり大きな値となるので、海の潮の流れの解析では粘性の寄与は無視できることになる。

ただし、境界条件において、粘性流体と理想流体では大きな違いがある。まず、分子からなる流体では、実際の固体表面には分子レベルででこぼこがあるため、固体に接触する面での流体の速度はゼロとなる。このため、粘性流体では、固体との境界近傍で大きな速度の変化が起きる遷移領域ができる。レイノルズ数 R が大きくなり粘性が小さくなると、この遷移領域は薄い層になる。この層は**境界層**と呼ばれる。この境界層の厚さ δ は流れの構造に依存するが、境界に沿った方向での速度変化の空間スケールが L のとき、δ は $L/\sqrt{R}$ 程度となる [参考文献 2)]。R 無限大の極限である理想流体では、境界層の厚さはゼロとなるので、数学的な境界条件は、境界層の表面での状態、すなわち速度が境界面に平行という条件になる。

13.3.3　理想流体に対する保存則

理想流体に対して、運動方程式 (13.50) は簡単化され、

$$\partial_t \boldsymbol{v} + \boldsymbol{v} \cdot \nabla \boldsymbol{v} = -\nabla \phi - \frac{1}{\mu} \nabla P \tag{13.54}$$

となる。この方程式は**オイラー方程式**と呼ばれる。特に、質量密度 μ が一定となる非圧縮性流体や圧力 P が μ のみの関数となる**順圧** (barotropic) 流体では、最後の圧力項が適当な関数 h を用いて

$$\frac{1}{\mu} \nabla P = \nabla h \tag{13.55}$$

と表される。このような流体では、オイラー方程式の両辺と $\boldsymbol{v}$ との内積をとると、

$$\frac{1}{2} \partial_t (v^2) + \boldsymbol{v} \cdot \nabla \left(\frac{1}{2} v^2 + \phi + h \right) = 0 \tag{13.56}$$

を得る。

速度、密度などの状態量が時間に依存しない流体の運動は、**定常流**と呼ばれる。定常流では、任意の点に対して、その点を通り常に速度ベクトル $\boldsymbol{v}$ に接する空間曲線が一意的に定まる。各流体素片の軌跡を表すこの曲線は**流線**と呼ばれ、流体の占める空間を交わらずに埋め尽くす。定常流では、流線に沿った物理量 X の変化は $dX/dt = v dX/dl = \boldsymbol{v} \cdot \nabla X$ と表されるので、(13.56) 式より、定常流に対し、流線に沿って

$$\frac{1}{2} v^2 + \phi + h = \text{一定} \tag{13.57}$$

が成り立つ。この保存則は**ベルヌーイの定理**と呼ばれる。ただし、右辺の定数は一般に流線ごとに異なる。この定理は、流線に沿った速度と圧力の変化の関係を調べる際に有用である。

流体の運動が非回転的か回転的かは、流体中の物体に働く力に大きな影響をもたらす。この流体運動の回転性を測る指標として、$\nabla \times \boldsymbol{v}$ がよ

く使われる。その理由を理解するため、曲面 S の周 $C = \partial S$ に沿った積分量

$$\Gamma = \oint_C d\boldsymbol{l} \cdot \boldsymbol{v} \tag{13.58}$$

を考える。明らかに、この量は流れが曲線 C に沿って循環している度合いを表す。ストークスの公式を用いると、この量は

$$\Gamma = \int_S d^2\Sigma\, \boldsymbol{n} \cdot \nabla \times \boldsymbol{v} \tag{13.59}$$

と表される。これより、$\nabla \times \boldsymbol{v}$ が流れの局所的な循環の大きさと方向を表していることがわかる。そこで、この量は**渦度**と呼ばれる。

(13.55) が成り立つ理想流体では、循環は流れに沿って保存される（**渦度の保存則**）。これは次のようにして示される。まず、流体素片からなる閉曲線、すなわち流体とともに運動する閉曲線 C_t を勝手にとる。このとき、この曲線に沿った循環 Γ の時間変化は、$(d/dt)d\boldsymbol{l} = d\boldsymbol{v}$ より、

$$\frac{d}{dt}\Gamma = \oint_{C_t} d\boldsymbol{v}\cdot\boldsymbol{v} + \oint_{C_t} d\boldsymbol{l}\cdot(-\nabla(\phi+h)) = \oint_{C_t} d\left(\frac{1}{2}v^2 - \phi - h\right) \tag{13.60}$$

となる。右辺の最後の量は、閉曲線を一周したときの一価関数の値の変化なので、ゼロとなる。

渦度の保存から非常に興味深い結論が得られる。まず、非圧縮性理想流体中で物体が運動しても、抵抗力も揚力も受けないことが示される。これは、われわれが空気抵抗を感じる日常的な経験や、航空機が空を飛べるという事実と相容れないので、**ダランベールのパラドックス**と呼ばれる。もちろん、これは実際にはパラドックスではなく、実は空気抵抗や揚力が発生するためには粘性が必要であることを意味している。実際、例えば、流体中を運動する薄い翼に働く揚力は、翼のまわりを一周する閉曲線に対する循環 Γ に比例することが示される（**ジューコフスキーの**

定理)。空気や水など現実の流体では、粘性のおかげで物体表面の境界層および物体の後方領域において渦度が生成され、それにより揚力が生み出される。

13.3.4　音波

弾性体と同様、圧縮性流体では、流体の密度のゆらぎは波として伝播する。これをみるために、一様な静止した流体にわずかなゆらぎが生じたとする。このゆらぎを表す流体量には添え字 (1) を付けて表す。例えば、速度場のゆらぎは $\boldsymbol{v}^{(1)}$, 密度ゆらぎは $\mu^{(1)}$ である。このとき、流体の運動方程式と質量保存則において、ゆらぎについて 1 次の部分を取り出すと、摂動方程式と呼ばれる方程式系

$$\partial_t \boldsymbol{v}^{(1)} = -\frac{c_s^2}{\mu}\nabla\mu^{(1)} + \frac{\eta}{\mu}\Delta\boldsymbol{v}^{(1)} + \frac{1}{\mu}\left(\frac{\eta}{3}+\zeta\right)\nabla\nabla\cdot\boldsymbol{v}^{(1)} \tag{13.61a}$$

$$\partial_t \mu^{(1)} + \mu\nabla\cdot\boldsymbol{v}^{(1)} = 0 \tag{13.61b}$$

が得られる。ここで、$P^{(1)}/\mu^{(1)} = c_s^2$ とおいた。以下、c_s, η, ζ は定数と近似できるとする。

第 1 式の回転を計算すると、渦度に対する方程式

$$\partial_t(\nabla\times\boldsymbol{v}^{(1)}) = \nu\Delta(\nabla\times\boldsymbol{v}^{(1)}) \tag{13.62}$$

を得る。ここで、$\nu = \eta/\mu$ である。次に、同じ式の発散を計算すると

$$\mu\partial_t\nabla\cdot\boldsymbol{v}^{(1)} = -c_s^2\Delta\mu^{(1)} + \mu\nu'\Delta\nabla\cdot\boldsymbol{v}^{(1)} \tag{13.63}$$

を得る。ここで、$\nu' = (\zeta + 4\eta/3)/\mu$ である。(13.61b) を用いて、この方程式から $\nabla\cdot\boldsymbol{v}^{(1)}$ を消去すると、密度のゆらぎ $\mu^{(1)}$ に対する方程式が得られる。

$$\partial_t^2\mu^{(1)} - c_s^2\Delta\mu^{(1)} = \nu'\Delta\partial_t\mu^{(1)} \tag{13.64}$$

理想流体では右辺がゼロとなるので、密度のゆらぎ $\mu^{(1)}$ は波動方程式に従い、音波として伝播する。平面波解 $\mu^{(1)} \propto \exp(-i\omega t + i\boldsymbol{k}\cdot\boldsymbol{r})$ を仮定すると、振動数 ω と波数 k の関係式（**分散関係式**）$\omega = c_s k$ が得られる。したがって、c_s が音速を与える。一方、粘性がゼロでない場合には、右辺の項は音波の減衰を生み出す。実際、平面波解を仮定すると、

$$-\omega^2 + c_s^2 k^2 = i\omega k^2 \nu' \quad \Rightarrow \quad k^2 = \frac{\omega^2}{c_s^2 - i\nu'\omega} \tag{13.65}$$

を得る。したがって、ω を実数とすると、k は複素数となる。$\boldsymbol{k} = (k_1 + ik_2)\boldsymbol{n}$（$\boldsymbol{n}$ は成分が実数の単位ベクトル、$k_1, k_2 > 0$）とおくと、密度ゆらぎは $\mu^{(1)} \propto e^{-i(\omega t - k_1 l) - k_2 l}(l = \boldsymbol{r}\cdot\boldsymbol{n})$ と振る舞うので、波は伝搬とともに次第に減衰することがわかる。$\nu'\omega \ll c_s^2$ のとき、$k_1 \fallingdotseq \omega/c_s$, $k_2 \fallingdotseq \nu'\omega^2/(2c_s^2)$ である。

13.3.5 乱流

レイノルズ数が大きい極限を考える際に、境界条件に加えて注意すべき点がもうひとつある。それは、乱流の発生である。例えば、自動車のように有限な広がりを持つ物体のまわりを流れる空気の定常流の場合、境界層の厚みは物体の突起や風下側の端辺りで急速に増大する（**境界層の剥離**）。この膨らんだ境界層は、物体の風下で**伴流**と呼ばれる領域を形成する。レイノルズ数 R が小さい場合には、粘性の影響が大きいこれらの領域も含めて、すべての領域で速度場および流線は滑らかとなる。このような流れは**層流**と呼ばれる。これに対し、レイノルズ数がある臨界値 R_{cr} を超えると、伴流領域は不安定となり、その速度場はランダムな変化をするようになる。このような状態の流れが**乱流**である。

数学的には、R の値によらず運動方程式は層流の定常解を持つ。しかし、レイノルズ数がある臨界値を超えると、この定常解に対する小さな

渦運動のゆらぎが時間とともに成長するようになる。このため、分子レベルのミクロのゆらぎが増幅され、定常解に変動する乱れが生じる。この乱れは運動方程式の非線形性のため、新たな不安定モードを生みだし、このモードの成長により新たな不安定モードが生み出されるという過程が繰り返される。その結果、流れは膨大な数の異なる変動スケールを持つ渦運動の不安定モードの重ね合わせとなり、巨視的なスケールからみると一見ランダムな変動をする状態へと発展する。

ここで注意しないといけないことは、$R=\infty(\nu=0)$ に対応する理想流体では乱流は発生しないことである。理想流体では物体との境界で働く力は境界面に垂直な圧力のみで、物体と流体の相対速度は境界面で面に平行となる。このため、物体は流体に対して仕事をしない。一方、もし流体のゆらぎが不安定でゆらぎの振幅が増大すると仮定すると、そのエネルギーの供給源が必要となる。したがって、理想流体では不安定なモードは存在できない。これに対して、粘性流体では、物体との境界面で粘性摩擦が働き、その仕事により物体から流体にエネルギーが供給される。定常流ではこのエネルギーは、内部での粘性摩擦により熱エネルギーへと変化する。しかし、定常流からのずれにより、このエネルギー供給と散逸のバランスが壊れ、エネルギー供給が優勢になると不安定モードが発生する。したがって、粘性流体における $R\to\infty$ の極限と理想流体とは、物理的には大きく異なる。

参考文献

1) エリ・デ・ランダウ，イェ・エム・リフシッツ著（竹内 均訳）『弾性体』（東京図書、1970 年）。
2) エリ・デ・ランダウ，イェ・エム・リフシッツ著（竹内 均訳）『流体力学』（東京図書、1970 年）。

14 ハミルトン形式

小玉英雄

《目標＆ポイント》 これまで学んできたラグランジュ形式は、粒子や粒子系の配置に着目した理論形式である。しかし、粒子の運動は位置に加えて速度ないし運動量を指定して初めて予言可能となる。このため、位置と運動量の組で指定される力学的状態の空間における運動として粒子系の力学を記述する方が、より見通しのよい理論形式が得られる。本章では、この考え方に基づいて作られたハミルトン形式とその応用について学ぶ。ハミルトン形式は、量子力学や統計力学の定式化において不可欠の理論形式である。

《キーワード》 ハミルトン方程式、相空間、正準変換、ハミルトン–ヤコビ理論、ポアソン括弧式、リウヴィルの定理

14.1 ハミルトン方程式

14.1.1 ラグランジュ形式に対するルジャンドル変換

速度 $\dot{\boldsymbol{q}} = (\dot{q}_i)(i = 1, \cdots, n)$ を $\boldsymbol{v} = (v_i)$ と表すと、ラグランジュの未定係数を $\boldsymbol{p} = (p_i)$ として、ラグランジュ形式での変分原理は、

$$\delta \int dt \, [L(\boldsymbol{q}, \boldsymbol{v}) + \boldsymbol{p} \cdot (\dot{\boldsymbol{q}} - \boldsymbol{v})] = 0 \tag{14.1}$$

と同等となる。この式において、v_i に関する変分方程式

$$p_i = \frac{\partial L}{\partial v_i} \tag{14.2}$$

を $\boldsymbol{v}$ について解き、それを用いて $\boldsymbol{v}$ を消去すると、変分原理は

$$\delta \int dt \, [\boldsymbol{p} \cdot \dot{\boldsymbol{q}} - H(\boldsymbol{p}, \boldsymbol{q})] = 0 \tag{14.3}$$

と書き換えられる。ここで、

$$H(\boldsymbol{p},\boldsymbol{q}) = \boldsymbol{p}\cdot\boldsymbol{v}(\boldsymbol{q},\boldsymbol{p}) - L(\boldsymbol{q},\boldsymbol{v}(\boldsymbol{q},\boldsymbol{p})) \tag{14.4}$$

この $(\boldsymbol{q},\boldsymbol{p})$ を基本変数とする記述での変分方程式は、

$$\delta\int_{t_1}^{t_2} dt\,[\boldsymbol{p}\cdot\dot{\boldsymbol{q}} - H(\boldsymbol{p},\boldsymbol{q})] = \int_{t_1}^{t_2} dt\left[\delta\boldsymbol{p}\cdot\left(\dot{\boldsymbol{q}} - \frac{\partial H}{\partial\boldsymbol{p}}\right) - \delta\boldsymbol{q}\cdot\left(\dot{\boldsymbol{p}} + \frac{\partial H}{\partial\boldsymbol{q}}\right)\right] + [\boldsymbol{p}\cdot\delta\boldsymbol{q}]_{t_1}^{t_2} \tag{14.5}$$

より、

$$\dot{q}_i = \frac{\partial H}{\partial p_i}, \quad \dot{p}_i = -\frac{\partial H}{\partial q_i} \tag{14.6}$$

となり、運動方程式は位置と運動量に対する時間について 1 階常微分方程式系となる。この方程式系は**ハミルトン運動方程式**, 位置と運動量の関数 $H(\boldsymbol{q},\boldsymbol{p})$ は**ハミルトン関数**と呼ばれる。ラグランジュ関数が $L = T(\boldsymbol{q},\boldsymbol{v}) - V(\boldsymbol{q})$ と表され、T が $\boldsymbol{v}$ の 2 次の同次式のときには、$H = T(\boldsymbol{q},\boldsymbol{p}) + V(\boldsymbol{q})$ となり、ハミルトン関数はエネルギーと一致する。また、$T = \sum_i m_i v_i^2/2$ となる標準的な場合、p_i は運動量 $m_i v_i$ と一致するので、上で導入した p_i は q_i に対する**共役運動量**共役運動量と呼ばれる。

14.1.2　相空間と相流

ハミルトン形式では、運動は位置 $\boldsymbol{q}$ の空間（配位空間）での軌道ではなく、**相空間**と呼ばれる位置と運動量の組 $(\boldsymbol{q},\boldsymbol{p})$ の空間での軌道により表される。この特別の座標系 $(\boldsymbol{q},\boldsymbol{p})$ は相空間の**正準座標系**と呼ばれる。配位空間では、運動の軌道は一般に交わり、通過点を決めても速度によりその後の軌道は異なる。しかし、相空間ではハミルトン方程式が 1 階の常微分方程式であるため、通過点を指定するとその後の運動の軌道は一通りに定まる。このため、相空間は互いに交わらない軌道の集まりとな

る。相空間に軌道を書き込んだ図は相流図と呼ばれ、運動の大域的な状況を把握するのに有用である。

(1)　1 次元調和振動子

位置座標 q の 1 次元調和振動子に対する共役運動量 p とハミルトン関数 H は

$$L = \frac{m}{2}\dot{q}^2 - \frac{k}{2}q^2 \quad \Rightarrow \quad p = m\dot{q}, \quad H = \frac{p^2}{2m} + \frac{k}{2}q^2 \tag{14.7}$$

で与えられる。この系ではエネルギー H が保存されるので、相空間 $(\boldsymbol{q}, \boldsymbol{p})$ における相流は、図 14-1 の左図に示したように、等エネルギー曲線（$H =$ 一定）と一致し、相空間でのすべての軌道は楕円となり、調和振動子はこの閉曲線上を周期運動する。

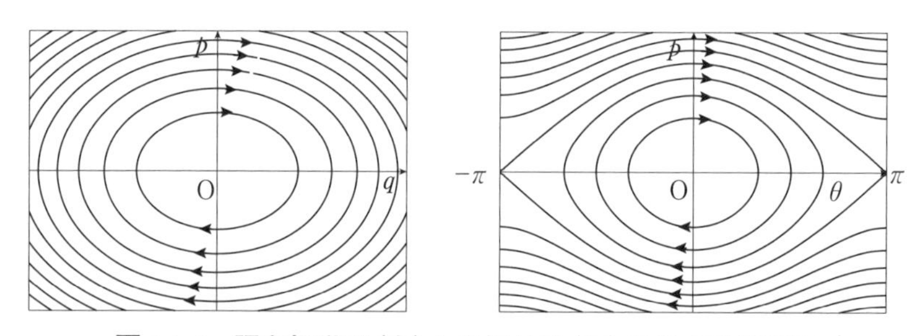

図 14-1　調和振動子 (左) と単振り子 (右) に対する相流図

(2)　単振り子

支点とおもりが長さ l の質量の無視できる棒でつながれた単振り子を考える。重力加速度を g、振り子の最下点からの振れ角を θ とすると、θ

の共役運動量 p とハミルトン関数 H は

$$L = \frac{1}{2}ml^2\dot{\theta}^2 + mgl(\cos\theta - 1) \quad \Rightarrow \quad p = ml^2\dot{\theta}, \ \ H = \frac{p^2}{2ml^2} + mgl(1 - \cos\theta) \tag{14.8}$$

調和振動子と同様に、エネルギーが保存されるので、相流は等エネルギー曲線と一致する。ただし、図 14-1 の右図に示したように、単振り子では、3 種類の軌道があらわれる。ひとつは、調和振動子と類似の閉曲線軌道である。これは、振り子のエネルギー $E = H$ が $E < 2mgl$ のときに生じる。もうひとつは、$\theta = -\pi$ から $\theta = +\pi$ に向かう軌道で、$E > 2mgl$ のときに生じる。これは見かけ上閉曲線とはならない。しかし、振り子では $\theta = \pm\pi$ は同一の状態で、振り子がちょうど真上まで振れた配置を表す。したがって、物理的には、相空間における $\theta = \pi$ と $\theta = -\pi$ の境界は同一視する必要があり、結果として、相空間は平面ではなく円筒となる。この円筒型の相空間では、これらの軌道は閉曲線となり、振り子が支点のまわりをぐるぐる回る運動を表す。最後に、これら 2 種類の軌道で覆われた領域の境界に $(\theta, p) = (\pm\pi, 0)$ を結ぶ軌道が 2 本あらわれる。これらは、振り子がちょうど真上まで上がって静止する運動に対応するが、実際に静止するまでには無限の時間がかかる。

(3)　Kepler 運動

重い天体のまわりを運動する軽い天体に対するラグランジュ関数は、重い天体を原点とする極座標 (r, θ, ϕ) のもとで、

$$L = \frac{1}{2}m\left(\dot{r}^2 + r^2\dot{\theta}^2 + r^2\dot{\phi}^2\sin^2\theta\right) + \frac{\alpha}{r} \tag{14.9}$$

で与えられる。原子核と電子 1 個からなる水素型原子（イオン）のラグランジュ関数も同じ形を持つ。この球座標に対する共役運動量は

$$r \mapsto p_r = m\dot{r}, \quad \theta \mapsto p_\theta = mr^2\dot{\theta}, \quad \phi \mapsto p_\phi = mr^2\dot{\phi}\sin^2\theta \tag{14.10}$$

ハミルトン関数は

$$H = \dot{r}p_r + \dot{\theta}p_\theta + \dot{\phi}p_\phi - L = \frac{p_r^2}{2m} + \frac{p_\theta^2}{2mr^2} + \frac{p_\phi^2}{2mr^2\sin^2\theta} - \frac{\alpha}{r} \tag{14.11}$$

となる。

ラグランジュ関数は時間に直接依存せず、また空間回転で不変なので、エネルギー $E = H$ および角運動量 $\boldsymbol{l} = \boldsymbol{r} \times \boldsymbol{p}$ のすべての成分が保存される。$\boldsymbol{l}$ の成分を極座標で表すと

$$l_x = -p_\theta \sin\phi - p_\phi \cot\theta \cos\phi \tag{14.12a}$$

$$l_y = p_\theta \cos\phi - p_\phi \cot\theta \sin\phi \tag{14.12b}$$

$$l_z = p_\phi \tag{14.12c}$$

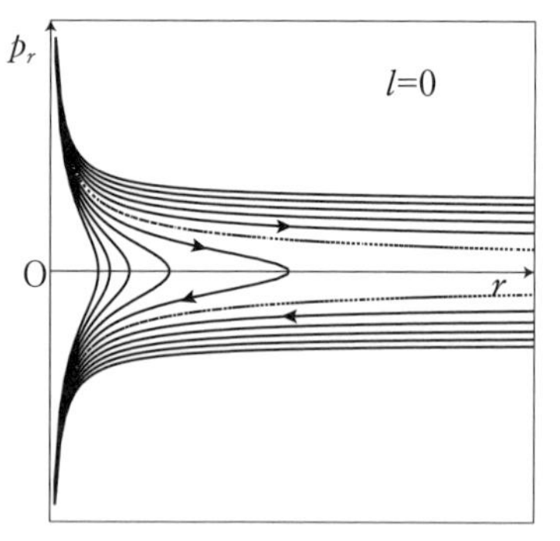

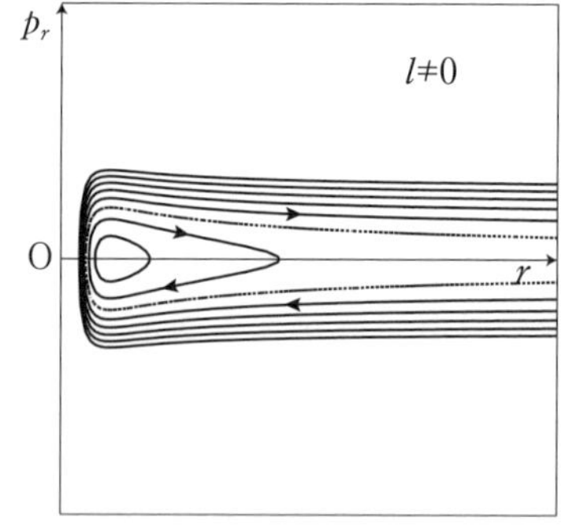

図 14-2　一定の角運動量 l を持つケプラー運動に対する相流図　相平面は (r, p_r)。左図は直線運動となる $l = 0$ の場合、右図は楕円運動となる $l \neq 0$ の場合。点線は $E = 0$ となる軌道。

となる。これより、ハミルトン関数は

$$H = \frac{p_r^2}{2m} + \frac{l^2}{2mr^2} - \frac{\alpha}{r} \tag{14.13}$$

と表される。ここで、$l^2 = l_x^2 + l_y^2 + l_z^2$。したがって、角運動量保存則を用いると、運動を解く問題は 1 次元ハミルトン系 (r, p_r) の問題に帰着される。この 1 次元系に対する相流は図 14-2 のようになる。この図では、$|E|$ がある一定値以下となる軌道のみが描かれていて、破線は $E = 0$ となる軌道、すなわち無限遠で速度がゼロとなる軌道を表す。左図に描かれている $l = 0$ の場合には、軌道は動径方向の直線運動となる。一方、$l \neq 0$ の右図では、ケプラー運動となる $E < 0$ の軌道は有界な周期運動なので相空間で閉曲線の軌道を持つ。一方、$E > 0$ の軌道は非有界な双曲線運動となり、相空間における軌道は無限遠に達する。

14.2　正準変換

14.2.1　ポアソン括弧

相空間 $(u_I) = (q_i, p_j) \in \mathscr{S}$ 上の関数 $f(\boldsymbol{q}, \boldsymbol{p})$、$g(\boldsymbol{q}, \boldsymbol{p})$ に対して、新たな関数 $\{f, g\}_{(\boldsymbol{q},\boldsymbol{p})}$ を

$$\{f, g\}_{(\boldsymbol{q},\boldsymbol{p})} = \sum_i \left(\frac{\partial f}{\partial q_i} \frac{\partial g}{\partial p_i} - \frac{\partial g}{\partial q_i} \frac{\partial f}{\partial p_i} \right) \tag{14.14}$$

により定義する。この量は**ポアソン括弧式**と呼ばれる。一般に、ポアソン括弧式は相空間の座標系 $(\boldsymbol{q}, \boldsymbol{p})$ のとり方に依存するが、後ほど示すように、正準共役変数を座標系として用いる場合には、そのとり方に依存しない。そこで、以下では、必要のない場合には座標系を表す添え字を省略し、ポアソン括弧式を単に $\{f, g\}$ のように表記する。定義よりポア

ソン括弧式は次の関係式を満たす。

$$\{f, g\} = -\{g, f\} \tag{14.15a}$$

$$\{f, \{g, h\}\} + \{g, \{h, f\}\} + \{h, \{f, g\}\} = 0 \tag{14.15b}$$

ポアソン括弧式を使うと、相空間上の関数 f に対して、相空間における無限小変換、すなわちベクトル場 V_f を

$$\sum\nolimits_I (V_f)_I \partial_I g = \{f, g\} \quad \Leftrightarrow \quad V_f = \left(-\frac{\partial f}{\partial p_i}, \frac{\partial f}{\partial q_j}\right) \tag{14.16}$$

により対応させることができる。この対応において、関係式 (14.15b) は、ベクトル場の交換子 $[X, Y]_I = \sum_J (X_J \partial Y_I / \partial u_J - Y_J \partial X_I / \partial u_J)$ を用いて

$$[V_f, V_g] = V_{\{f,g\}} \tag{14.17}$$

と表される。また、ハミルトンの運動方程式は、任意の $f(\boldsymbol{q}, \boldsymbol{p})$ に対して

$$\dot{f} = \{f, H\} = -\sum_I (V_H)_I \partial_I f \tag{14.18}$$

が成り立つことと同値となる。したがって、ハミルトン関数 H に対応するベクトル場 V_H は、相空間における相流の接ベクトルとなっている。

14.2.2 正準変換

ポアソン括弧はハミルトン形式での変分原理と密接に結びついている。これをみるために、相空間での変数変換 $(\boldsymbol{q}, \boldsymbol{p}) \to (\boldsymbol{q}'(\boldsymbol{q}, \boldsymbol{p}), \boldsymbol{p}'(\boldsymbol{q}, \boldsymbol{p}))$ が、ハミルトン方程式の形を保つ条件を求めてみよう。このような正準座標系の間の変換は**正準変換**と呼ばれる。変分原理に戻ってみると、この条件は

$$\int dt\, (\boldsymbol{p} \cdot \dot{\boldsymbol{q}} - H(\boldsymbol{q}, \boldsymbol{p}, t)) = \int dt\, (\boldsymbol{p}' \cdot \dot{\boldsymbol{q}}' - H'(\boldsymbol{q}', \boldsymbol{p}', t)) \tag{14.19}$$

と表される。これが常に成り立つためには、一般に各時刻ごとに

$$\boldsymbol{p}' \cdot \dot{\boldsymbol{q}}' - H'(\boldsymbol{q}', \boldsymbol{p}', t) = \boldsymbol{p} \cdot \dot{\boldsymbol{q}} - H(\boldsymbol{q}, \boldsymbol{p}, t) + \dot{G} \tag{14.20}$$

となることが必要十分となる。ここで、$G = G(\boldsymbol{q}, \boldsymbol{p}, t)$ は適当な関数である。この条件は

$$\sum_i p'_i \frac{\partial q'_i}{\partial q_j} = p_j + \frac{\partial G}{\partial q_j} \tag{14.21a}$$

$$\sum_i p'_i \frac{\partial q'_i}{\partial p_k} = \frac{\partial G}{\partial p_k} \tag{14.21b}$$

$$H'(\boldsymbol{q}', \boldsymbol{p}', t) = H(\boldsymbol{q}, \boldsymbol{p}, t) - \partial_t G(\boldsymbol{q}, \boldsymbol{p}, t) \tag{14.21c}$$

が任意の $j, k = 1, \cdots, n$ について成り立つのと同等である。この連立方程式が G について解を持つ条件は $\partial^2 G/\partial q_j \partial q_k = \partial^2 G/\partial q_k \partial q_j, \partial^2 G/\partial p_j \partial p_k = \partial^2 G/\partial p_k \partial p_j$、$\partial^2 G/\partial p_k \partial q_j = \partial^2 G/\partial q_j \partial p_k$ より、

$$[q_j, q_k]_{(\boldsymbol{q}', \boldsymbol{p}')} = 0, \quad [p_j, p_k]_{(\boldsymbol{q}', \boldsymbol{p}')} = 0, \quad [q_j, p_k]_{(\boldsymbol{q}', \boldsymbol{p}')} = \delta_{jk} \tag{14.22}$$

で与えられる。ここで、(14.22) の左辺の量は、

$$[u_I, u_J]_{(\boldsymbol{q}', \boldsymbol{p}')} = \sum_i \left(\frac{\partial q'_i}{\partial u_I} \frac{\partial p'_i}{\partial u_J} - \frac{\partial p'_i}{\partial u_I} \frac{\partial q'_i}{\partial u_J} \right) \tag{14.23}$$

で与えられ、**ラグランジュの括弧式**と呼ばれる。この括弧式から作られる $2n$ 次の反対称正方行列 $M = (M_{IJ} = [u_I, u_J]_{(\boldsymbol{q}', \boldsymbol{p}')})$ を用いると、条件 (14.22) は、$J = \begin{pmatrix} 0 & I_n \\ -I_n & 0 \end{pmatrix}$ を用いて、$M = J$ と表される。

一方、M はポアソン括弧式 $\{u_I, u_J\}_{(\boldsymbol{q}', \boldsymbol{p}')}$ から作られる反対称正方行列 $P = (P_{IJ} = \{u_I, u_J\}_{(\boldsymbol{q}', \boldsymbol{p}')})$ の転置逆行列となる。実際、

$$\sum_K M_{KI}P_{KJ} = \sum_{K,i,j}\left(\frac{\partial q'_i}{\partial u_K}\frac{\partial p'_i}{\partial u_I} - \frac{\partial q'_i}{\partial u_I}\frac{\partial p'_i}{\partial u_K}\right)\left(\frac{\partial u_K}{\partial q'_j}\frac{\partial u_J}{\partial p'_j} - \frac{\partial u_K}{\partial p'_j}\frac{\partial u_J}{\partial q'_j}\right)$$
$$= \sum_j\left(\frac{\partial p'_j}{\partial u_I}\frac{\partial u_J}{\partial p'_j} + \frac{\partial q'_j}{\partial u_I}\frac{\partial u_J}{\partial q'_j}\right) = \frac{\partial u_J}{\partial u_I} = \delta_{IJ} \qquad (14.24)$$

よって、$(\boldsymbol{q},\boldsymbol{p}) \to (\boldsymbol{q}',\boldsymbol{p}')$ が正準変換となる条件は $P = {}^{T}M^{-1} = J$ と同等になる。

$$\{q_j, q_k\}_{(\boldsymbol{q}',\boldsymbol{p}')} = 0 = \{p_j, p_k\}_{(\boldsymbol{q}',\boldsymbol{p}')}, \quad \{q_j, p_k\}_{(\boldsymbol{q}',\boldsymbol{p}')} = \delta_{jk} \qquad (14.25)$$

さらに、これより、$(u_I) = (g_j, p_k)$ として、

$$\{f, g\}_{(\boldsymbol{q}',\boldsymbol{p}')} = \sum_{I,J}\{u_I, u_J\}_{(\boldsymbol{q}',\boldsymbol{p}')}\frac{\partial f}{\partial u_I}\frac{\partial g}{\partial u_J}$$
$$= \sum_i\left(\frac{\partial f}{\partial q_j}\frac{\partial g}{\partial p_j} - \frac{\partial g}{\partial q_j}\frac{\partial f}{\partial p_j}\right) = \{f, g\}_{(\boldsymbol{q},\boldsymbol{p})} \qquad (14.26)$$

を得る。すなわち、ポアソン括弧の値は正準座標系のとり方に依存しないことがわかる。

14.2.3 リウヴィルの定理

正準変換となる条件 (14.21) は恒等変換に近い変換 $\boldsymbol{q}' = \boldsymbol{q} + \delta\boldsymbol{q}$, $\boldsymbol{p}' = \boldsymbol{p} + \delta\boldsymbol{p}$ に対して、

$$\delta p_i + \sum_k p_k\frac{\partial \delta q_k}{\partial q_i} = \frac{\partial G}{\partial q_i}, \quad \sum_k p_k\frac{\partial \delta q_k}{\partial p_i} = \frac{\partial G}{\partial p_i} \qquad (14.27)$$

となる。相空間の任意関数 f に対して、$(\delta\boldsymbol{q}, \delta\boldsymbol{p}) = V_f$、$G = f - \sum_k p_k\, \partial f/\partial p_k$ とおくと、この条件が満たされることが確かめられる。したがって、V_f は**無限小正準変換**となっていることがわかる。

この無限小正準変換が相空間の体積を保つことを示そう。まず、一般に $2n$ 次元空間 $\boldsymbol{u} = (u^I)$ での無限小変換 $\boldsymbol{u}' = \boldsymbol{u} + \delta\boldsymbol{u}$ に対して、体積の変化は、$\delta\boldsymbol{u}$ について 1 次までの精度で

$$d^{2n}\boldsymbol{u}' = \det(\partial u'_I/\partial u_J)d^{2n}\boldsymbol{u} = \left(1 + \sum_I \partial_I \delta u^I\right) d^{2n}\boldsymbol{u} \qquad (14.28)$$

と表される。そこで、無限小正準変換 $\delta\boldsymbol{u} = V_f$ に対して $\sum_I \partial_I \delta u^I$ を計算すると、

$$\sum_i \left(\frac{\partial}{\partial q_i}\left(-\frac{\partial f}{\partial p_i}\right) + \frac{\partial}{\partial p_i}\left(\frac{\partial f}{\partial q_i}\right)\right) = 0 \qquad (14.29)$$

したがって、$d^n\boldsymbol{q}'d^n\boldsymbol{p}' = d^n\boldsymbol{q}d^n\boldsymbol{p}$ となり、無限小正準変換が相空間の体積を保つことが示された。任意の正準変換は無限小変換の繰り返しとして表されるので、これは正準変換が常に相空間の体積を保つことを意味する。この結果は**リウヴィルの定理**と呼ばれている。例えば、14.1.2 で扱った相流はハミルトン関数を母関数とする無限小正準変換 $(\dot{\boldsymbol{q}}, \dot{\boldsymbol{p}}) = -V_H$ である。したがって、相空間の任意の領域に一様に粒子をばらまいて、それらの運動を追うと、粒子が占める領域は時間とともに変形するが、その体積は一定に保たれることになる。この結果は、多数の粒子からなる系の統計的な振る舞いを研究する統計力学において重要な役割を果たす。

14.3　ハミルトン–ヤコビ理論

14.2 節で触れたように、ハミルトン系の時間発展は相空間における正準変換となっていて、ハミルトン関数はその時々刻々の無限小正準変換の生成母関数と対応している。それでは、無限小でなく有限な時間での時間発展を与える正準変換 $\Phi_t : (\boldsymbol{q}_0, \boldsymbol{p}_0) = (\boldsymbol{q}(0), \boldsymbol{p}(0)) \to (\boldsymbol{q}(t), \boldsymbol{p}(t))$ を具体的に構成することは可能であろうか？

この疑問に回答を与えるのがハミルトン–ヤコビ理論である。この理論では、ハミルトン関数がゼロとなるハミルトン系への正準変換 $\Psi_t: (\boldsymbol{q},\boldsymbol{p}) \to (\boldsymbol{Q},\boldsymbol{P})$ を求める。このような変換が存在すれば、新たなハミルトン系 $(\boldsymbol{Q},\boldsymbol{P})$ では時間発展は自明 $\dot{\boldsymbol{Q}}=0, \dot{\boldsymbol{P}}=0$ となるので、$(\boldsymbol{Q},\boldsymbol{P})$ は定数となる。したがって、その逆変換 $\Psi_t^{-1}: (\boldsymbol{Q},\boldsymbol{P}) \to (\boldsymbol{q}(t),\boldsymbol{p}(t))$ が求める変換 Φ_t となる。

この変換を具体的に求めるために、14.2.2 で紹介した母関数法を用いる。ただし、今回は、母関数 G を、未知関数 $S(\boldsymbol{q},\boldsymbol{P},t)$ を用いて $G = \boldsymbol{P}\cdot\boldsymbol{Q} - S(\boldsymbol{q},\boldsymbol{P},t)$ と表す。このとき、正準変換となるための条件 $\boldsymbol{P}\cdot\dot{\boldsymbol{Q}} - H'(\boldsymbol{Q},\boldsymbol{P},t) = \boldsymbol{p}\cdot\dot{\boldsymbol{q}} - H(\boldsymbol{q},\boldsymbol{p},t) + \dot{G}$ は、

$$p_i = \frac{\partial S}{\partial q_i}, \quad Q_i = \frac{\partial S}{\partial P_i} \tag{14.30}$$

となる。また、新しい系でのハミルトン関数は $H' = H + \partial_t S$ となる。したがって、$H'=0$ を要請すると、$S = S(\boldsymbol{q},\boldsymbol{P},t)$ に対する 1 階偏微分方程式

$$H\left(\boldsymbol{q}, \partial_{\boldsymbol{q}} S, t\right) + \partial_t S = 0 \tag{14.31}$$

を得る。この方程式は**ハミルトン－ヤコビ方程式**、S は**ハミルトンの主関数**と呼ばれる。ハミルトンの主関数 S は $2n+1$ 個の変数 $(\boldsymbol{q},\boldsymbol{P},t)$ の関数であるが、ハミルトン–ヤコビ方程式では変数 $\boldsymbol{P}$ は陽にあらわれないので、$\boldsymbol{P}$ は偏微分方程式の解の n 個の独立なパラメータとなる。

出発点となる系のハミルトン関数が時間に直接依存しない場合には、E を任意定数、W を $(\boldsymbol{q},\boldsymbol{P})$ の関数として、$S = -Et + W(\boldsymbol{q},\boldsymbol{P})$ とおくと、ハミルトン–ヤコビ方程式は W に対する時間に依存しない 1 階偏微分方程式に帰着される。

$$H(\boldsymbol{q}, \partial_{\boldsymbol{q}} W) = E \tag{14.32}$$

この方程式もハミルトン–ヤコビ方程式と呼ばれる。また、W は**ハミルトンの特性関数**と呼ばれる。

14.3.1　変数分離

ハミルトン–ヤコビ方程式は偏微分方程式であり、常微分方程式であるもとの運動方程式と比べて格段に解くのが難しいそうにみえる。しかし、実際には、2 つのアプローチは数学的に同等であり、片方で解析的に解ける問題は、残りの方法でも解ける。例えば、n 自由度系の運動方程式を解く場合には、n 個の保存則があると、問題は 1 階の 1 次元常微分方程式を解くことに帰着されるが、このような場合、ハミルトン–ヤコビ方程式も特殊な構造を持ち、変数分離法により解くことができる。すなわち、エネルギーが保存される系について、配位変数 $\boldsymbol{q} = (q_i)$ をうまくとると、$\boldsymbol{C} = (C_1, \cdots, C_n)$ を定数の組として、ハミルトンの特性関数 W が $W = \sum_{i=1}^{n} W_i(q_i, \boldsymbol{C})$ と各座標 q_i のみに依存する関数 W_i の和に書け、ハミルトン–ヤコビ方程式が各 W_i に対する常微分方程式

$$H_i(q_i, dW_i/dq_i; \boldsymbol{C}) = C_i \tag{14.33}$$

に分解される。この方程式の解が求まると、分離定数 $\boldsymbol{C}$ を保存的運動量 $\boldsymbol{P}$ の関数 $\boldsymbol{C} = \boldsymbol{C}(\boldsymbol{P})$ として勝手に指定すれば、

$$p_i = \frac{\partial W_i}{\partial q_i}(q_i, \boldsymbol{C}), \quad Q_j = \sum_{k=1}^{n} \frac{\partial C_k}{\partial P_j} \left(-E(\boldsymbol{C})t + \sum_{i=1}^{n} W_i(q_i, \boldsymbol{C}) \right) \tag{14.34}$$

を $(\boldsymbol{q}, \boldsymbol{p})$ について解くことにより、$\boldsymbol{q}(\boldsymbol{Q}, \boldsymbol{P}, t), \boldsymbol{p}(\boldsymbol{Q}, \boldsymbol{P}, t)$ が定まる。

以下、いくつかの例で、実際に解を求める手続きを具体的にみてみよう。

14.3.2 1次元調和振動子

1次元調和振動子のハミルトン関数は $H=\frac{p^2}{2m}+\frac{k}{2}q^2=\frac{p^2}{2m}+\frac{m\omega^2}{2}q^2$ で与えられるので、特性関数 $W(q,E)$ に対するハミルトン–ヤコビ方程式は

$$\frac{1}{2m}\left(\frac{dW}{dq}\right)^2+\frac{m\omega^2}{2}q^2=E \tag{14.35}$$

いまの場合、1次元系なので分離定数はエネルギー E のみである。この方程式の解は、

$$W=\frac{2E}{\omega}\widehat{W},\quad x=\sqrt{\frac{m}{2E}}\,\omega q \tag{14.36}$$

とおくと、

$$\widehat{W}=\pm\int\sqrt{1-x^2}dx=\pm\frac{1}{2}\left(x\sqrt{1-x^2}+\arcsin(x)\right)+c' \tag{14.37}$$

ここで、c' は積分定数である。この解に対して、まず、運動量は

$$p=\frac{\partial S}{\partial q}=\pm\sqrt{2mE}\sqrt{1-x^2} \tag{14.38}$$

で与えられる。さらに、E を保存的な運動量として選んだ場合、それに共役な位置座標 Q は

$$Q=\frac{\partial W}{\partial E}=-t\pm\frac{1}{\omega}\arcsin(x) \tag{14.39}$$

と表される。これを x について解くと、なじみのある調和振動子解

$$q=\pm A\sin(\omega t+\delta),\quad p=\pm m\omega A\sin(\omega t+\delta),\quad A=\frac{1}{\omega}\sqrt{\frac{2E}{m}} \tag{14.40}$$

を得る。ここで、$\delta=\omega Q$ である。

14.3.3　多次元調和振動子

n 個の調和振動子からなる系のハミルトン関数は

$$H = \sum_{i=1}^{n} \left(\frac{p_i^2}{2m_i} + \frac{m_i \omega_i^2}{2} q_i^2 \right) \tag{14.41}$$

で与えられる。このとき、$W = \sum_i W_i(q_i, \boldsymbol{C})$ とおくと、ハミルトン–ヤコビ方程式は

$$\sum_{i=1}^{n} \left(\frac{1}{2m_i} \left(\frac{\partial W_i}{\partial q_i} \right)^2 + \frac{m_i \omega_i^2}{2} q_i^2 \right) = E \tag{14.42}$$

W_i は q_i のみに依存するので、この方程式は

$$\frac{1}{2m_i} \left(\frac{\partial W_i}{\partial q_i} \right)^2 + \frac{m_i \omega_i^2}{2} q_i^2 = C_i \quad (i = 1, \cdots, n) \tag{14.43}$$

と同等である。ここで、C_i は分離定数で、$\sum_i C_i = E$。この各 W_i に対する方程式は、1 次元調和振動子に対するハミルトン–ヤコビ方程式と同じなので、その解は

$$W_i = \frac{2C_i}{\omega_i} \widehat{W}(x_i), \quad x_i = \sqrt{\frac{m_i}{2C_i}} \omega_i q_i \tag{14.44}$$

で与えられる。以下、$P_i = C_i$ と選ぶと、1 次元調和振動子の場合と同じ計算により、

$$q_i = \pm A_i \sin(\omega_i t + \delta_i), \quad A_i = \frac{1}{\omega_i} \sqrt{\frac{2C_i}{m_i}}, \quad \delta_i = \omega_i Q_i \tag{14.45}$$

を得る。

14.3.4　ケプラー問題

重い中心天体の重力の影響を受けて運動する質量 m の天体に対するハミルトン関数は、極座標系 (r, θ, ϕ) のもとで、

$$H = \frac{p_r^2}{2m} + \frac{p_\theta^2}{2mr^2} + \frac{p_\phi^2}{2mr^2 \sin^2 \theta} - \frac{\alpha}{r} \tag{14.46}$$

と表される。特性関数 W に対するハミルトン–ヤコビ方程式は

$$\frac{1}{2m}\left(\frac{\partial W}{\partial r}\right)^2+\frac{1}{2mr^2}\left\{\left(\frac{\partial W}{\partial \theta}\right)^2+\frac{1}{\sin^2\theta}\left(\frac{\partial W}{\partial \phi}\right)^2\right\}-\frac{\alpha}{r}=E \tag{14.47}$$

いま、$W=W_r(r)+W_\theta(\theta)+W_\phi(\phi)$ とおくと、W_r, W_θ, W_ϕ が次の方程式を満たすとき、W はハミルトン–ヤコビ方程式を満たす。

$$\frac{dW_\phi}{d\phi}=l_3,\quad \left(\frac{dW_\theta}{d\theta}\right)^2+\frac{l_3^2}{\sin^2\theta}=l^2,\quad \frac{1}{2m}\left(\frac{dW_r}{dr}\right)^2+\frac{l^2}{2mr^2}-\frac{\alpha}{r}=E \tag{14.48}$$

これらの方程式の解は、次のような積分で表される。

$$W_\phi=l_3\phi,\ W_\theta=\pm\int d\theta\sqrt{l^2-\frac{l_3^2}{\sin^2\theta}},\ W_r=\pm\int dr\sqrt{2mE+\frac{2m\alpha}{r}-\frac{l^2}{r^2}} \tag{14.49}$$

これらの積分は解析的な表式で表されるが、この項目ではその表式は必要でない。以下、簡単のため、$E<0$ となる運動のみを考える。

正準変換後の保存的な運動量 $\boldsymbol{P}$ として $\boldsymbol{P}=(E,l,l_3)$ を採用すると、対応する保存的な座標 $\boldsymbol{Q}=(Q_1,Q_2,Q_3)$ は

$$Q_1=-t+\frac{\partial W_r}{\partial E},\quad Q_2=\frac{\partial W_\theta}{\partial l}+\frac{\partial W_r}{\partial l},\quad Q_3=\phi+\frac{\partial W_\theta}{\partial l_3} \tag{14.50}$$

と表される。まず、

$$2mEr^2+2m\alpha r-l^2=2m|E|(r-r_1)(r_2-r) \tag{14.51}$$

$$r_2>r_1>0,\quad r_1+r_2=\frac{\alpha}{|E|},\quad r_1r_2=\frac{l^2}{2m|E|} \tag{14.52}$$

と因数分解し、

$$r=\frac{(1-e^2)a}{1+e\cos\eta} \tag{14.53}$$

$$e=\frac{r_2-r_1}{r_1+r_2}=\sqrt{1-\frac{2l^2|E|}{m\alpha^2}},\quad a=\frac{r_1+r_2}{2}=\frac{\alpha}{2|E|} \tag{14.54}$$

とおくと、Q_2 の式より

$$Q_2 = -\eta - \epsilon_\theta \arcsin\frac{\cos\theta}{\sqrt{1-\delta^2}} \quad \Leftrightarrow \quad \cos\theta = -\epsilon_\theta\sqrt{1-\delta^2}\sin(\eta+Q_2) \tag{14.55}$$

を得る。ここで、$\epsilon_\theta = \pm 1$, $\delta = l_3/l$ である。

つぎに、Q_3 の式より、

$$\sin(\phi - Q_3) = \frac{\delta\sin(\eta+Q_2)}{\sqrt{\cos^2(\eta+Q_2)+\delta^2\sin^2(\eta+Q_2)}} \tag{14.56}$$

最後に、Q_1 の式より

$$t + Q_1 = -a\sqrt{\frac{m}{2|E|}}\left[\frac{e\sqrt{1-e^2}\sin\eta}{1+e\cos\eta} + \arctan\frac{e+\cos\eta}{\sqrt{1-e^2}\sin\eta}\right] \tag{14.57}$$

を得る。

(14.53), (14.55), (14.56), (14.57) は極座標系 (r, θ, ϕ, t) での一般解に対するパラメータ表示を与える。この解で、$\delta = \pm 1$ とおくと、x, y 平面 $(\theta = \pi/2)$ での標準的な楕円軌道解を与える。また、$|\delta| < 1$ の一般の場合には、直交座標系 $(x, y, z) = (r\sin\theta\cos\phi, r\sin\theta\sin\phi, r\cos\theta)$ での位置ベクトルがベクトル $\boldsymbol{n} = (-\sqrt{1-\delta^2}\sin Q_3, \sqrt{1-\delta^2}\cos Q_3, \epsilon_\theta\delta)$ と直交するので、軌道は $\boldsymbol{n}$ に垂直な平面内の楕円となる。

14.4　作用変数と角変数

ハミルトン–ヤコビ理論は、運動を具体的に解く方法としては必ずしも便利なものではないが、周期的な運動をする系の周期の計算などで役立つことがある。また、量子論の誕生においても歴史的に重要な役割を果たした。これらの応用では、作用変数と角変数と呼ばれる正準変数の組が中心的な役割を果たす。

エネルギーが保存的な系 $(\boldsymbol{q},\boldsymbol{p})$ に対するハミルトン–ヤコビ理論において、正準変換により得られる保存的な正準変数の組を $(\boldsymbol{Q},\boldsymbol{P})$、ハミルトンの主関数を $S=-E(\boldsymbol{P})t+W(\boldsymbol{q},\boldsymbol{P})$ とする。このとき、

$$\chi_i=\frac{\partial W}{\partial P_i}(\boldsymbol{q},\boldsymbol{P}),\quad \nu_i=\frac{\partial E}{\partial P_i}(\boldsymbol{P}) \tag{14.58}$$

とおくと、$Q_i=\partial S/\partial P_i$ より

$$\chi_i=\nu_i t+Q_i \tag{14.59}$$

を得る。もとの正準変数は、$(\boldsymbol{\chi},\boldsymbol{P})$ を用いて $\boldsymbol{q}=\boldsymbol{q}(\boldsymbol{\chi},\boldsymbol{P}),\ \boldsymbol{p}=\boldsymbol{p}(\boldsymbol{\chi},\boldsymbol{P})$ と表されるので、系の運動が周期的なら、$(\boldsymbol{q},\boldsymbol{p})$ は $\boldsymbol{\chi}$ の周期関数となる。

特に、ハミルトン–ヤコビ方程式が変数分離可能で、特性関数が $W=\sum_i W_i(q_i,\boldsymbol{P})$ と表されるとき、$p_i=\partial W_i(q_i,\boldsymbol{P})/\partial q_i$ により決まる各正準共役対 (q_i,p_i) は、それぞれの 2 次元面内で $\boldsymbol{P}$ により決まる軌道に沿って運動する。特に、この軌道が閉曲線なら、それぞれの正準共役対の時間変化は周期的な振動となる。また、振り子の振れ角のように、もとの q_i が回転の角度を表す場合には、一回転に相当する q_i の 2 点を同一視することにより軌道が閉曲線となるなら、対応する正準変数の時間変化は周期的な回転となる。

この周期運動の振動数を求めよう。まず、j 番目の正準共役対のみをこの閉軌道 $\gamma_j(\boldsymbol{P})$ に沿って一周させたとき、上で導入した変数 χ_i の変化 $\Delta_j\chi_i$ を計算すると

$$\begin{aligned}\Delta_j\chi_i &= \oint_{\gamma_j}d\chi_i=\oint_{\gamma_j}\frac{\partial\chi_i}{\partial q_j}dq_j=\oint_{\gamma_j}\frac{\partial^2 W}{\partial P_i\partial q_j}dq_j\\ &= \frac{\partial}{\partial P_i}\oint_{\gamma_j}p_j dq_j=\frac{\partial J_j}{\partial P_i}\end{aligned} \tag{14.60}$$

となる。ここで、J_i は

$$J_i = J_i(\boldsymbol{P}) = \oint_{\gamma_i(\boldsymbol{P})} p_i dq_i \tag{14.61}$$

により定義される保存量の組で、作用積分の運動項と同じ構造を持つので、**作用変数**と呼ばれる。これより、保存的運動量を $P_i = J_i$ と選べば、$\Delta_j \chi_i = \delta_{ij}$ となり、χ_i は (q_i, p_i) 面での閉軌道に沿った一周の運動で、ちょうど 1 だけ値が変化する。すなわち、$\nu_i \Delta t = 1$ となる。これは、ν_i がこの周期運動の振動数と一致することを意味する。この性質を持つ J_i の共役変数 χ_i は**角変数**と呼ばれる。

以上より、エネルギー E を作用変数 $\boldsymbol{J}$ の関数として表せば、各正準共役対 (q_i, p_i) の周期運動の振動数が

$$\nu_i = \frac{\partial E(\boldsymbol{J})}{\partial J_i} \tag{14.62}$$

により定まる。作用変数は、振動的周期運動の場合には、2 次元相空間における軌道閉曲線で囲まれる領域の面積を、また、回転的周期運動の場合は、軌道と $p = 0$ 曲線で囲まれる領域の一周期分の面積を表す。

14.4.1　1 次元調和振動子

簡単な例として 14.3.2 で扱った 1 次元調和振動子の振動数を上記の方法で求めてみよう。この場合、軌道は楕円 $p^2/(2m) + m\omega^2 q^2/2 = E$ なので、その面積に当たる作用積分は

$$J = \oint pdq = \pi\sqrt{2mE \times 2E/(m\omega^2)} = 2\pi E/\omega \tag{14.63}$$

で与えられる。よって、振動数は $\nu = \partial E/\partial J = \omega/(2\pi)$ となる。

14.4.2 単振り子

14.1.2 の記法を用いると、単振り子の等エネルギー軌道 $p^2/(2ml^2) + mgl(1-\cos\theta) = E$ が閉曲線となる $E < 2mgl$ のとき、その囲む面積は

$$J = \oint d\theta p = 8ml^2\omega_0 \int_0^{\theta_0} d\theta \sqrt{k - \sin^2(\theta/2)} \tag{14.64}$$

と表される。ここで、$k = E/(2mgl)$ である。これより、振動数 ν の逆数, すなわち周期 T は

$$T = \frac{dJ}{dE} = \frac{2}{\omega_0}\int_0^{\theta_0} \frac{d\theta}{\sqrt{k - \sin^2(\theta/2)}} = \frac{4}{\omega_0}\int_0^{\pi/2} \frac{du}{\sqrt{1 - k\sin^2 u}} \tag{14.65}$$

となる。ただし、$\sin(\theta/2) = \sqrt{k}\sin u$ である。最後の楕円積分は初等関数では書けないが、小振幅極限 $E \to 0$ では $T \to 2\pi/\omega_0$、大振幅極限 $E \to 2mgl$ で $T \to \infty$ となることは容易に確かめられる。

一方、回転的周期運動となる $E > 2mgl$ の場合には、

$$J = \int_{-\pi}^{\pi} d\theta\, p = 2ml^2\omega_0 \int_9^{2\pi} d\theta \sqrt{k - \sin^2(\theta/2)} \tag{14.66}$$

より、

$$T = \frac{dJ}{dE} = \frac{2}{\omega_0}\int_0^{\pi/2} \frac{d\theta}{\sqrt{k - \sin^2(\theta/2)}} \tag{14.67}$$

を得る。したがって、$E \to +2mgl$ で $T \to \infty$, $E \to \infty$ で $T \to 0$ となる。

14.4.3 ケプラー運動

14.3.4 の結果を用いると、極座標系 (r, θ, ϕ) での $E < 0$ のケプラー運動に対する作用積分は

$$J_\phi = \int_{\phi=0}^{\phi=2\pi} dW_\phi = \pm\int_0^{2\pi} l_3 d\phi = 2\pi|l_3| \tag{14.68a}$$

$$J_\theta = \oint dW_\theta = 4\int_{\theta_0}^{\pi/2} \frac{d\theta}{\sin\theta}\sqrt{l^2\sin^2\theta - l_3^2} = 2\pi(l - |l_3|) \tag{14.68b}$$

$$J_r = \oint dW_r = 2\int_{r_1}^{r_2} dr\sqrt{2mE + \frac{2m\alpha}{r} - \frac{l^2}{r^2}} = 2\pi\left(\alpha\sqrt{\frac{m}{2|E|}} - l\right) \tag{14.68c}$$

これらを E について解くと、

$$E = -\frac{2\pi^2 m\alpha^2}{(J_\phi + J_\theta + J_r)^2} \tag{14.69}$$

を得る。したがって、r, θ, ϕ のすべてが同じ振動数

$$\nu_\phi = \nu_\theta = \nu_r = \frac{1}{\pi\alpha}\sqrt{\frac{2|E|^3}{m}} \tag{14.70}$$

を持つことが示される。これは、軌道が 3 次元空間で閉曲線となることを意味している。

15　「力学的自然観」の深化と困難

松井哲男

《目標＆ポイント》 われわれのまわりの物質は一見して力学では簡単に説明のつかない多様で複雑な性質を示すが、それは物質がたくさんの粒子「原子」からできていることに起因している。膨大な数の粒子の挙動を力学によって記述するために、統計学という新しい数学的手法が導入され、現象論的な熱力学の法則の基礎を原子・分子の力学から理解しようとする試みが発展する。この最終章ではこの現代物理学へ継承される流れを俯瞰し、そこから得られた古典力学の地平線の拡大と、それがもたらした新しい問題について学ぶ。
《キーワード》 原子論、気体分子運動論、１粒子分布関数、運動論的方程式、マックスウェル分布、ボルツマンの衝突項、局所平衡分布、統計力学、エネルギー等分配則、ギブスのアンサンブル平均、ブラウン運動、相対論と量子論、カオス理論

15.1　現代の原子論と力学

原子論（atomism）は古代ギリシャの哲学に由来し、デモクリトスがその提唱者としてよく知られている。物質をそれを構成する基本粒子に還元することは、一つの自然な考え方であると思われる。ただ、それを単なる思弁哲学の仮説から、実際に実験によって検証できる科学にするには長い道のりがあった。近代の原子論はドルトンによって化学反応の規則性を説明するために導入されているが、力学の基本法則を使って気体の性質を記述する分子運動論の歴史はそれより古く、18 世紀に活躍したベルヌーイ（Daniel Bernoilli, 1700 - 1782）にまでさかのぼるといわ

れる。ニュートン力学はこの考え方を実証科学にする上で、基本的な役割を果たした。またその過程で、マックスウェルによって統計学の方法が導入され、それはボルツマンやギブスによって今日の統計力学に発展する。原子の存在自体は、ブラウン運動の研究を通して最終的に確立するが、その内部構造の理解には古典力学で説明のつかない多くの謎があらわれ、その理解には量子論、量子力学が必要であった。

15.2　気体分子運動論

力学は剛体や流体の運動にも適用されてその適用範囲はさらに広がったが、物質がたくさんの基本的な粒子からできているという考え（古代ギリシャの「原子論」）に基づいて、物質の性質を理解する試みは多くの人によって試みられた。その中でも、すべての物質に共通した気体状態をランダムに運動する気体分子の集まりだとする考えは**気体分子運動論**と呼ばれ、気体の熱力学を理解する上で役立った。

15.2.1　1 粒子分布関数とその力学的時間発展

気体分子運動論では気体を構成する個々の気体分子の運動を考える。力学においては個々の粒子の運動は粒子の位置 $\boldsymbol{r}$ とその運動量 $\boldsymbol{p}$ によって決まるが、その平均的な振る舞いを記述するのに、$(\boldsymbol{r}, \boldsymbol{p})$ で記述される 1 粒子の**位相空間**での粒子の分布を記述する 1 粒子分布関数 $f(t, \boldsymbol{r}, \boldsymbol{p})$ を導入する。その運動量積分、

$$n(t, \boldsymbol{r}) = \int d^3\boldsymbol{p} f(t, \boldsymbol{r}, \boldsymbol{p}) \tag{15.1}$$

は粒子の密度分布を与える。

粒子の位相空間の中での座標 $(\boldsymbol{r}, \boldsymbol{p})$ は粒子の運動によって刻々と変化するので、分布関数は時間の関数となる。いま、微小時間 dt が経過した

後の分布関数 $f(t+dt,\boldsymbol{r},\boldsymbol{p})$ がどうなるか考えてみよう。この微小時間後の粒子の位置と運動量は力学の運動方程式により、

$$\begin{aligned} d\boldsymbol{r} &= \boldsymbol{v}dt \\ d\boldsymbol{p} &= \boldsymbol{F}dt \end{aligned}$$

だけ変化するから、微小時間 dt 後の分布は時刻 t の分布で $\boldsymbol{r}$ の値を $-d\boldsymbol{r}$ だけ、$\boldsymbol{p}$ の値を $-d\boldsymbol{p}$ だけずらしたものになるはずである。すなわち、

$$f(t+dt,\boldsymbol{r},\boldsymbol{p}) = f(t,\boldsymbol{r}-d\boldsymbol{r},\boldsymbol{p}-d\boldsymbol{p}) \tag{15.2}$$

粒子の位置座標と運動量の変化どちらも dt に比例して小さいので、それらで展開すると、

$$\begin{aligned} f(t,\boldsymbol{r}+d\boldsymbol{r},\boldsymbol{p}+d\boldsymbol{p}) &= f(t,\boldsymbol{r},\boldsymbol{p}) - \frac{\partial}{\partial \boldsymbol{r}}f(t,\boldsymbol{r},\boldsymbol{p})\cdot d\boldsymbol{r} - \frac{\partial}{\partial \boldsymbol{p}}f(t,\boldsymbol{r},\boldsymbol{p})\cdot d\boldsymbol{p} \\ &= f(t,\boldsymbol{r},\boldsymbol{p}) - \frac{\partial}{\partial \boldsymbol{r}}f(t,\boldsymbol{r},\boldsymbol{p})\cdot \boldsymbol{v}dt - \frac{\partial}{\partial \boldsymbol{p}}f(t,\boldsymbol{r},\boldsymbol{p})\cdot \boldsymbol{F}dt \end{aligned}$$

であるから、

$$f(t+dt,\boldsymbol{r},\boldsymbol{p}) = f(t,\boldsymbol{r},\boldsymbol{p}) - \frac{\partial}{\partial \boldsymbol{r}}f(t,\boldsymbol{r},\boldsymbol{p})\cdot \boldsymbol{v}dt - \frac{\partial}{\partial \boldsymbol{p}}f(t,\boldsymbol{r},\boldsymbol{p})\cdot \boldsymbol{F}dt \tag{15.3}$$

となる。ここで右辺の項をすべて左辺に移行して、

$$f(t+dt,\boldsymbol{r},\boldsymbol{p}) - f(t,\boldsymbol{r},\boldsymbol{p}) = \frac{\partial}{\partial t}f(t,\boldsymbol{r},\boldsymbol{p})dt \tag{15.4}$$

であることを使うと、両辺を dt で割って、分布関数の時間変化を決める方程式、

$$\frac{\partial}{\partial t}f + \boldsymbol{v}\cdot\frac{\partial}{\partial \boldsymbol{r}}f + \boldsymbol{F}\cdot\frac{\partial}{\partial \boldsymbol{p}}f = 0 \tag{15.5}$$

が得られる。ここで、すべての $f(\boldsymbol{r},\boldsymbol{p},t)$ を f と簡略した。この方程式は 1 粒子分布関数の運動論的方程式 (kinetic equation) と呼ばれ、外力の場 $\boldsymbol{F}(\boldsymbol{r})$ のもとでの粒子の分布の変化を記述する方程式である。

左辺の最初の第 2 項はドリフト項（drift term）と呼ばれ、粒子の運動によってその位置が時間変化するという運動学的な効果を表している。第 3 項は外力のもとで加速され、その運動量が変わる力学的効果を表す。

2 体力があると粒子間の間で運動量のやり取りがあり、その分布は時間的に変化する。それだけでなく、一般に多体相関があらわれるため、それを取り入れる多体の分布関数が必要となる。一般に n 体の相関関数の運動方程式には、$n+1$ 体相関関数があらわれ、n 体の相関関数が無限に連立した運動方程式を解かないと解は得られない。もちろんそれを行うのは、もともとの N 問題を解くのと同じことになり、数学的に解くことは現実的ではなく、あまり意味のないことと思われる。

15.2.2　平衡状態のマックスウェル分布

直感的には、粒子は互いの衝突でその運動量（速度）は常に変化しているが、その平均的な振る舞いはある分布に近づくと予想される。熱平衡状態では、粒子の分布は一様 $n(t, \boldsymbol{r}) = n_0$ となるが、粒子の速度 $\boldsymbol{v}$ の分布は統計学で知られている正規分布 $e^{-\boldsymbol{v}^2/v_0^2}$ となることを簡単な考察によってマックスウェルは示した。ここで v_0 は気体分子の平均的な速さとなるが、この分子からなる気体が気体の法則 $PV = nRT$ に一致するには、

$$PV = m\langle v_x^2 \rangle N = \frac{1}{3} m \langle \boldsymbol{v}^2 \rangle N = nRT \tag{15.6}$$

となる必要がある。ここで、N は気体分子の総数で、R は気体定数、n は気体のモル数である。粒子の速度分布は当方的になるはずであるから、$\langle v_x^2 \rangle = \langle v_y^2 \rangle = \langle v_z^2 \rangle = \langle \boldsymbol{v}^2 \rangle/3$ となることを用いた。したがって、マックスウェル分布は

$$f_{\text{eq.}}(\boldsymbol{p}) = n_0 e^{-\boldsymbol{p}^2/2mk_{\text{B}}T} = n_0 e^{-\epsilon_p/k_{\text{B}}T} \tag{15.7}$$

となる。これは運動量 $\boldsymbol{p}$ を持つ分子の運動エネルギー $\epsilon_p = \boldsymbol{p}^2/2m$ が、平均が $k_\mathrm{B}T$ の $3/2$ となる指数関数分布となることを意味している。ここで、$k_\mathrm{B} = nR/N = R/N_\mathrm{A}$ はボルツマン定数と呼ばれ[1]、この分布関数は**マックスウェル – ボルツマン分布**とも呼ばれる。

15.2.3 ボルツマンの衝突項と H 定理

気体分子運動論は気体の内部エネルギーがそれを構成する分子のランダムな運動エネルギーの和であることを意味しているが、さらに熱力学のエントロピーが何を意味するかが問題となる。特に、熱力学の第 2 法則（エントロピーの増大則）の説明が必要となる。力学の運動方程式は時間反転（$t \to -t$）しても形は変わらないから、その対称性を破る増大則がどうしてあらわれるかは大きなパズルとなった。この難問に先べんをつけたのがボルツマンであった。

ボルツマンは時刻 t に場所 $\boldsymbol{r}$ で 2 粒子の衝突によって 1 粒子分布関数の運動量分布が変化する効果を記述するために、1 粒子関数の時間発展に次のような項を導入する。

$$
\left(\frac{\partial f}{\partial t}\right)_C = \int d\boldsymbol{p}_1 \int d\boldsymbol{p}_2 \int d\boldsymbol{p}_3 \left(f(t,\boldsymbol{r},\boldsymbol{p}_2)f(t,\boldsymbol{r},\boldsymbol{p}_3) - f(t,\boldsymbol{r},\boldsymbol{p})(t,\boldsymbol{r},\boldsymbol{p}_1)\right)
$$
$$
\times v_{\mathrm{rel.}}\sigma\delta(\boldsymbol{p}+\boldsymbol{p}_1-\boldsymbol{p}_2-\boldsymbol{p}_3)
$$

ここで括弧の中の第 1 項は粒子 2 と粒子 3 の散乱によって運動量が $\boldsymbol{p}$ の粒子が作られる割合を表し、第 2 項は逆に運動量が $\boldsymbol{p}$ の粒子がもう 1 つの粒子 1 との散乱でその運動量が変化する効果を表す。$v_{\mathrm{rel.}}\sigma$ は散乱の頻度を表し、一般には散乱に関与する粒子の運動量とその相対的な速さ $v_{\mathrm{rel.}}$ に依存する複雑な関数となる。最後の δ 関数は、散乱が運動量の保

1） プランクが熱放射の理論で導入した。

存則を満たすように起こることを保証する因子である。

気体のエントロピーは気体の体積や温度の対数となることが知られているが、ボルツマンは次のような量を考え、

$$H(t) = \int d\boldsymbol{r} d\boldsymbol{p} f(t, \boldsymbol{r}, \boldsymbol{p})(\ln f(t, \boldsymbol{r}, \boldsymbol{p}) - 1) \tag{15.8}$$

これが、2 つの粒子間に衝突があると単調減少する時間の関数となること、そしてその最終値は分布関数がマックスウェル分布になるときに達成されることを、数学的に証明した。これはボルツマンの H 定理と呼ばれ、エントロピーを H の符号を変えたものにとれば、エントロピーの増大則を説明することができる。しかし、ボルツマンの衝突項は結果的に力学の運動方程式の時間反転の対称性を破ることになる。結局これは分子の速度（運動量）分布が 1 粒子の分布だけで記述できるという仮定があって、この 2 粒子の衝突もこの 1 粒子分布関数を使って表したことに起因していることがわかる。これは 2 粒子相関を無視する「分子的カオスの仮定」(Ansatz of molecular chaos) と呼ばれるようになり、結局はたくさんの粒子の統計的な振る舞いを記述する際の近似方法が介入していることを示している。

15.2.4 局所平衡分布と流体力学の基礎付け

気体はマクロなスケールでは流体として振る舞い、その振る舞いは流体力学によって記述することができる。気体分子運動論はその基礎付けを与える。

局所平衡分布は流体のある時刻 t の局所的な温度 $T(t, \boldsymbol{r})$ と流体速度ベクトル $\boldsymbol{v}(t, \boldsymbol{r})$ の関数として、

$$f_{\text{eq.}}(t, \boldsymbol{r}, \boldsymbol{p}) = f_0 e^{-\frac{\epsilon_{\boldsymbol{p}} - \boldsymbol{v} \cdot \boldsymbol{p}}{k_{\text{B}} T}} \tag{15.9}$$

で表される。実際、この関数をボルツマンの導入した衝突項に代入する

と、エネルギー・運動量の保存から、括弧の中が相殺し、散乱の頻度によらず、衝突項は消えることがわかる。ただ、粒子の運動に由来するドリフト項は温度や流速分布に非一様性がまだある場合は消えず、ボルツマン方程式の解とはならない。この局所平衡分布からのずれが、気体粒子の熱伝導や粘性といった、流体力学におけるエントロピーの増大を与える非平衡の効果を表す。

15.3 熱の統計力学

気体分子運動論は気体の多くの性質を説明するのに成功したが、その主な理由は気体の密度が小さい状態で、分子間相互作用の効果が比較的小さいためであった。気体の状態方程式が気体分子のモル数と、気体の体積、圧力と温度だけで決まる一般的な関係式になっているのもこのことに起因している。しかし、液体や固体のような高密度な状態になると個々の分子とその間の相互作用の性質に強く依存したものとなる。一般に複雑な多体相関があらわれ、固体の結晶のような長距離相関を持った秩序状態があらわれる。そのような物質の状態を分子レベルから記述するためには、分子間相互作用の効果をくまなく取り入れて、マックスウェル、ボルツマンによって導入された統計的な扱いを行う理論形式が必要となる。それは統計力学と呼ばれている。

統計力学の基本仮説によると、熱平衡状態ではすべてのミクロな粒子状態、すなわち粒子の座標とその運動量の分布が同じエネルギーを持つと、それらの状態は同じ確率で実現される。これは「等分配則」と呼ばれている。全く同じ力学系で、同じハミルトニアンで記述される、そのようなミクロな状態の統計分布はミクロカノニカル・アンサンブルと呼ばれる。力学では運動方程式で系の時間発展が記述されるが、実際に運動方程式を使って状態の時間変化を追いかけて、その時間平均をとることが、瞬間瞬間の粒子の相空間でのスナップショットのアンサンブルを考え、そのアンサンブル平均をとることと同じ結果を与えるというのがこの仮説の意味である。この仮説はボルツマンによって「エルゴード定理」と呼ばれた。それが数学的に証明されれば、統計平均は純粋に力学の原理によって裏付けされたことになる。

統計力学と熱力学を結びつける有名なエントロピーの公式は、

$$S(U,V) = k_{\mathrm{B}}\ln W(U,V) \tag{15.10}$$

で、ここで右辺にあらわれる量 $W(U,V)$ は、エネルギー U と体積 V が決まったミクロな状態の数を与える。この式はボルツマンの原理とも呼ばれ、ウィーンに眠るボルツマンの墓石に書かれているので有名であるが、実はこの式を最初に書いたのはプランクであったといわれる 2)。実際のところボルツマンは、今日「ボルツマン定数」と呼ばれる k_{B} という記号を使うことはなかった。

ギブスは統計平均を行うアンサンブルに、カノニカル・アンサンブルという便利な方法を発明した。これは、平均をとるときにあるハミルトン関数 $H(\{\boldsymbol{r}_i, \boldsymbol{p}_i\}_{i=1,2,\ldots})$ で表される系の全エネルギーがある値 E になることを要請する代わりに、重みの因子 $e^{-H/k_{\mathrm{B}}T}$ を付けて、全位相空間の和（積分）をとることを意味する。例えば、温度 T で体積 V の平衡状態にある系の内部エネルギー U は、

$$U(T,V) = Z^{-1}\sum He^{-H/k_{\mathrm{B}}T} \tag{15.11}$$

で求められる。ここで、

$$Z(T,V) = \sum e^{-H/k_{\mathrm{B}}T} \tag{15.12}$$

---

2)　ボルツマンの墓碑には k_{B} ではなく、プランクが用いた k という表現が使われている。

は分配関数（partition function）と呼ばれ（日本では、その定義式の通り「状態和」と呼ばれる）、熱力学で使われる自由エネルギー $F(T,V)=E-TS$ と、

$$F(T,V) = -k_{\mathrm{B}}T\ \ln Z(T,V) \tag{15.13}$$

という関係で結ばれる。この方法は量子論にも拡張され、統計力学で最もよく使われる公式の１つになっている。また、場の量子論は、空間次元を１つ上げたユークリッド空間の古典的な統計模型を使って定式化できることが知られている。

15.4　ブラウン運動の理論

現代の原子論の確立に決定的な役割を果たしたのはブラウン運動の理論といわれる。ブラウン運動というのは、例えば、花粉に含まれる微粒子を顕微鏡で観察すると、不思議な不規則運動をすることで、最初は、それを微生物の生命活動と疑う人もあったようであるが、それが物質がたくさんのランダムな熱運動をする分子からできていることの表れである、と解釈できることを最初に指摘したのはアインシュタインであった。アインシュタインは相対論と光量子論によって有名になるが、彼の 1905 年に書かれた学位論文は、このブラウン運動の理論であった。

アインシュタインのブラウン運動の理論は浸透圧（osmotic pressure）の考察から始まる。浸透圧というのは、溶液に溶かした希薄不純物が作る余分な圧力で、溶液自身は液体でその記述は難しいにもかかわらず、浸透圧は気体の法則のように振る舞うことが知られている。すなわち、希薄不純物の作る圧力 p は、不純物の濃度 $\nu=N/V=nN_{\mathrm{A}}/V$ を使うと、

$$p = \nu\frac{RT}{N_{\mathrm{A}}} = \nu k_{\mathrm{B}}T \tag{15.14}$$

という関係を満たす。ここで、ボルツマン定数の定義 $k_{\mathrm{B}}=R/N_{\mathrm{A}}$ を用

いた。不純物の濃度が一定でないとき、いま簡単のために x 方向に濃度 ν が変化していると、圧力勾配

$$\frac{dp}{dx} = -k_{\mathrm{B}} T \frac{d\nu}{dx} \tag{15.15}$$

があらわれ、これによって不純物の拡散流が生じると考えた。さらにこの流れは、不純物に摩擦係数 η の摩擦力 $F = \eta v$ が働くと、定常流

$$j_x = \bar{v}\nu = -\frac{k_{\mathrm{B}} T}{\eta} \cdot \frac{d\nu}{dx} \tag{15.16}$$

を作ることになり、これは拡散係数 D が

$$D = \frac{k_{\mathrm{B}} T}{\eta} \tag{15.17}$$

で与えられることを意味する。ランダムなブラウン運動をする粒子の移動距離 Δx は、拡散係数を使って、

$$\Delta x = \sqrt{2Dt} \tag{15.18}$$

で変化するから、その測定から k_{B} の値、あるいはアボガドロ数 N_{A} の値を決めることができる。ペラン（Jean Perrin, 1870 - 1942）はこの方法でブラウン運動の精密測定を行った。アボガドロ数 N_{A} はほかの方法によって求めることもでき[3] それらがほぼ一致したことから原子論の正しさが立証されたのである。

15.5　「力学的自然観」のほころび

このように原子論においても力学の基本法則が成り立つことが明らかとなり、それは「力学的自然観」をさらに強化することにつながった。し

3）例えば、量子論の誕生となったプランクの放射公式は、N_{A} を正確に決めるもう 1 つの独立な方法を与える。

かし、その一方で、19世紀の物理学の発展から力学的な世界観にほころびがあることが次第に明らかになった。

19世紀の物理学の大御所であったケルビン卿は、1900年に行った講演で、晴天の地平線にあらわれた2つの暗雲を指摘している。それはエーテルの運動と考えられていた光は地球の運動によってその速さが変化しないというマイケルソンとモーリーの実験結果であり、もう1つは気体の比熱の実測値が気体分子運動論における等分配則（ケルビン卿はこれを「ボルツマン・マックスウェル原理」と呼んだ）による理論値と食い違っていたことである。この問題は、電磁場の古典的なマックスウェル理論によれば真空（エーテル）の比熱が無限大となってしまうというレーリーとジーンズが明らかにした熱放射の問題の困難により、さらに深刻な問題となる。その暗雲は次第に大きな雲に成長し、20世紀に入ってそれまで信じられてきた「力学的自然観」を大きくゆさぶり、相対論と量子論の台頭によって、古典力学の体系は概念的にも大きく書き換えられることになる。

相対論は、19世紀に定式化された電磁場の方程式（マックスウェル方程式）の座標変換に対する対称性の理解から明らかになった。真空中のマックスウェルの方程式は、ニュートンの運動方程式の対称性（ガリレイの相対性原理）と違って、時間の変換も含む変換（ローレンツ変換）に対して不変性を示していた。このことは、ローレンツ（Hendric Antoon Lorentz, 1853 - 1928）やポアンカレ（Henri Poincare, 1854 -1912）などの大家を含む多くの人々によって独立に発見されたが、その物理的意味を最も明確にしたのはアインシュタインの分析であった。アインシュタインはそれまで電磁場の解釈の背後にあったエーテルという力学的「物質」の存在を無用な仮説として完全に払拭し、光速の普遍性とすべての慣性系の同等性を原理として物理学を再構成することを提案した。それは、時間の、慣性系による相対性を意味した。この考え方は、アインシュタインによって重力も含むようにさらに拡張され、局所的な非慣性系への変換も含む一般相対性理論へと発展した。この流れは、『場と時間・空間の物理』で詳しく学ぶ。

量子論はプランクの熱放射の問題の分析から生まれたが、物質の比熱の分子運動論的理解の矛盾としてすでにその萌芽は存在していた。例えば、気体のモル比熱は、一原子分子の場合は RT の 3/2 となり、二原子分子の場合はその 5/2 となることが知られている。その値を一分子の持つエネルギーに換算すると、1 自由度の持つエネルギー $k_{\mathrm{B}}T/2$ を単位として、1 原子分子の場合は並進自由度の 3、2 原子分子の場合はそれに回転の自由度 2 が加わって 5 となり、これは等分配則によって理解できる。しかし、原子を大きさを持った古典的な球体としてみるとこれでは説明できない。明らかに、原子の構造がどうなっているかの説明が必要になる。それには、ラザフォードによって発見された原子核の存在と、ボーアの原子模型によるその安定性の理解と原子スペクトルの起源の説明から発展した、量子力学による原子構造の理解が必要であった。この発展は『量子と統計の物理』でさらに詳しく学ぶ。

15.6　古くて新しい問題ーカオス

古典力学は 20 世紀に入って相対論と量子論の台頭によって大きく書き換えられたが、その重要な役割は現代物理学の中に継承されている。それと同時に、高速計算機の出現によって可能となった力学系の数値シミュレーションの発展から、古典力学の枠組みの中でも質的に新しい視点が生まれている。そのひとつがカオス (chaos) と呼ばれる現象である。

ニュートン力学における力学系の時間発展は、いくら見かけが複雑そうに見えても、初期条件さえ与えられれば唯一に決まる、という決定論的性格を持っていた。しかし、非線形効果があると、ほんのわずかに違う初期条件から出発しても、時間が経つにつれて結果は大きく異なる場合があることがわかった。気象学のように非常に複雑な現象は、例えそれが古典力学で記述される系でも、ずっと先の気象を予報することは非常に難しい。その理由はこのカオスに起因していると考えられる。実際、この問題を「バタフライ効果」と呼んで力学系の予測不可能性を強調したローレンツ（Edward N. Lorenz, 1917 - 2008）は数値計算を行う気象学者であった。その後、カオス的振る舞いは自由度の小さい力学系でも非線形効果があれば発現し、非常に一般性のある問題であることがわかった。カオスを示す力学系は一般に複雑系と呼ばれている。これまでの複雑系の研究は 19 世紀末の数学者ポアンカレの研究にさかのぼる数理的な色彩が強いが、統計力学や生命現象への関わりも示唆されており、これからの発展が期待されている。

参考文献

1) アインシュタイン、インフェルト共著（石原 純 訳）『物理学はいかに創られたか』（岩波新書、1939 年）
2) 朝永振一郎著『物理学とはなんだろうか』（岩波新書、1979 年）

索引

●配列は五十音順、＊は人名を示す。

●か 行

●さ　行

●た　行

●な 行

●は 行

●ま　行

●や　行

●ら　行

分担執筆者紹介

小玉　英雄（こだま・ひでお）

・執筆章→ 11〜14

1952 年　香川県に生まれる
1975 年　京都大学理学部物理学科卒業
1980 年　京都大学大学院理学研究科単位取得退学
京都大学理学部研修員 (1980-83)、東京大学理学部助手 (1983-1987)、京都大学教養部助教授 (1987-1991)、京都大学大学院人間・環境研究科助教授 (1991-1993)、京都大学総合人間学部助教授（改組） (1992-1993)、京都大学基礎物理学研究所教授 (1993-2007)、高エネルギー加速器研究機構素粒子原子核研究所教授 (2007-2016) を経て
現在　京都大学名誉教授、高エネルギー加速器研究機構名誉教授、総合研究大学院大学名誉教授・理学博士
専攻　理論物理学 (宇宙論、重力理論)

主な著書　相対論的宇宙論 (パリティ物理学コース、丸善株式会社)
宇宙のダークマター (サイエンス社)
一般相対性理論 (共著　岩波書店)
相対性理論 (培風館)
相対性理論 (朝倉書店)
宇宙物理学（共著　KEK 教科書シリーズ、共立出版)

編著者紹介

岸根　順一郎（きしね・じゅんいちろう）

・執筆章→ 6〜10

1967 年　京都府に生まれ、東京都立川市で育つ
1991 年　東京理科大学理学部物理学科卒業
1996 年　東京大学大学院理学系研究科物理学専攻博士課程修了
岡崎国立共同研究機構・分子科学研究所助手 (1996–2003)、マサチューセッツ工科大学客員研究員 (2000–2001)、九州工業大学工学研究院助教授・准教授 (2003–2012) を経て
現在　放送大学教授・理学博士
専攻　理論物理学 (物性理論)
主な著書　力と運動の物理 (共著　放送大学教育振興会)
場と時間空間の物理 (共著　放送大学教育振興会)
量子と統計の物理 (共著　放送大学教育振興会)
自然科学はじめの一歩 (共著　放送大学教育振興会)
初歩からの物理 (共著　放送大学教育振興会)
物理の世界（共著　放送大学教育振興会）

松井　哲男 (まつい・てつお)

・執筆章→ 1〜5, 15

1953 年　岐阜県に生まれる
1975 年　京都大学理学部数物系卒業
1980 年　名古屋大学大学院理学研究科博士課程修了
日本学術振興会奨励研究員 (1980)、スタンフォード大学物理学教室研究員 (1980–82)、カリフォルニア大学ローレンス・バークレイ研究所研究員 (1982-84)、マサチューセッツ工科大学核理学研究所リサーチサイエンティスト (1984–86)、同プリンシパル・リサーチサイエンティスト (1986–91)、インディアナ大学物理学教室准教授 (1991–93)、京都大学基礎物理学研究所教授 (1993–99)、東京大学大学院総合文化研究科教授 (1999–2015)、放送大学教養学部教授 (2015–2021) などを経て

現在　放送大学特任教授、東京大学名誉教授・理学博士

専攻　理論物理学 (原子核理論)

主な著書　物理学大事典 (分担執筆　朝倉書店)
アインシュタインレクチャーズ@駒場 (共編著　東京大学出版会)
高校生のための東大授業ライブ　純情編 (分担執筆　東京大学出版会)
物理の世界 (共著　放送大学教育振興会)
場と時間空間の物理 (共著　放送大学教育振興会)
量子物理学 (共著　放送大学教育振興会)
現代物理の展望 (共著　放送大学教育振興会)

放送大学教材　1562908-1-1911（テレビ）

改訂新版　力と運動の物理

発　行　　2019年3月20日　第1刷
　　　　　2022年1月20日　第2刷
編著者　　岸根順一郎・松井哲男
発行所　　一般財団法人　放送大学教育振興会
　　　　　〒105-0001　東京都港区虎ノ門1-14-1　郵政福祉琴平ビル
　　　　　電話　03 (3502) 2750

市販用は放送大学教材と同じ内容です。定価はカバーに表示してあります。
落丁本・乱丁本はお取り替えいたします。

Printed in Japan　ISBN978-4-595-31965-5 C1342